张家口森林与湿地资源丛书

张家口花卉

王海东　主编

中国林业出版社

图书在版编目（CIP）数据

张家口花卉 / 王海东主编.
-- 北京：中国林业出版社, 2017.2
（张家口森林与湿地资源丛书）
ISBN 978-7-5038-7886-2

Ⅰ. ①张… Ⅱ. ①王… Ⅲ. ①花卉－张家口－图集
Ⅳ. ①S68-64

中国版本图书馆CIP数据核字(2017)第039183号

中国林业出版社·生态保护出版中心
策划编辑：刘家玲
责任编辑：刘家玲　何游云

出　版　中国林业出版社
　　　　　（100009 北京西城区德内大街刘海胡同 7 号）
网　址　www.lycb.forestry.gov.cn
发　行　中国林业出版社
电　话　(010) 83143519
印　刷　北京卡乐富印刷有限公司
版　次　2017 年 4 月第 1 版
印　次　2017 年 4 月第 1 次
开　本　889mm×1194mm　1/16
印　张　22.5
字　数　620 千字
定　价　360.00 元

张家口森林与湿地资源丛书

张家口市林业局　主持

张家口森林与湿地资源丛书编委会

主　任　王海东

副主任　王迎春　高　斌　徐海占

委　员（按姓氏笔画排序）

王树凯　石艳琴　卢粉兰　成仿云　安春林　刘洪涛　李正国

李泽军　姚圣忠　高战镖　倪海河　梁志勇　梁傢林　董素静

《张家口花卉》编写组

主　　编　王海东

执 行 主 编　李泽军

执行副主编　石艳琴　贺　静　成仿云

其他编著者

池立珍　康福庆　赵顺旺　封　坤　郑志兴　尉文彬　常美花

王露明　邓永田　郑兴悦　冯　德　郭建军　张利梅　岳燕杰

郝明亮　杜　娟　崔　文　王聪慧　武鹏程　张海红　马桂威

杨义东　李晓燕　刘　刚　陈丽君　梁世兴　杨晓慧　闫树英

王海梅　李仙龙　张维娜　李　倩　李瑞平　何建斌　韩福生

张玉亭　王桂青　武　明　王春玲　张晓锋　魏　薇

序 FOREWORD

　　张家口位于河北省西北部，地处首都北京上风上水，是西北风沙南侵的主要通道，同时还是北京的重要水源地，官厅水库入库水量的80%、密云水库入库水量的50%来自张家口。特殊的生态区位使得张家口成为京津冀地区重要的生态屏障和水源涵养功能区。

　　据史料记载，张家口历史上曾经森林茂密、水草丰美，但由于长期过度开垦和经受多次战争，林草植被遭到严重破坏，1949年仅存有林地162万亩，森林覆盖率下降到2.9%。新中国成立后，全市广大干部群众坚持造林绿化，整治山河，为改变风大沙多、植被稀少的面貌进行了艰苦卓绝的努力，森林资源逐步恢复。尤其是21世纪以来，全市把生态建设作为实现跨越发展和绿色崛起的重大举措，认真实施"三北"防护林体系建设、退耕还林、京津风沙源治理、京冀水源保护林建设等生态工程，积极创建国家森林城市和全国绿化模范城市，生态建设取得了显著成效。2015年，全市有林地面积达2046万亩，森林蓄积量达2490万立方米，森林覆盖率达37%，森林资源资产总价值达7219亿元，每年提供的生态服务价值达312亿元。目前，全市生态防护体系已经基本建成，林草植被快速恢复，

CONTENTS 目 录

序
前言

引言 / 1
凤尾蕨科 / 5
蕨属 / 5
蕨 / 5
麻黄科 / 6
麻黄属 / 6
草麻黄 / 6
单子麻黄 / 6
桦木科 / 7
虎榛子属 / 7
虎榛子 / 7
蓼科 / 8
大黄属 / 8
波叶大黄 / 8
蓼属 / 9
叉分蓼 / 9
高山蓼 / 9
红蓼 / 10
拳参 / 10
水蓼 / 11
酸模叶蓼 / 12
西伯利亚蓼 / 13
习见蓼 / 13
珠芽蓼 / 14
荞麦属 / 14
苦荞麦 / 14
酸模属 / 15

巴天酸模 / 15
皱叶酸模 / 15
苋科 / 16
苋属 / 16
反枝苋 / 16
石竹科 / 17
鹅肠菜属 / 17
鹅肠菜 / 17
繁缕属 / 17
箐姑草 / 17
剪秋罗属 / 18
剪秋罗 / 18
浅裂剪秋罗 / 18
卷耳属 / 19
卷耳 / 19
麦仙翁属 / 20
麦仙翁 / 20
石头花属 / 20
草原石头花 / 20
石竹属 / 21
瞿麦 / 21
石竹 / 22
蝇子草属 / 23
旱麦瓶草 / 23
蔓茎蝇子草 / 23
女娄菜 / 24
石生蝇子草 / 25

蚤缀属 / 25
灯心草蚤缀 / 25
芍药科 / 26
芍药属 / 26
芍药 / 26
紫斑牡丹 / 27
毛茛科 / 28
白头翁属 / 28
白头翁 / 28
翠雀属 / 29
翠雀 / 29
冀北翠雀花 / 30
金莲花属 / 31
金莲花 / 31
楼斗菜属 / 32
华北楼斗菜 / 32
碱毛茛属 / 33
长叶碱毛茛 / 33
驴蹄草属 / 34
驴蹄草 / 34
毛茛属 / 35
毛茛 / 35
石龙芮 / 35
唐松草属 / 36
瓣蕊唐松草 / 36
东亚唐松草 / 37
铁线莲属 / 37

半钟铁线莲 / 37
长瓣铁线莲 / 38
短尾铁线莲 / 39
宽芹叶铁线莲 / 39
棉团铁线莲 / 40
芹叶铁线莲 / 41
乌头属 / 42
北乌头 / 42
低矮华北乌头 / 43
高乌头 / 43
华北乌头 / 44
牛扁 / 45
银莲花属 / 45
小花草玉梅 / 45
银莲花 / 46
木兰科 / 47
五味子属 / 47
五味子 / 47
罂粟科 / 48
白屈菜属 / 48
白屈菜 / 48
绿绒蒿属 / 48
全缘叶绿绒蒿 / 48
罂粟属 / 49
野罂粟 / 49
虞美人 / 50
紫堇属 / 51
地丁草 / 51
十字花科 / 52
播娘蒿属 / 52
播娘蒿 / 52
独行菜属 / 52
独行菜 / 52
遏蓝菜属 / 53
山遏蓝菜 / 53
花旗杆属 / 53
白毛花旗杆 / 53
南芥属 / 54
垂果南芥 / 54
碎米荠属 / 55
白花碎米荠 / 55
紫花碎米荠 / 56

糖芥属 / 57
糖芥 / 57
小花糖芥 / 58
香花芥属 / 58
香花芥 / 58
芸苔属 / 59
芥菜 / 59
芝麻菜属 / 60
芝麻菜 / 60
诸葛菜属 / 60
诸葛菜 / 60
景天科 / 61
八宝属 / 61
八宝 / 61
华北八宝 / 61
红景天 / 62
小丛红景天 / 62
费菜 / 63
日本景天 / 63
瓦松属 / 64
钝叶瓦松 / 64
瓦松 / 64
虎耳草科 / 65
茶藨子属 / 65
刺果茶藨子 / 65
东北茶藨子 / 66
小叶茶藨子 / 67
红升麻属 / 67
落新妇 / 67
梅花草属 / 68
梅花草 / 68
细叉梅花草 / 69
山梅花属 / 69
太平花 / 69
升麻属 / 70
升麻 / 70
溲疏属 / 70
大花溲疏 / 70
光萼溲疏 / 71
小花溲疏 / 72
八仙花属 / 73
东陵绣球 / 73

蔷薇科 / 74
绣线菊属 / 74
金山绣线菊 / 74
金焰绣线菊 / 75
三裂绣线菊 / 75
土庄绣线菊 / 76
绣线菊 / 76
珍珠梅属 / 77
华北珍珠梅 / 77
珍珠梅 / 78
栒子属 / 79
黑果栒子 / 79
水栒子 / 79
蚊子草属 / 80
蚊子草 / 80
无毛蚊子草 / 80
悬钩子属 / 81
华北覆盆子 / 81
牛叠肚 / 81
路边青属 / 82
路边青 / 82
委陵菜属 / 82
矮生多裂委陵菜 / 82
朝天委陵菜 / 83
大萼委陵菜 / 83
多茎委陵菜 / 84
鹅绒委陵菜 / 84
二裂委陵菜 / 85
翻白草 / 85
金露梅 / 86
菊叶委陵菜 / 87
莓叶委陵菜 / 87
委陵菜 / 88
腺毛委陵菜 / 89
星毛委陵菜 / 89
银露梅 / 90
掌叶多裂委陵菜 / 91
地蔷薇属 / 91
三裂地蔷薇 / 91
草莓属 / 92
东方草莓 / 92
蔷薇属 / 92

刺玫蔷薇 / 92
黄刺玫 / 93
玫瑰 / 94
美蔷薇 / 95
月季花 / 96
龙芽草属 / 97
龙芽草 / 97
地榆属 / 97
地榆 / 97
桃属 / 98
重瓣榆叶梅 / 98
榆叶梅 / 99
豆科 / 100
野决明属 / 100
披针叶野决明 / 100
紫穗槐属 / 101
紫穗槐 / 101
胡枝子属 / 101
胡枝子 / 101
兴安胡枝子 / 102
黄耆属 / 102
草木犀状黄耆 / 102
达乌里黄耆 / 103
斜茎黄耆 / 103
皱黄耆 / 104
棘豆属 / 104
多叶棘豆 / 104
蓝花棘豆 / 105
砂珍棘豆 / 106
山泡泡 / 106
缘毛棘豆 / 107
米口袋属 / 107
少花米口袋 / 107
甘草属 / 108
甘草 / 108
岩黄耆属 / 109
蒙古岩黄耆 / 109
山岩黄耆 / 110
锦鸡儿属 / 110
红花锦鸡儿 / 110
柠条锦鸡儿 / 111
树锦鸡儿 / 111

小叶锦鸡儿 / 112
车轴草属 / 113
野火球 / 113
草木犀属 / 114
白花草木犀 / 114
草木犀 / 114
苜蓿属 / 115
花苜蓿 / 115
天蓝苜蓿 / 116
野苜蓿 / 116
紫苜蓿 / 117
野豌豆属 / 118
广布野豌豆 / 118
山野豌豆 / 119
歪头菜 / 120
山黧豆属 / 121
大山黧豆 / 121
山黧豆 / 122
豌豆属 / 122
豌豆 / 122
羽扇豆属 / 123
多叶羽扇豆 / 123
牻牛儿苗科 / 124
老鹳草属 / 124
草地老鹳草 / 124
粗根老鹳草 / 125
毛蕊老鹳草 / 125
少花老鹳草 / 126
牻牛儿苗属 / 126
牻牛儿苗 / 126
鼠掌老鹳草属 / 127
鼠掌老鹳草 / 127
蒺藜科 / 128
白刺属 / 128
白刺 / 128
芸香科 / 129
白鲜属 / 129
白鲜 / 129
拟芸香属 / 130
北芸香 / 130
远志科 / 131
远志属 / 131

西伯利亚远志 / 131
大戟科 / 132
大戟属 / 132
大戟 / 132
狼毒大戟 / 132
乳浆大戟 / 133
卫矛科 / 134
卫矛属 / 134
卫矛 / 134
凤仙花科 / 135
凤仙花属 / 135
水金凤 / 135
锦葵科 / 136
锦葵属 / 136
冬葵 / 136
木槿属 / 136
野西瓜苗 / 136
蜀葵属 / 137
蜀葵 / 137
藤黄科 / 138
金丝桃属 / 138
黄海棠 / 138
堇菜科 / 139
堇菜属 / 139
鸡腿堇菜 / 139
早开堇菜 / 140
紫花地丁 / 140
瑞香科 / 141
狼毒属 / 141
狼毒 / 141
千屈菜科 / 142
千屈菜属 / 142
千屈菜 / 142
柳叶菜科 / 143
柳叶菜属 / 143
柳兰 / 143
月见草属 / 144
月见草 / 144
五加科 / 145
五加属 / 145
刺五加 / 145
伞形科 / 146

柴胡属 / 146
北柴胡 / 146
大苞柴胡 / 146
黑柴胡 / 147
红柴胡 / 148
当归属 / 148
白芷 / 148
独活属 / 149
短毛独活 / 149
峨参属 / 150
刺果峨参 / 150
防风属 / 150
防风 / 150
藁本属 / 151
辽藁本 / 151
岩茴香 / 151
葛缕子属 / 152
葛缕子 / 152
棱子芹属 / 152
棱子芹 / 152
蛇床属 / 153
蛇床 / 153
岩风属 / 153
密花岩风 / 153
山茱萸科 / 154
梾木属 / 154
红瑞木 / 154
杜鹃花科 / 155
杜鹃花属 / 155
迎红杜鹃 / 155
照山白 / 156
鹿蹄草科 / 157
鹿蹄草属 / 157
红花鹿蹄草 / 157
报春花科 / 158
报春花属 / 158
粉报春 / 158
胭脂花 / 159
点地梅属 / 160
白花点地梅 / 160
长叶点地梅 / 160
假报春花属 / 161

北京假报春 / 161
仙客来属 / 162
仙客来 / 162
白花丹科 / 163
补血草属 / 163
二色补血草 / 163
黄花补血草 / 164
木犀科 / 165
丁香属 / 165
北京丁香 / 165
红丁香 / 166
欧洲丁香 / 167
紫丁香 / 167
连翘属 / 168
连翘 / 168
龙胆科 / 169
扁蕾属 / 169
扁蕾 / 169
花锚属 / 170
花锚 / 170
龙胆属 / 171
达乌里秦艽 / 171
假水生龙胆 / 172
秦艽 / 173
肋柱花属 / 174
辐状肋柱花 / 174
獐牙菜属 / 174
红直獐牙菜 / 174
萝藦科 / 175
地梢瓜属 / 175
地梢瓜 / 175
鹅绒藤属 / 175
鹅绒藤 / 175
华北白前 / 176
紫花杯冠藤 / 177
杠柳属 / 177
杠柳 / 177
旋花科 / 178
打碗花属 / 178
打碗花 / 178
藤长苗 / 178
牵牛属 / 179

牵牛花 / 179
菟丝子属 / 179
金灯藤 / 179
旋花属 / 180
旋花 / 180
田旋花 / 180
花荵科 / 181
花荵属 / 181
花荵 / 181
天蓝绣球属 / 182
针叶天蓝绣球 / 182
紫草科 / 183
附地菜属 / 183
钝萼附地菜 / 183
附地菜 / 184
鹤虱属 / 184
鹤虱 / 184
勿忘草属 / 185
勿忘草 / 185
马鞭草科 / 186
牡荆属 / 186
荆条 / 186
马鞭草属 / 186
柳叶马鞭草 / 186
唇形科 / 187
水棘针属 / 187
水棘针 / 187
筋骨草属 / 188
白苞筋骨草 / 188
筋骨草 / 189
黄芩属 / 189
并头黄芩 / 189
黄芩属 / 190
黄芩 / 190
京黄芩 / 191
藿香属 / 192
藿香 / 192
荆芥属 / 193
多裂叶荆芥 / 193
青兰属 / 194
香青兰 / 194
毛建草 / 195

糙苏属 / 195
糙苏 / 195
串铃草 / 196
大叶糙苏 / 196
益母草属 / 197
细叶益母草 / 197
水苏属 / 198
华水苏 / 198
水苏 / 198
鼠尾草属 / 199
鼠尾草 / 199
百里香属 / 200
百里香 / 200
地椒 / 201
薄荷属 / 202
薄荷 / 202
留兰香 / 202
香薷属 / 203
海州香薷 / 203
密花香薷 / 203
木香薷 / 204
香薷 / 205
香茶菜属 / 206
蓝萼香茶菜 / 206
茄科 / 207
天仙子属 / 207
天仙子 / 207
玄参科 / 208
腹水草属 / 208
草本威灵仙 / 208
疗齿草属 / 209
疗齿草 / 209
柳穿鱼属 / 210
柳穿鱼 / 210
马先蒿属 / 211
返顾马先蒿 / 211
红色马先蒿 / 212
红纹马先蒿 / 212
轮叶马先蒿 / 213
穗花马先蒿 / 214
塔氏马先蒿 / 215
中国马先蒿 / 216

婆婆纳属 / 217
大婆婆纳 / 217
穗花属 / 218
细叶穗花 / 218
小米草属 / 218
小米草 / 218
芯芭属 / 219
达乌里芯芭 / 219
阴行草属 / 219
阴行草 / 219
紫葳科 / 220
角蒿属 / 220
角蒿 / 220
列当科 / 221
列当属 / 221
黄花列当 / 221
茜草科 / 222
拉拉藤属 / 222
北方拉拉藤 / 222
蓬子菜 / 223
纤细拉拉藤 / 224
猪殃殃 / 225
茜草属 / 225
茜草 / 225
车前科 / 226
车前属 / 226
车前 / 226
桔梗科 / 227
风铃草属 / 227
紫斑风铃草 / 227
桔梗属 / 228
桔梗 / 228
沙参属 / 228
北方沙参 / 228
长柱沙参 / 229
轮叶沙参 / 230
石沙参 / 231
细叶沙参 / 232
展枝沙参 / 232
忍冬科 / 233
荚蒾属 / 233
鸡树条荚蒾 / 233

接骨木 / 234
锦带花属 / 235
'红王子'锦带 / 235
六道木属 / 235
六道木 / 235
忍冬属 / 236
华西忍冬 / 236
金花忍冬 / 237
金银忍冬 / 238
忍冬 / 239
唐古特忍冬 / 239
紫花忍冬 / 240
川续断科 / 241
川续断属 / 241
川续断 / 241
蓝盆花属 / 242
华北蓝盆花 / 242
窄叶蓝盆花 / 243
败酱科 / 244
败酱属 / 244
败酱 / 244
糙叶败酱 / 244
异叶败酱 / 245
缬草属 / 246
缬草 / 246
小檗科 / 247
小檗属 / 247
黄芦木 / 247
菊科 / 248
蚂蚱腿子属 / 248
蚂蚱腿子 / 248
蓝刺头属 / 249
蓝刺头 / 249
苍术属 / 250
苍术 / 250
风毛菊属 / 250
草地风毛菊 / 250
风毛菊 / 251
京风毛菊 / 251
林风毛菊 / 252
蒙古风毛菊 / 252
小花风毛菊 / 253

乌苏里风毛菊 / 253
银背风毛菊 / 254
紫苞雪莲 / 255
牛蒡属 / 256
牛蒡 / 256
山牛蒡 / 257
蝟菊属 / 257
火媒草 / 257
蝟菊 / 258
蓟属 / 258
刺儿菜 / 258
魁蓟 / 259
莲座蓟 / 260
绒背蓟 / 261
野蓟 / 261
飞廉属 / 262
飞廉 / 262
漏芦属 / 263
漏芦 / 263
麻花头属 / 264
麻花头 / 264
伪泥胡菜 / 265
鸦葱属 / 265
华北鸦葱 / 265
鸦葱 / 266
婆罗门参属 / 267
婆罗门参 / 267
乳苣属 / 267
乳苣 / 267
苦苣菜属 / 268
苣荬菜 / 268
蒲公英属 / 269
白缘蒲公英 / 269
斑叶蒲公英 / 269
蒲公英 / 270
小苦荬属 / 271
抱茎小苦荬 / 271
福王草属 / 271
福王草 / 271
毛连菜属 / 272
毛连菜 / 272
菊苣属 / 273

菊苣 / 273
山柳菊属 / 274
山柳菊 / 274
橐吾属 / 274
黄毛橐吾 / 274
全缘橐吾 / 275
橐吾 / 275
狭苞橐吾 / 276
蟹甲草属 / 277
山尖子 / 277
狗舌草属 / 278
狗舌草 / 278
千里光属 / 278
额河千里光 / 278
菊状千里光 / 279
千里光属 / 280
林荫千里光 / 280
翠菊属 / 281
翠菊 / 281
东风菜属 / 282
东风菜 / 282
狗娃花属 / 283
阿尔泰狗娃花 / 283
狗娃花 / 283
砂狗娃花 / 284
马兰属 / 285
马兰 / 285
山马兰 / 285
紫菀属 / 286
高山紫菀 / 286
紫菀属 / 287
三脉紫菀 / 287
紫菀 / 288
飞蓬属 / 289
飞蓬 / 289
菊属 / 290
地被菊 / 290
菊属 / 291
甘菊 / 291
楔叶菊 / 292
小红菊 / 293
蒿属 / 294

大籽蒿 / 294
冷蒿 / 294
毛莲蒿 / 295
细裂叶莲蒿 / 295
野艾蒿 / 296
线叶菊属 / 296
线叶菊 / 296
紊蒿属 / 297
紊蒿 / 297
蓍属 / 298
蓍 / 298
亚洲蓍 / 298
火绒草属 / 299
长叶火绒草 / 299
火绒草 / 300
金盏菊属 / 301
金盏花 / 301
旋覆花属 / 302
欧亚旋覆花 / 302
旋覆花 / 302
万寿菊属 / 303
孔雀草 / 303
万寿菊 / 304
秋英属 / 305
秋英 / 305
鬼针草属 / 306
矮狼把草 / 306
小花鬼针草 / 306
百日菊属 / 307
百日菊 / 307
金光菊属 / 307
黑心金光菊 / 307
向日葵属 / 308
菊芋 / 308
苍耳属 / 309
苍耳 / 309
大丽花属 / 310
大丽花 / 310
藿香蓟属 / 311
熊耳草 / 311
禾本科 / 312
看麦娘属 / 312

看麦娘 / 312
花蔺科 / 313
花蔺属 / 313
花蔺 / 313
香蒲科 / 314
香蒲属 / 314
小香蒲 / 314
百合科 / 315
百合属 / 315
卷丹 / 315
山丹 / 315
渥丹 / 316
有斑百合 / 317
葱属 / 317
矮韭 / 317
长梗韭 / 318
长柱韭 / 319
茖葱 / 319
黄花葱 / 320
山韭 / 320
天蓝韭 / 321
雾灵韭 / 321
薤白 / 322

野韭 / 323
重楼属 / 323
北重楼 / 323
黄精属 / 324
黄精 / 324
小玉竹 / 324
玉竹 / 325
藜芦属 / 325
藜芦 / 325
天门冬属 / 326
天门冬 / 326
萱草属 / 327
北黄花菜 / 327
黄花菜 / 328
亚麻科 / 329
亚麻属 / 329
宿根亚麻 / 329
石蒜科 / 330
葱莲属 / 330
葱莲 / 330
鸢尾科 / 331
鸢尾属 / 331
矮紫苞鸢尾 / 331

鸢尾属 / 332
蝴蝶花 / 332
鸢尾属 / 333
马蔺 / 333
囊花鸢尾 / 333
溪荪 / 334
美人蕉科 / 335
美人蕉属 / 335
美人蕉 / 335
兰科 / 336
凹舌兰属 / 336
凹舌兰 / 336
红门兰属 / 336
北方红门兰 / 336
手参属 / 337
手参 / 337
绶草属 / 338
绶草 / 338

参考文献 / 339
中文名称索引 / 340
拉丁学名索引 / 343

张家口花卉

花卉的定义包括狭义和广义两个方面。狭义上的花卉仅指观赏其花或叶子的草本植物，广义上的花卉是具有一定的观赏价值并按照一定的技艺进行栽培管理和养护的所有植物。

世界现有花卉植物27万余种，种植面积约210万公顷。世界花卉的商品性生产，从第二次世界大战后迅猛发展，近十多年来，世界花卉业以年均25%的速度增长，在21世纪最有发展前途的十大行业中，花卉产业列第二位。从种植面积看，排名前五位的依次是中国、印度、日本、美国和荷兰。从发展的特长来看，全球最具代表性的十个国家和地区是：荷兰的种苗、球根、切花、全体；美国的种苗、草花、盆花、观叶、全体；日本的种苗、切花、盆花、全体；哥伦比亚的切花、观叶；以色列的种苗、切花；中国台湾的切花、盆花；意大利、西班牙、肯尼亚的切花以及丹麦的盆花。荷兰、美国、日本等发达花卉生产国，其共同的产业特长是种苗，由于控制了花卉业的"咽喉"，从而居于主导地位。中国花卉栽培历史久远，据说在文字出现之前，随着人们生产和生活的需要，花卉就被利用了，这都可以在商代甲骨文、河姆渡文化遗址、仰韶文化彩陶、云纹彩陶花瓶等5000多年前的出土文物上找到依据。在世界花卉植物种类中，中国就达25万多种，种植面积120多万公顷。可以说中国是世界栽培植物的起源中心，也是最大的中心。

花卉的种类极多，分布范围广泛，不但指有花的植物，还包括苔藓和蕨类植物，其栽培应用方式也多种多样。因此，花卉分类因依据不同，有多种分类方法。

一、按照世界花卉原产地、分布和气候类型分类

中国气候型花卉（又称大陆东岸气候型）：特点是冬寒夏热，雨季多集中在夏季。根据冬季气温的高低又分为温暖型与冷凉型。温暖型（又称冬暖亚型，低纬度地区）包括中国长江以南、日本西南部、北美洲东南部、巴西南部、大洋洲东部及非洲东南部等地区。本区形成喜温的一年生花卉、球根花卉及不耐寒宿根、木本花卉的自然分布中心，如中华石竹、凤仙、一串红、半枝莲、矮牵牛、天人菊、中国水仙、石蒜、百合、马蹄莲、唐菖蒲、春兰、萱草、非洲菊、山茶、杜鹃、紫薇、三角花、南天竹、南洋杉等。冷凉型（又称冬凉亚型，高纬度地区）包括中国华北及东北南部、日本东北部、北美洲东北部等地区，本区形成较耐寒宿根及木本花卉的自然分布中心，如菊花、芍药、随意草、鸢尾、金光菊、牡丹、贴梗海棠、丁香属、蜡梅、广玉兰、北美鹅掌楸等。

欧洲气候型花卉（又称大陆西岸气候型）：特点是冬暖夏凉，雨水四季均有。此气候型地区包括欧洲大部、北美洲西海岸中部、南美洲西南部及新西兰南部。本区是较耐寒一二年生花卉及部分宿根花卉的自然分布中心，代表种类有三色堇、勿忘我、雏菊、矢车菊、紫罗兰、羽衣甘蓝、霞草、宿根亚麻、香葵、铃兰、毛地黄、楼斗菜等。

地中海气候型花卉：特点是冬不冷、夏不热，夏季少雨，为干燥期。属于该气候型的地区有地中海沿岸、南非好望角附近、大洋洲东南和西南部、南美洲智利中部、北美洲加利福尼亚等地。本区由于夏季干燥，故形成了夏季休眠的秋植球根花卉的自然分布中心。代表种类有水仙、郁金香、风信子、花毛茛、番红花、小苍兰、唐菖蒲、网球花、葡萄风信子、球根鸢尾、雪滴花、地中海蓝钟花、银莲花等。

墨西哥气候型花卉：特点是四季如春，温差小，四季有雨或集中于夏季。属于此气候型的地区包括墨西哥高原、南美洲安地斯山脉、非洲中部高山地区及中国云南等地。本区为不耐寒、喜凉爽的一年生花卉，春植球根花卉及温室花木类的自然分布中心，著名花卉有百日草、波斯菊、万寿菊、旱金莲、霍香蓟、报春类、大丽花、晚香玉、球根秋海棠、虎皮花、一品红、云南山茶、月季、常绿杜鹃类等。

热带气候型花卉：特点是周年高温，温差小，雨量丰富但不均匀。属于本气候型的地区有亚洲、非洲、大洋洲、美洲中部及南美洲的热带地区。本区是一年生花卉、温室宿根、春植球根及温室木本花卉的自然分布中心，如鸡冠花、彩叶草、凤仙花、紫茉莉、长春花、牵牛花、虎尾兰、美人蕉、大岩桐、朱顶红、五叶地锦、番石榴、番荔枝等。

沙漠气候型花卉：特点为干旱少雨。属于本气候型的地区有阿拉伯、非洲、大洋洲及南北美洲等的沙漠地区。本区是仙人掌及多浆植物的自然分布中心，常见花卉有仙人掌、龙舌兰、芦荟、十二卷、伽蓝菜等。

寒带气候型花卉：特点为冬季长而冷，夏季短而凉，植物生长期短。属于这一气候型的地区包括寒带地区和高山地区，故形成耐寒性植物及高山植物的分布中心，如绿绒蒿、龙胆、雪莲、细叶百合、点地梅等。

二、按生物学特性分类

草本花卉：茎木质部成分少，茎多汁，柔软脆弱。包括一二年生花卉、宿根花卉、球根花卉、多年生常绿草本花卉、水生花卉、蕨类花卉、多浆类花卉以及草坪花卉。

木本花卉：茎干坚硬，茎干大部分组织木质化，寿命较长，通称"花木类"。包括落叶木本花卉（落叶灌木、落叶乔木、落叶藤本）和常绿木本花卉（常绿灌木、常绿乔木、常绿藤本）。

三、按生长习性分类

露地花卉：在自然条件下完成全部生长过程，不需保护地栽培的花卉。

一年生花卉：在一个生长季内完成生活史的花卉。即从播种到开花、结实、枯死均在一个生长季内完成。一般春天播种，夏秋生长，开花结实，然后枯死，因此一年生花卉又称春播花卉，如凤仙花、鸡冠花、百日草、半支莲、万寿菊等。

二年生花卉：在两个生长季内完成生活史的花卉。当年只生长营养器官，越年后开花、结实、死亡。一般秋天播种，次年春季开花。因此，这类花卉常被称为秋播花卉。如五彩石竹、紫罗兰、羽衣甘蓝、瓜叶菊等。

多年生花卉：个体寿命超过两年，能多次开花结实。根据地下部分形态变化，又可分宿根花卉如芍药、玉簪、萱草等，球根花卉（鳞茎类、球茎类、根茎类、块茎类、块根类）两类。

水生花卉：在水中或沼泽地生长的花卉，如睡莲、荷花等。

岩生花卉：耐旱性强，适合在岩石园栽培的花卉。一般为宿根性或基部木质化的亚灌木类植物，以及蕨类等好阴湿的花卉。

温室花卉：原产热带、亚热带及南方温暖地区的花卉，在北方寒冷地区栽培必须在温室内培养，或冬季需要在温室内保护越冬。

四、按照园林用途分类

花坛花卉：可以用于布置花坛的一二年生露地花卉。比如春天开花的三色堇、石竹，夏天花坛花卉常栽种凤仙花、雏菊，秋天选用一串红、万寿菊、九月菊等，冬天花坛内可适当布置的羽衣甘蓝等。

盆栽花卉：是以盆栽形式装饰室内及庭院的盆花。如木瓜海棠、扶桑、文竹、一品红、金橘等。

室内花卉：指通过 C_4 途径来进行光合作用暗反应过程的一类花卉。一般观叶类植物都可作为室内观赏花卉。如发财树、巴西木、绿巨人、绿箩、五彩玉米等。

切花花卉：有宿根类，如非洲菊、满天星、鹤望兰等；球根类，如百合、郁金香、马蹄莲、香雪兰等；木本类，如桃花、梅花、牡丹、月季、玫瑰等。

观叶花卉：主要根据观赏部位来定。如绿巨人、铁树、蕨类植物等。

荫棚花卉：在园林设计中，亭台树荫下生长的花卉。麦冬草、红花草以及蕨类植物，皆可作为荫棚花卉。

阳性花卉：需要充足的阳光照射才能开花的花卉，适合在全光照、强光照下生长。

五、按照经济用途分类

药用花卉：例如牡丹、芍药、桔梗、牵牛、麦冬、鸡冠花、凤仙花、百合、贝母及石斛等为重要的药用植物，金银花、菊花、荷花等均为常见的中药材。

香料花卉：香花在食品、轻工业等方面用途广泛。如桂花可作食品香料和酿酒，茉莉、白兰等可熏制茶叶，菊花可制高级食品和菜肴，白兰、玫瑰、水仙花、蜡梅等可提取香精，其中玫瑰花提取的玫瑰油在国际市场上被誉为"液体黄金"。

食用花卉：花的叶或花朵可直接食用。如百合，既可作切花，又可食用；菊花脑、黄花菜既可用作绿化苗木，也可以食用。

另外，花卉依自然分布还可分为热带花卉、温带花卉、寒带花卉、高山花卉、水生花卉、岩生花卉、沙漠花卉，按观赏部位分为观花类、观叶类、观果类、观茎类、芳香类等。

花卉与人类生活密切相关，对人类的衣食住行、生产生活均有影响。人类需要用花卉来装饰、改善、美化生活环境，丰富人们的生活，不同的人对不同的花卉也有不同喜好。花卉在生活中最重要的是观赏价值，正因为有观赏价值，花卉在文化、经济、政治等方面具有重要作用。

人类对不同花卉的评价和看法使得不同的花卉代表着不同的情感和文化意义。花卉的外观和香气可以引起人们的心理变化和情感反应，比如，当人们看见寒冬中还傲然挺立的梅花时，会惊叹于它的坚韧和高洁，自然就有了"墙角数枝梅，凌寒独自开。遥知不是雪，为有暗香来。"之类的诗句。作为情感和文化的重要载体，人类已经离不开花卉。荷花代表纯洁，牡丹代表富贵，兰花代表高尚，菊花代表不畏风霜，正因为不同的花卉有着不同的象征意义，人们的生活才会更加丰富多彩。无论是花朝节的踏青赏花，还是中秋节的花好月圆，还是重阳节的赏菊花、饮菊花酒，花卉这个载体为人类文化的传承发展贡献了重要力量。

花卉的观赏和文化价值牵动了花卉产业发展，从而拉动了经济增长。目前，西方发达国家的花卉消费已逐渐步入成熟期，以发展中国家为主体的消费市场则进入成长期。我国花卉产业从 20 世纪 80 年代初起步，近年来迅猛发展。据中国花卉协会统计，截至 2013 年，我国花卉销售额达到 1288.11 亿元，出口总额达 6.46 亿美元，花卉消费每年稳定增长。

花卉带动旅游业发展。在如今的花卉民俗中，各地每年举行的以卖花、买花、赏花为主的花市引人注目。在各地举行的花市中，以广州的迎春花市最具盛名。此外，各地的"花会"也丰富多彩，如洛阳的"牡丹花会"、扬州的"万花会"、重庆的"万花赛花会"、藏族的"看花节"等。花市、花会吸引了各地的人们前来观光旅游，拉动了旅游经济增长。

花卉还可以用于生产食品、药品、工业产品等等。花卉做的食品、饮品有的外观好看，有的风味独特，还有的能保健养生。如粤菜中的菊花龙凤骨，鲁菜中的桂花丸子，川菜中的兰花鸡丝，符合了人们注重保健养生，追求个性潮流的思想，丰富了人们生活。花卉与人类的生活息息相关，对人类生活具有重要意义。

凤尾蕨科

蕨 | ▶ 蕨属
学名 *Pteridium aquilinum* (L.) Kuhn var. *latiusculum* (Desv.) Underw. ex Heller

别名 蕨菜、拳头菜、猫爪、蕨苔、龙头菜

形态特征 多年生草本，高可达 1m。根状茎长而横走，密被锈黄色柔毛，以后逐渐脱落。叶由地下茎长出，细脉羽状分枝，叶缘向内卷曲；夏初，叶里面着生繁殖器官，即子囊群，呈赭褐色；早春新生叶拳卷，呈三叉状；柄叶鲜嫩，上披白色绒毛，此时为采集期。褐色孢子囊群连续着生于叶片边缘，有双重囊群盖。

生境 多生于山区土质湿润、肥沃、土层较深的向阳坡上。

繁殖方式 孢子繁殖。

用途 根状茎提取的淀粉称蕨粉，供食用。嫩叶称蕨菜，为著名山野菜，有"山珍之王"美称。全草入药，驱风湿、利尿、解热。又可作驱虫剂。

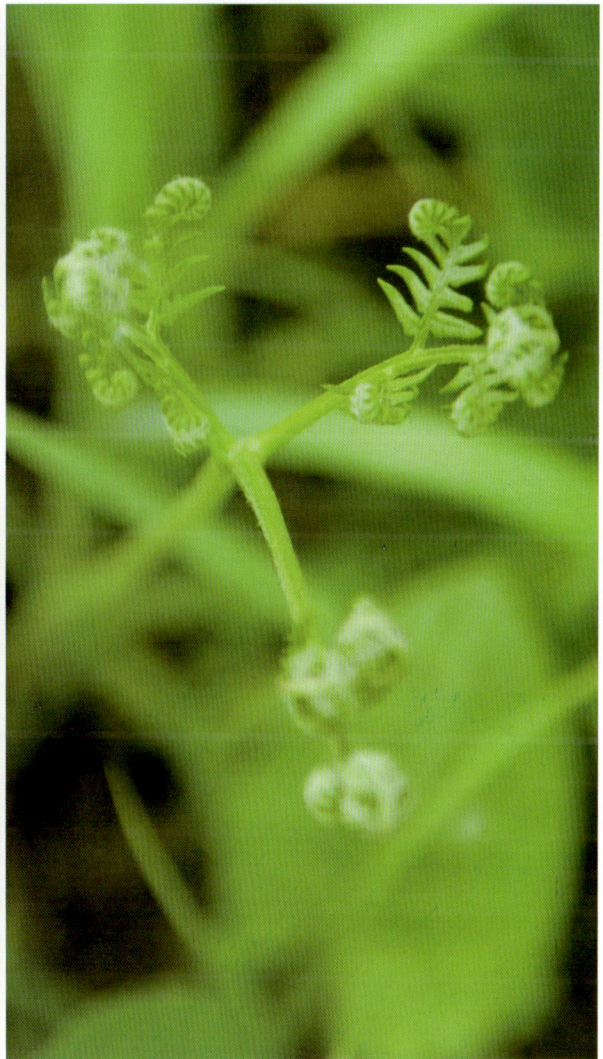

麻黄科

草麻黄 ▶ 麻黄属
学名 *Ephedra sinica* Stapf

别名 麻黄、华麻黄

形态特征 草本状灌木，高 20~40cm。木质茎短或成匍匐状，表面细纵槽纹常不明显，节间长 2.5~5.5cm，多为 3~4cm，径约 2mm。叶 2 裂，裂片锐三角形，先端急尖。雄球花多成复穗状，常具总梗，苞片通常 4 对；雌球花单生，在幼枝上顶生，在老枝上腋生，在成熟过程中基部常有梗抽出，使雌球花呈侧枝顶生状，卵圆形或矩圆状卵圆形，苞片 4 对；雌球花成熟时肉质红色，矩圆状卵圆形或近圆球形，长约 8mm，径 6~7mm。种子通常 2 粒，包于苞片内，不露出或与苞片等长，黑红色或灰褐色，三角状卵圆形或宽卵圆形，表面具细皱纹，种脐明显，半圆形。

生境 习见于山坡、平原、干燥荒地、河床及草原等处，常组成大面积单纯群落。

花果期 花期 5~6 月，果期 7~9 月。

繁殖方式 种子繁殖，分株繁殖。

用途 重要的药用植物，生物碱含量丰富，仅次于木贼麻黄，为中国提制麻黄碱的主要植物。药用功能：发汗散寒、宣肺平喘、利水消肿，用于风寒感冒、胸闷咳喘、风水浮肿、支气管哮喘。

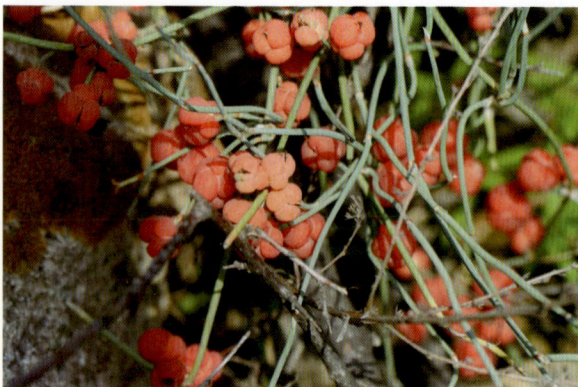

单子麻黄 ▶ 麻黄属
学名 *Ephedra monosperma* Gmel. ex Mey

别名 小麻黄

形态特征 草本状矮小灌木，高 5~15cm。木质茎短小，长 1~5cm，多分枝，弯曲并有节结状凸起，皮多呈褐红色；绿色小枝开展或稍开展，常微弯曲，节间细短，叶 2 片对生，膜质鞘状。雌雄同株，雄球花生于小枝上下各部，单生枝顶或对生节上，多成复穗状；雌球花单生或对生节上，无梗；雌球花成熟时肉质红色，微被白粉，卵圆形或矩圆状卵圆形。种子外露，多为 1 粒。

生境 分布于海拔 1000m 上下的山坡石缝中或林木稀少的干燥地区。

花果期 花期 6 月，果期 7~8 月。

繁殖方式 种子繁殖。

用途 茎入药，发汗解表、止咳平喘。

桦木科

虎榛子 ▶ 虎榛子属
学名 *Ostryopsis davidiana* Decne.

别名 棱榆

形态特征 灌木，高 1~3m。树皮浅灰色。枝条灰褐色，无毛，密生皮孔；小枝褐色，具条棱，密被短柔毛，疏生皮孔；芽卵状，细小，具数枚膜质、被短柔毛、覆瓦状排列的芽鳞。叶卵形或椭圆状卵形，顶端渐尖或锐尖，基部心形、斜心形或几圆形，边缘具重锯齿，中部以上具浅裂。雄花序单生于小枝的叶腋，倾斜至下垂，短圆柱形。果 4 枚至多枚排成总状，下垂，着生于当年生小枝顶端；果苞厚纸质，长 1~1.5cm，下半部紧包果实，上半部延伸呈管状，成熟后一侧开裂；小坚果宽卵圆形或几球形，褐色，有光泽，疏被短柔毛，具细肋。

生境 常见于海拔 800~2400m 的山坡，为黄土高原的优势灌木，也见于杂木林及油松林下。

花果期 7~10 月。

繁殖方式 播种繁殖。

用途 树皮及叶含鞣质，可提取栲胶。种子含油，供食用和制肥皂。枝条可编农具，经久耐用。

蓼 科

波叶大黄 | ▶ 大黄属
学名 *Rheum rhabarbarum* L.

别名 河北大黄、华北大黄

形态特征 直立草本，高 50~90cm。直根粗壮，内部土黄色。茎具细沟纹，常粗糙。基生叶较大，叶片心状卵形到宽卵形，顶端钝急尖，基部心形，边缘具皱波，基出脉 5（7）条，叶上面灰绿色或蓝绿色，通常光滑，下面暗紫红色，被稀疏短毛；叶柄半圆柱状，短于叶片，无毛或较粗糙，常暗紫红色；基生叶较小，叶片三角状卵形；越向上叶柄越短，到近无柄；托叶鞘抱茎，棕褐色，外面被短硬毛。大型圆锥花序，具 2 次以上分枝，轴及分枝被短毛；花黄白色；花梗细，关节位于中下部；雄蕊 9；子房宽椭圆形。果实宽椭圆形到矩圆状椭圆形，两端微凹，有时近心形；翅宽 1.5~2mm，纵脉在翅的中间部分。种子卵状椭圆形，宽约 3mm。

生境 生于海拔 1000~1600(2850)m 的山坡石滩或林缘。

花果期 花期 6 月，果期 6~7 月。

繁殖方式 种子繁殖。

用途 药用、食用。

叉分蓼 ▶ 蓼属
学名 *Polygonum divaricatum* L.

别名 酸浆、酸不溜、叉分蓼

形态特征 多年生草本。茎直立，高 70~120cm，自基部分枝，分枝呈叉状开展，植株外型呈球形。叶披针形或长圆形，顶端急尖，基部楔形或狭楔形。花序圆锥状，分枝开展；花被 5 深裂，白色，花被片椭圆形。瘦果宽椭圆形，具 3 锐棱，黄褐色，有光泽。

生境 生于海拔 1000m 以上山坡草地、山谷灌丛。

花果期 花期 7~8 月，果期 9~10 月。

繁殖方式 营养生殖。

用途 有治疗大、小肠积热，瘿瘤，热泻腹痛作用。

高山蓼 ▶ 蓼属
学名 *Polygonum alpinum* All.

别名 酸柳柳

形态特征 多年生草本植物。茎直立，高 50~100cm，自中上部分枝，具纵沟。叶卵状披针形或披针形，顶端急尖。花序圆锥状，顶生，分枝开展，无毛。瘦果卵形，具 3 锐棱，黄褐色。

生境 生于海拔 1200m 以上山坡草地、林缘。

花果期 花期 8~9 月，果期 9~10 月。

繁殖方式 种子繁殖。

用途 嫩茎是可口的山野菜，深受人们喜爱。

红蓼 | ▶ 蓼属
学名 *Polygonum orientale* L.

别名 东方蓼、狗尾巴花

形态特征 一年生草本。茎直立，粗壮，高 1~2m，上部多分枝，密被开展的长柔毛。叶宽卵形、宽椭圆形或卵状披针形，顶端渐尖，基部圆形或近心形。总状花序呈穗状，顶生或腋生，花紧密，微下垂，通常数个再组成圆锥状，花被片椭圆形，淡红色或白色。瘦果近圆形。

生境 生于沟边湿地、村边路旁。

花果期 花期 6~9 月，果期 8~10 月。

繁殖方式 种子繁殖。

用途 果实入药，有活血、止痛、消积、利尿功效。

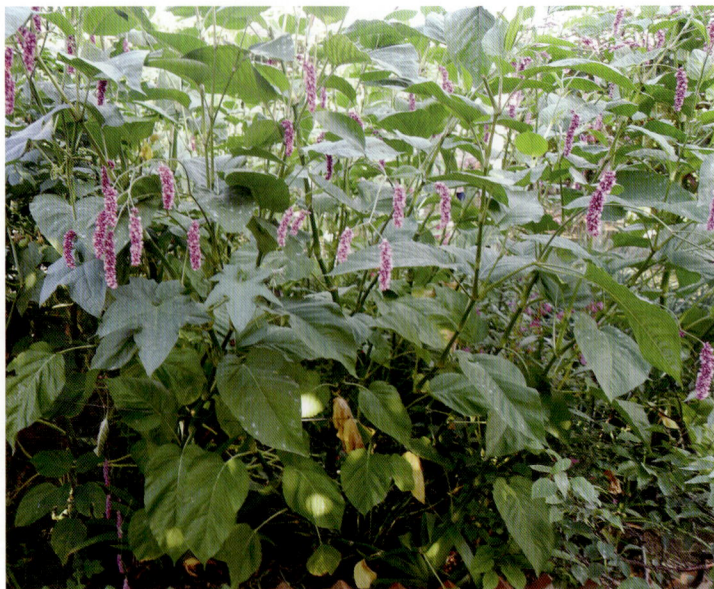

拳参 | ▶ 蓼属
学名 *Polygonum bistorta* L.

别名 拳蓼

形态特征 多年生草本，高 50~90cm。根状茎肥厚，弯曲，黑褐色。茎直立，不分枝，无毛。基生叶宽披针形或狭卵形，纸质，顶端渐尖或急尖，基部截形或近心形，两面无毛或下被短柔毛，边缘外卷微呈波状；茎生叶披针形或线形，无柄；托叶筒状，膜质，下部绿色，上部褐色，顶部偏斜，开裂至中部，无缘毛。总状花序呈穗状，顶生，紧密；苞片卵形，顶端渐尖，膜质，淡褐色，中脉明显，每苞片内含 3~4 花；花被浅红色或白色，5 深裂。瘦果椭圆形，两端尖，褐色有光泽，稍长于宿存花被。

生境 生于海拔 800~3000m 的山坡草地、山顶草甸。

花果期 花期 6~7 月，果期 8~9 月。

繁殖方式 种子繁殖。

用途 根状茎入药，清热解毒、散结消肿。

水蓼 | ▶ 蓼属
学名 *Polygonum hydropiper* L.

别名 辣蓼、泽蓼、辛菜

形态特征 一年生草本，高 40~70cm。茎直立，多分枝，无毛，节常膨大。叶披针形或椭圆状披针形，顶端渐尖，基部楔形，边缘全缘，具缘毛，两面无毛均有褐色小点，有时沿中脉具短硬伏毛；托叶鞘膜质，筒状，疏生短硬伏毛。总状花序呈穗状，腋生或顶生，细弱下垂；苞漏斗状，有疏生短缘毛；花具细花梗而伸出苞外，间有 1~2 朵花包在膨胀的托鞘内；花被 5 深裂，稀 4 裂，花被片椭圆形，绿色，上部白色或淡红色，有黄褐色透明腺状小点；雄蕊 6，稀 8；雌蕊 1，花柱 2~3 裂。瘦果卵形，双凸镜状或具 3 棱，表面密被小点，黑色无光，包在宿存的花被内。

生境 生于湿地、水边或水中。

花果期 花期 5~9 月，果期 6~10 月。

繁殖方式 种子繁殖。

用途 全草入药，化湿、行滞、祛风、消肿，治沙秽腹痛、吐泻转筋、泄泻、痢疾等。

酸模叶蓼 | ▶ 蓼属
学名 *Polygonum lapathifolium* L.

别名 大马蓼、旱苗蓼、斑蓼、柳叶蓼

形态特征 一年生草本植物。茎直立，高20~120cm。叶互生，叶片披针形至宽披针形，全缘，边缘具粗硬毛，叶面常具新月形黑褐色斑块；有柄。花序穗状，顶生或腋生，数个排列成圆锥状；花被浅红色或白色，4深裂。瘦果卵圆形，黑褐色。

生境 生于田边、路旁、水边、荒地或沟边湿地。

花果期 花期6~7月，果期7~9月。

繁殖方式 种子繁殖。

用途 全草入药，味辛、性温，具有利湿解毒、散瘀消肿、止痒功效。

西伯利亚蓼 ▶ 蓼属
学名 *Polygonum sibiricum* Laxm.

别名 刀股、野茶、驴耳朵、鸭子嘴

形态特征 多年生草本植物。高10~25cm。根状茎细长。茎外倾或近直立，自基部分枝。叶片长椭圆形或披针形，顶端急尖或钝，基部戟形或楔形，边缘全缘。花序圆锥状，顶生，花排列稀疏；花被5深裂，黄绿色，花被片长圆形。瘦果卵形，具3棱，黑色。

生境 生于路边、湖边、河滩、山谷湿地、沙质盐碱地，为碱性土指示植物。

花果期 花期7~8月，果期10月。

繁殖方式 根茎、种子繁殖。

用途 有疏风清热，利水消肿功效，用于治疗目赤肿痛、皮肤湿痒、水肿、腹水等症。

习见蓼 ▶ 蓼属
学名 *Polygonum plebeium* R. Br.

别名 铁马齿苋

形态特征 一年生草本植物。茎平卧，自基部分枝，长10~40cm，具纵棱。叶狭椭圆形或倒披针形，长0.5~1.5cm，宽0.2~0.4cm。花3~6朵，簇生于叶腋，遍布于全植株；花粉红色或白色。瘦果宽卵形，黑褐色。

生境 生于田边、路旁、水边湿地。

花果期 花期6~8月，果期6~9月。

繁殖方式 种子繁殖。

用途 全草入药，用于治疗恶疮疥癣、淋浊、蛔虫病。

珠芽蓼 | ▶ 蓼属
学名 *Polygonum viviparum* L.

别名 剪刀七、蝎子七、然布、山谷子

形态特征 叶具长柄；基生叶长圆形或卵状披针形，长 3~10cm，宽 0.5~3cm，先端渐尖，基部近圆形，有时微心形或楔形，两面无毛；茎上部叶无柄，较细小；托叶鞘长筒状，无毛。总状花序呈穗状，顶生，花排列紧密；苞膜质，其中着生 1~2 朵花或 1 个珠芽；花白色或淡红色；花被片 5 深裂，长 2~3mm。瘦果卵形，具 3 棱，长约 2mm。

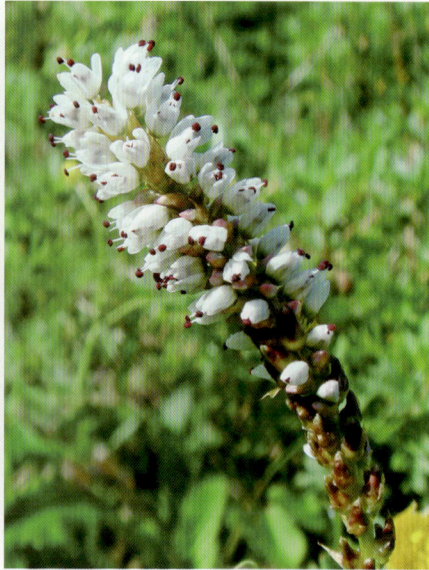

生境 生于海拔 1200~5100m 的山坡林下、高山或亚高山草甸。

花果期 花期 5~7 月，果期 7~9 月。

繁殖方式 种子繁殖。

用途 为优质饲料。以根状茎入药，清热解毒、散瘀止血。

苦荞麦 | ▶ 荞麦属
学名 *Fagopyrum tataricum* (L.) Gaertn.

别名 鞑靼蓼、胡食子、乌麦、花荞

形态特征 一年生草本。茎直立，高 30~70cm，分枝，绿色或微呈紫色，有细纵棱。叶宽三角形，长 2~7cm，两面沿叶脉具乳头状凸起，下部叶具长叶柄，上部叶较小具短柄；托叶鞘偏斜，膜质，黄褐色，长约 5mm。花序总状，顶生或腋生，花排列稀疏；苞片卵形，长 2~3mm，每苞内具 2~4 花，花梗中部具关节；花被 5 深裂，白色或淡红色，花被片椭圆形，长约 2mm；雄蕊 8，比花被短；花柱 3，短，柱头头状。瘦果长卵形，长 5~6mm，具 3 棱及 3 条纵沟，上部棱角锐利，下部圆钝有时具波状齿，黑褐色，无光泽，比宿存花被长。

生境 生于海拔 500~3900m 的田边、路旁、山坡、河谷。

花果期 花期 6~9 月，果期 8~10 月。

繁殖方式 种子繁殖。

用途 药用、食用。有益气力、续精神、和耳目、降气、宽肠、健胃作用。

巴天酸模 | ▶ 酸模属
学名 *Rumex patientia* L.

形态特征 多年生草本。根肥厚，直径可达 3cm。茎直立，粗壮，高 90~150cm，上部分枝，具深沟槽。基生叶长圆形或长圆状披针形，顶端急尖，基部圆形或近心形，边缘波状；叶柄粗壮；茎上部叶披针形，较小，具短叶柄或近无柄；托叶鞘筒状，膜质，易破裂。花序圆锥状，大型；花两性；花梗细弱，中下部具关节；关节果时稍膨大；外花被片长圆形，长约 1.5mm；内花被片果时增大，宽心形，长 6~7mm，顶端圆钝，基部深心形，边缘近全缘，具网脉，全部或部分具小瘤；小瘤长卵形，通常不能全部发育。瘦果卵形，具 3 锐棱，顶端渐尖，褐色，有光泽，长 2.5~3mm。

生境 生于海拔 20~4000m 的沟边湿地、水边。

花果期 花期 5~6 月，果期 6~7 月。

繁殖方式 种子繁殖。

用途 凉血止血、清热解毒、通便杀虫，用于痢疾，泄泻，大便秘结，痈疮疥癣等。

皱叶酸模 | ▶ 酸模属
学名 *Rumex crispus* L.

别名 洋铁叶子、四季菜根、牛耳大黄根、火风棠

形态特征 多年生草本植物，高可达 100cm。根粗壮。茎直立。基生叶和茎下部叶披针形或长圆状披针形，两面无毛。花序由数个腋生的总状花序组成圆锥状，黄绿色或白色。瘦果椭圆形，褐色。

生境 生于河滩、沟边湿地。

花果期 花期 6~7 月，果期 6~8 月。

繁殖方式 种子繁殖。

用途 有清热解毒、凉血止血、通便杀虫功效，主治急慢性肝炎、肠炎、痢疾、慢性气管炎、吐血、衄血、热结便秘、痈疽肿毒等症。

苋 科

反枝苋 | ▶ 苋属
学名 *Amaranthus retroflexus* L.

别名 野苋菜、苋菜、西风谷

形态特征 一年生草本，高 20~80cm，有时逾 1m。茎直立，粗壮，单一或分枝，淡绿色，有时具带紫色条纹，稍具钝棱，密生短柔毛。叶片菱状卵形或椭圆状卵形，全缘或波状缘；圆锥花序顶生及腋生，直立，由多数穗状花序形成；花被片矩圆形或矩圆状倒卵形，长 2~2.5mm，薄膜质，白色，有 1 条淡绿色细中脉。胞果扁卵形。种子近球形。

生境 喜湿润环境，亦耐旱，适应性极强，到处都能生长，为棉花和玉米地等旱作物地及菜园、果园、荒地和路旁常见杂草。

花果期 花期 7~8 月，果期 8~9 月。

繁殖方式 种子繁殖。

用途 嫩茎叶为野菜，也可作家畜饲料。种子作青葙子入药。全草药用，治腹泻、痢疾、痔疮肿痛出血等症。

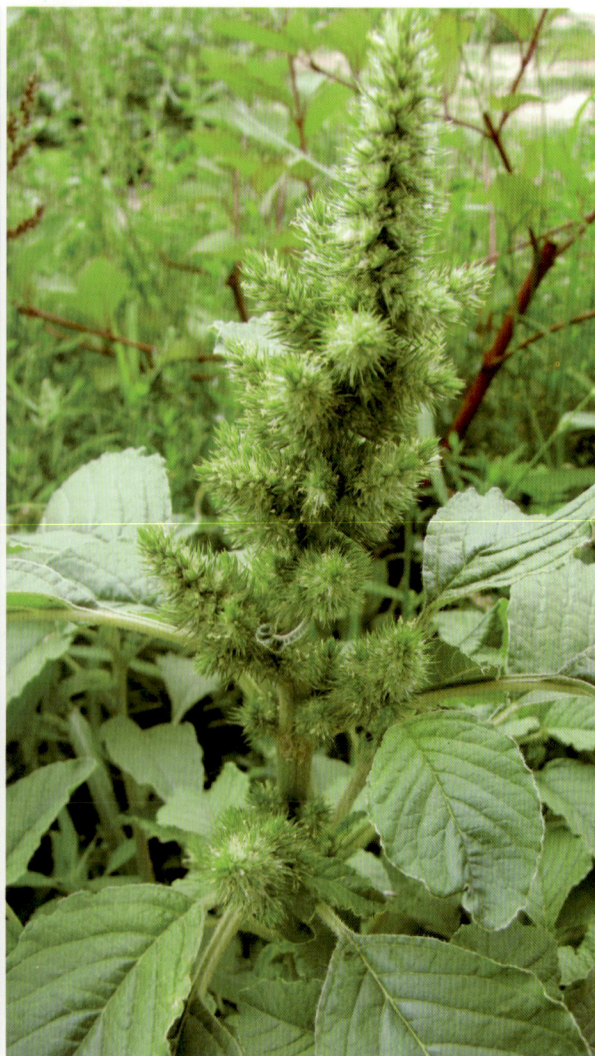

石竹科

鹅肠菜 ▶ 鹅肠菜属
学名 *Myosoton aquaticum* (L.) Moench

别名 牛繁缕

形态特征 二年生或多年生草本，株高 50~80cm。茎多分枝，柔弱，下部伏地生根，上部斜升。叶对生，卵形或宽卵形。聚伞花序顶生，花瓣 5，白色。蒴果卵形。

生境 生于荒地、路旁及较阴湿的草地。

花果期 花期 5~8 月，果期 6~9 月。

繁殖方式 种子繁殖。

用途 全草可做野菜和饲料。也可药用，内服驱风、解毒，外敷治疔疮。新鲜苗捣汁服，有催乳作用。

箐姑草 ▶ 繁缕属
学名 *Stellaria vestita* Kurz

别名 石生繁缕、接筋草、筋骨草

形态特征 多年生草本植物，高 30~50cm。茎细，横断面圆形，浅绿色，节处淡紫色，光滑无毛。复聚伞花序，有细长总花梗；花小，白色。蒴果。种子极小，扁圆形，棕黄色。

生境 适应性很强，耐寒、耐热、耐湿，多生于井旁、地边、菜地。

花果期 5~7 月。

繁殖方式 种子繁殖。

用途 有解毒功效，用于治疗产后淤滞腹痛、乳汁不多、暑热解毒、呕吐、淋病、恶疮肿毒等症。

剪秋罗 | ▶ 剪秋罗属
学名 *Lychnis fulgens* Fisch.

别名 大花剪球罗

形态特征 多年生草本，高 50~80cm，全株被较长的柔毛。根多数，肥厚或纺锤形。茎直立，单一或上部稍分枝。叶无柄，卵状长圆形或卵状披针形，两面及边缘被较粗毛。聚伞花序顶生；花瓣5，瓣片鲜深红色，先端2深裂，顶略具细齿，裂片宽达 4mm，裂片两侧各具1线形小裂片。蒴果。

生境 生于林下、林缘、灌丛间。

花果期 花期 6~7 月，果期 8~9 月。

繁殖方式 种子繁殖。

用途 园林绿化。药用可清热、利尿、健脾、安神。

浅裂剪秋罗 | ▶ 剪秋罗属
学名 *Lychnis cognata* Maxim.

别名 剪秋罗、毛缘剪秋罗

形态特征 多年生草本,高 35~90cm,全株被稀疏长柔毛。根簇生，纺锤形，稍肉质。茎直立，不分枝或上部分枝。叶片长圆状披针形或长圆形，基部宽楔形，顶端渐尖，两面被疏长毛，沿脉较密，边缘具缘毛。二歧聚伞花序具数花，花瓣橙红色或淡红色，瓣片轮廓宽倒卵形。蒴果长椭圆状卵形，种子圆肾形。

生境 生于海拔 500~1000m 的林下或灌丛草地。

花果期 花期 6~7 月，果期 7~8 月。

繁殖方式 种子繁殖。

用途 园林中多用于花坛花境配置，是岩石园中优良的植物材料，也可用作盆栽和切花。

卷耳 | ▶卷耳属
学名 *Cerastium arvense* L.

别名 原野卷耳

形态特征 多年生草本，茎高 10~35cm，密被短柔毛。茎基部匍匐，上部直立。叶长圆状披针形。二歧聚伞花序顶生，有花 3~7 朵，花瓣白色。蒴果。

生境 广布于坝上山坡草地及山沟路边。

花果期 花期 5~8 月，果期 7~9 月。

繁殖方式 种子繁殖。

用途 药用。有祛风散热、解毒杀虫的功效。

麦仙翁 ▷ 麦仙翁属
学名 *Agrostemma githago* L.

别名 麦毒草

形态特征 一年生草本，高 60~90cm，全株密被白色长硬毛。茎单生，直立，不分枝或上部分枝。叶片线形或线状披针形，基部微合生，抱茎，顶端渐尖，中脉明显。花单生，直径约 30mm，花梗极长；花瓣紫红色，比花萼短，爪狭楔形，白色。蒴果卵形。种子呈不规则卵形或圆肾形，黑色，具棘凸。

生境 生于麦田中或路旁草地，为田间杂草。

花果期 花期 6~8 月，果期 7~9 月。

繁殖方式 种子繁殖。

用途 全草药用，治百日咳等症。茎、叶和种子有毒。

草原石头花 ▷ 石头花属
学名 *Gypsophila davurica* Turcz. ex Fenzl

别名 北丝石竹

形态特征 多年生草本，高 50~80cm，全株无毛，灰蓝色。根粗大，淡褐色乃至灰褐色。茎数个丛生，直立或稍上升，基部略带紫色，节部稍膨大，上部分枝开展。叶线状披针形。二歧聚伞花序顶生；花瓣白至粉红色。蒴果。

生境 生于草原、丘陵、固定沙丘及石砾质山坡。

花果期 花期 7~8 月，果期 9 月。

繁殖方式 种子繁殖。

用途 根可药用，有利尿逐水功效。又为肥皂的良好代用品，用于洗濯羊毛、毛料等毛织品。

瞿麦 | ▶ 石竹属
学名 *Dianthus superbus* L.

别名 大石竹、野麦

形态特征 多年生草本，茎高50~60cm，直立丛生。叶线状披针形。花数朵集成稀疏的聚伞花序，花瓣淡红色或紫色，花瓣边缘细裂成流苏状。蒴果。

生境 生于干草原及山坡草地。

花果期 花期6~9月，果期8~10月。

繁殖方式 种子、分株繁殖。

用途 全茎可入药。据《本草纲目》介绍，其穗可治诸癃结、小便不通，可明目。其叶可治疗痔瘘、泻血。可做汤粥食服之。

石竹 | ▶ 石竹属
学名 *Dianthus chinensis* L.

别名 兴安石竹、北石竹、丝叶石竹

形态特征 多年生草本，高 30~50cm，茎疏丛生。叶线状披针形。花单生或数朵成聚伞花序；瓣片倒卵状三角形，花瓣白色、淡红色、紫红色或红色，顶缘不整齐齿裂。蒴果。

生境 喜生于向阳山坡草地及林缘灌丛中。

花果期 花期 5~6 月，果期 7~9 月。

繁殖方式 种子繁殖。

用途 花纹与色彩多变，优美清雅，娇艳美丽，为坝上草原地带重要观花野生花卉之一。全草皆可入药，可清热利尿。花晒干可泡开水或浸酒饮用。

旱麦瓶草 ▶ 蝇子草属
学名 *Silene jenisseensis* Willd.

别名 山蚂蚱草

形态特征 多年生草本。茎直立，丛生，高 20~40cm。基生叶簇生，倒披针形；茎生叶 3~5 对，较小。聚伞花序圆锥状；花萼筒状；花瓣白色或淡绿色。蒴果。

生境 生于石质山坡草地及广阔草原地带。

花果期 花期 7~8 月，果期 8~9 月。

繁殖方式 种子繁殖。

用途 其根可代"银柴胡"入药，具有清热凉血之功效。

蔓茎蝇子草 ▶ 蝇子草属
学名 *Silene repens* Patr.

别名 蔓麦瓶草、匍生蝇子草、匍生鹤草

形态特征 多年生草本植物，高 15~50cm，全株被短柔毛。根状茎细长，分叉。茎疏丛生或单生。叶片线状披针形、披针形、倒披针形或长圆状披针形，基部楔形，顶端渐尖，中脉明显。总状圆锥花序；小聚伞花序常具 1~3 朵花；花白色至淡黄色。蒴果卵形。种子肾形，黑褐色。

生境 生于林下、湿润草地、溪岸或石质草坡。

花果期 花期 6~7 月，果期 7~8 月。

繁殖方式 种子繁殖。

用途 有生津止渴、清热利咽作用，可用于外感风热、咽喉肿痛、声嘶、舌干等症的治疗。

女娄菜 | ▶ 蝇子草属
学名 *Silene aprica* Turcz. ex Fisch. et Mey.

别名 王不留行、桃色女娄菜

形态特征 一年生或二年生草本，高30~70cm，全株密被灰色短柔毛。主根较粗壮，稍木质。茎单生或数个，直立。叶片倒披针形或狭匙形。圆锥花序较大型；花梗直立；花瓣白色或淡红色，倒披针形。种子圆肾形，灰褐色。

生境 生于平原、丘陵、山地、山坡草地或旷野路旁草丛。

花果期 花期6~7月，果期7~9月。

繁殖方式 种子繁殖。

用途 有活血调经、下乳、健脾、利湿、解毒功效，主治月经不调、乳少、小儿疳积、脾虚浮肿、疔疮肿毒等症。

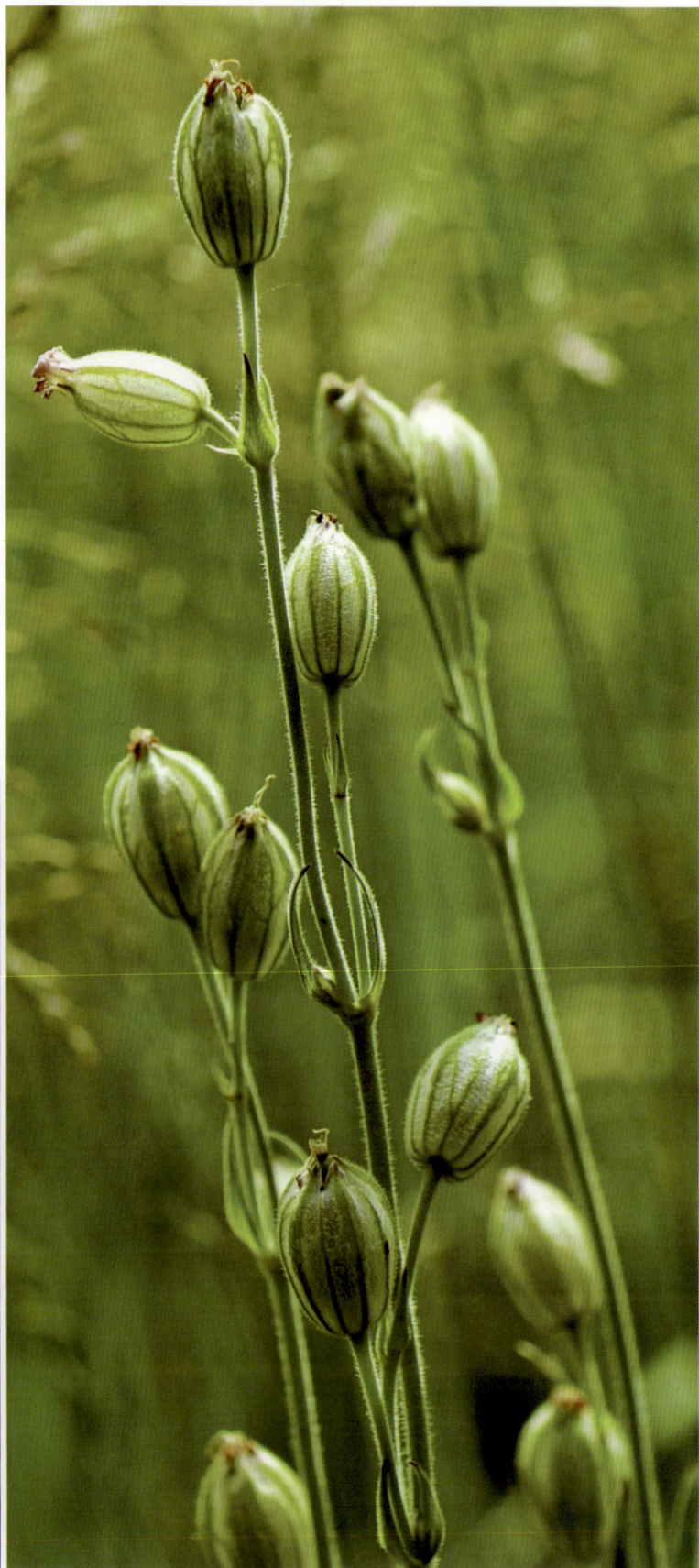

石生蝇子草 | ▶ 蝇子草属
学名 *Silene tatarinowii* Regel

别名 石生麦瓶草、麦瓶草、蝇子草、山女娄菜、太子参、连参

形态特征 多年生草本，全株被短柔毛。根圆柱形或纺锤形，黄白色。茎上升或俯仰，长30~80cm，分枝稀疏，有时基部节上生不定根。叶片披针形或卵状披针形，稀卵形，两面被稀疏短柔毛，具1或3条基出脉。二歧聚伞花序疏松，大型；花瓣白色，轮廓倒披针形；副花冠片椭圆状，全缘。蒴果卵形或狭卵形。种子肾形，红褐色至灰褐色，脊圆钝。

生境 生于海拔800~2900m的灌丛中，疏林下多石质的山坡或岩石缝中。

花果期 花期7~8月，果期8~10月。

繁殖方式 种子繁殖。

用途 清热凉血、补虚安神。

灯心草蚤缀 | ▶ 蚤缀属
学名 *Arenaria juncea* Bieb.

别名 毛轴鹅不食、山银柴胡、老牛筋

形态特征 多年生草本。茎直立，高30~60cm。多数丛生。基生叶丛生，线形丝状；茎生叶较短，基部成鞘状抱茎。聚伞花序顶生，花瓣白色。蒴果卵圆形。

生境 生于多石干山坡或崖壁石缝中。

花果期 花果期7~9月。

繁殖方式 种子繁殖。

用途 根入药，性凉，清热凉血。

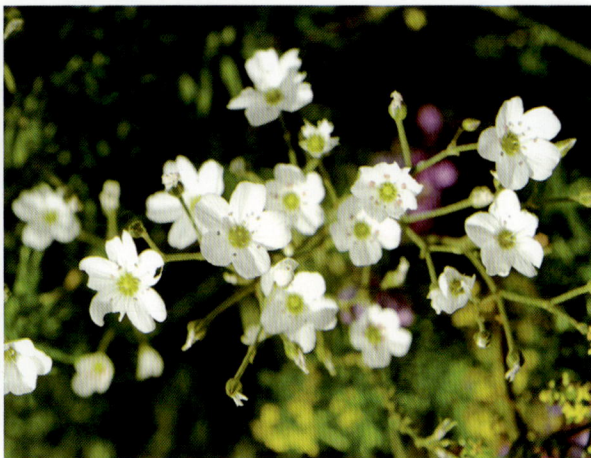

芍药科

芍药 ▶ 芍药属
学名 *Paeonia lactiflora* Pall.

别名 将离、没骨花、白芍

形态特征 多年生宿根花卉，茎高40~70cm，无毛，在根茎部产生新芽。初生长时，茎叶红色或有紫红晕；下部茎生叶二回三出羽状复叶，上部茎生叶为三出复叶。雌雄同株，花顶生茎上，有长花梗，花径10~20cm。花色多种，有黄、白、粉、紫、绿及混合色。蓇葖果，顶端有喙。

生境 喜温耐寒，耐旱，喜光，耐半荫。分布于海拔1000~1800m的山坡草地，坝上、坝下均可观赏栽培。

花果期 花期5~6月，果期8~9月。

繁殖方式 分株、播种繁殖。

用途 花大艳丽，香气袭人，为珍贵野生花卉之一，常用于园林绿化观赏。根茎入药，有扩张血管、降压镇痛作用。

紫斑牡丹 | ▶ 芍药属
学名 *Paeonia suffruticosa* Andr.var. *papaveracea* (Andr.) Kerner

别名 甘肃牡丹、西北牡丹

形态特征 落叶灌木，茎高达 2m，分枝短而粗。叶为二至三回羽状复叶，小叶不分裂，稀不等 2~4 浅裂。花单生枝顶，直径 10~17cm；花梗长 4~6cm；萼片 5，花瓣 5，花瓣内面基部具深紫色斑块，倒卵形，长 5~8cm，宽 4.2~6cm，顶端呈不规则的波状；花盘革质，杯状，紫红色，顶端有数个锐齿或裂片，完全包住心皮，在心皮成熟时开裂。蓇葖果长圆形，密生黄褐色硬毛。

生境 生于海拔 1100~2800m 的山坡林下灌丛中。

花果期 花期 5 月，果期 6 月。

繁殖方式 种子、分株繁殖。

用途 根皮供药用，称"丹皮"，为镇痉药，能凉血散瘀，治中风、腹痛等症。可作盆花、盆景、干花和鲜切花，可与其他干鲜花卉或植物搭配，营造出的具有特别含义的插花作品，值得仔细品味。

毛茛科

白头翁 | ▶ 白头翁属
学名 *Pulsatilla chinensis* (Bunge) Regel

别名 羊胡子花、老冠花、将军草、大碗花、老公花、老姑子花、毛姑朵花

形态特征 多年生草本，植株高 15~35cm。基生叶 4~5，通常在开花时刚刚生出，有长柄；叶片宽卵形，三全裂；叶柄长，有密长柔毛。花莛 1(~2)，有柔毛；花直立，雌雄同株；萼片蓝紫色，长圆状卵形，背面有密柔毛。聚合瘦果，纺锤形，扁，有长柔毛。

生境 喜凉爽干燥气候，耐寒、耐旱。适生于平原和低山山坡草丛中、林边或干旱多石的坡地。

花果期 花期 4~5 月，果期 5~7 月。

繁殖方式 种子繁殖。

用途 根及根状茎入药，清热解毒、凉血止痢。亦可作园林绿化地被植物。

翠雀 | ▶ 翠雀属
学名 *Delphinium grandiflorum* L.

别名 飞燕草、鸽子花

形态特征 多年生草本，茎高 35~65cm，茎具疏分枝，叶掌状全裂。雌雄同株，总状花序有 3~15 花；花左右对称，花梗与轴密被反曲微柔毛；小苞片条形或线形；萼片 5，花瓣状，蓝色或紫蓝色，上面 1 片有距，先端常微凹；花瓣 2，较小，有距，距突伸于萼距内；瓣片近圆形或宽倒卵形，顶端全缘或微凹，腹面中央有黄色髯毛。蓇葖果聚生。

种子倒卵状四面体形，沿棱有翅。

生境 生于海拔 500~2800m 的山地草坡、丘陵沙地或河滩灌丛中。

花果期 5~10 月。

繁殖方式 种子繁殖。

用途 园林绿化植物，适宜布置花坛、花径。全草及种子入药，治牙痛。

冀北翠雀花 | ▶翠雀属
学名 *Delphinium siwanense* Franch.

形态特征 多年生草本。茎高约 1m，多分枝。叶在开花时枯萎；叶片五角形，三全裂近基部，披针形至条形。聚伞花序顶生，伞房状，有花 2~7 朵；花瓣上部黑褐色，无毛，有时上部蓝色。种子圆锥形，暗褐色。

生境 生于海拔 1300~2100m 山地草坡或河滩灌丛。

花果期 花期 7~9 月，果期 9~10 月。

繁殖方式 种子繁殖。

用途 为优良观花植物，多用于花坛。

金莲花 | ▶ 金莲花属
学名 *Trollius chinensis* Bunge

形态特征　多年生草本，茎高 30~70cm，不分枝，疏生（2~）3~4 叶。基生叶 1~4 个，有长柄；叶片五角形，三全裂。花单独顶生或 2~3 朵组成稀疏的聚伞花序，花径 3.8~5.5cm；萼片多数，金黄色，椭圆状卵形或倒卵形，顶端疏生三角形牙齿；花瓣 18~21 个，狭线形，顶端渐狭。蓇葖果。种子倒卵球形，黑色，光滑。

生境　生于海拔 1000~2200m 山地草坡或疏林下。

花果期　花期 6~7 月，果期 8~9 月。

繁殖方式　种子繁殖。

用途　坝上当家野生花卉品种，花大美丽，为极佳观花植物。全草入药，有清热解毒作用。

华北楼斗菜 ▶ 楼斗菜属
学名 *Aquilegia yabeana* Kitag.

别名 五铃花、紫霞楼斗

形态特征 多年生草本，茎高 40~60cm，有稀疏短柔毛和少数腺毛，上部分枝。叶有长柄，为一或二回三出复叶；小叶菱状倒卵形或宽菱形。花序有少数花，密被短腺毛，花下垂，雌雄同株；萼片紫色，狭卵形；花瓣紫色，顶端有距，末端钩状内曲，外面有稀疏短柔毛。蓇葖果。种子黑色，狭卵球形。

生境 生于山地草坡或林边。

花果期 花期 5~6 月，果期 6~9 月。

繁殖方式 种子繁殖。

用途 花大、奇特，可用作庭院观赏植物。种子含油，可供工业用。全草入药，用于月经不调、痛经等。

长叶碱毛茛 | ▶ 碱毛茛属
学名 *Halerpestes ruthenica* (Jacq.) Ovcz.

别名 黄戴戴、金戴戴

形态特征 多年生草本。匍匐茎长 30cm 以上。叶簇生，叶片卵状或卵状椭圆形，全缘，顶端有 3~5 个圆齿。花莛直立，单一或上部分枝；萼片绿色，卵形，多无毛；花瓣黄色，6~12 枚，倒卵形。聚合果，卵球形。

生境 生于含水丰富的盐碱地及湿草地。

花果期 花期 5~7 月，果期 7~9 月。

繁殖方式 种子繁殖。

用途 全草及种子入药，性辛、温，有解毒、温中、止痛的作用。

驴蹄草 | ▶ 驴蹄草属
学名 *Caltha palustris* L.

别名 驴蹄菜、立金花

形态特征 多年生草本，全株无毛，茎高（10~）20~48cm，具细纵沟，在中部或中部以上分枝。叶片圆形，圆肾形或心形，茎生叶通常向上逐渐变小。雌雄同株，单歧聚伞花序，常2朵花；萼片花瓣状，多5片，花径2~5cm。种子狭卵球形，黑色，有光泽。

生境 通常生于山谷溪边或湿草甸，有时也生在草坡或林下较阴湿处。

花果期 花期5~9月，6月开始结果。

繁殖方式 种子繁殖。

用途 花黄叶绿，如繁星落地，为优良地被观光植物。根叶入药，清热利湿、解毒。

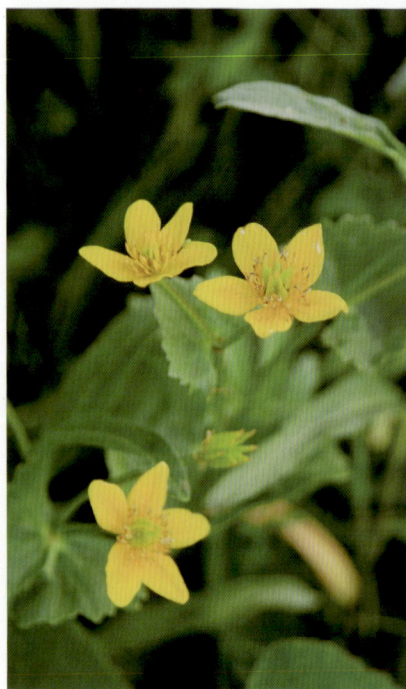

毛茛 | ▶ 毛茛属
学名 *Ranunculus japonicus* Thunb.

别名 老虎脚迹、五虎草

形态特征 多年生草本，茎直立，高 30~
70cm，中空，有槽，具分枝，生开展或贴伏
的柔毛。基生叶多数，叶片圆心形或五角形，
3 深裂，渐向上叶柄变短，叶片变小，最上
部叶线形，全缘无柄。雌雄同株，聚伞花序
有多数花，疏散；花径 1.5~2.2cm，鲜黄色；
花瓣 5，倒卵状圆形。聚合瘦果，顶端有短喙。

生境 生于海拔 200~2500m 田沟旁和林缘
路边的湿草地上。

花果期 4~9 月。

繁殖方式 种子繁殖。

用途 全草入药，有除瘀化结之功效。

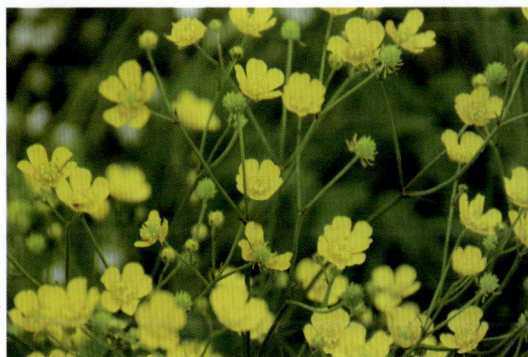

石龙芮 | ▶ 毛茛属
学名 *Ranunculus sceleratus* L.

别名 黄花菜、石龙芮毛茛

形态特征 一年生草本。须根簇生。茎直立，高达 50cm。
叶片肾状圆形。聚伞花序有多数花；花小；萼片椭圆形；
花瓣倒卵形；花药卵形。聚合果长圆形。

生境 生于平原湿地或河沟边。

花果期 5~8 月。

繁殖方式 种子繁殖。

用途 全草入药，有消结核、截疟作用，用于治疗痈肿、
疮毒、蛇毒和风寒湿痹等症。

瓣蕊唐松草 | ▶ 唐松草属
学名 *Thalictrum petaloideum* L.

别名 瓣花唐松草、瓣蕊松草、瓣状唐松草

形态特征 多年生草本，植株全部无毛，茎高20~80cm，上部分枝。基生三至四回三出或羽状复叶；小叶草质，形状变异很大，宽倒卵形、菱形或近圆形。花序伞房状，雌雄同株，有少数或多数花。瘦果卵形，有8条纵肋。

生境 生于800~1800m的山坡草地。

花果期 花期6~7月，果期8月。

繁殖方式 种子繁殖。

用途 园林丛植点缀观赏。根入药，可治腹泻、痢疾等症。

东亚唐松草 | ▶ 唐松草属

学名 *Thalictrum minus* L. var. *hypoleucum* (Sieb. et Zucc.) Miq.

形态特征 多年生草本。根茎粗壮。茎直立,茎高 20~66cm,自下部或中部分枝。基生叶有长柄,二至三回三出复叶;小叶草质,背面粉绿色。复单歧聚伞花序圆锥状;花梗丝形;萼片 4 枚,白色或淡堇色,倒卵形。瘦果无柄,圆柱状长圆形。

生境 生于丘陵、山地林下或较阴湿处。

花果期 花期 7~8 月,果期 9 月。

繁殖方式 分株、种子繁殖。

用途 其根有清热解毒、消水肿作用。

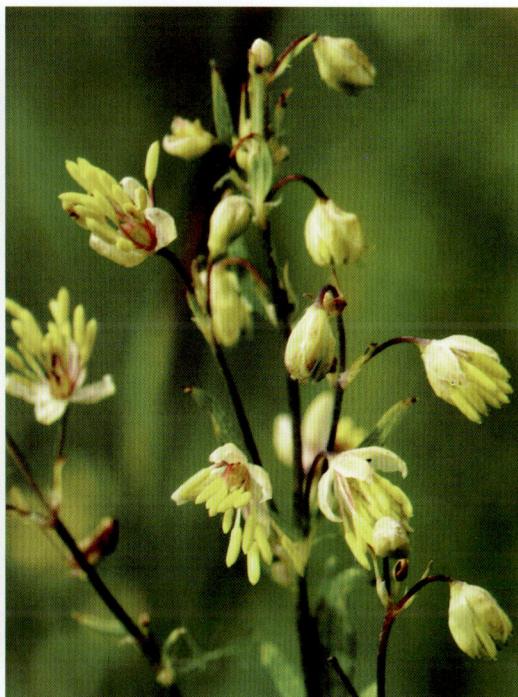

半钟铁线莲 | ▶ 铁线莲属

学名 *Clematis ochotensis* (Pall.) Poir.

形态特征 多年生木质藤本。茎圆柱形,光滑无毛。小叶片窄卵状披针形至卵状椭圆形,顶端钝尖,上部边缘有粗牙齿;小叶柄短。花单生于当年生枝顶,钟状;萼片淡蓝色,长椭圆形至狭倒卵形;花药内向着生。瘦果倒卵形,棕红色。

生境 生于海拔 1500 以上山坡、林下、灌丛。

花果期 花期 6~8 月,果期 8~9 月。

繁殖方式 播种、压条、嫁接、分株或扦插繁殖均可。

用途 适用于垂直绿化,可点缀围墙、栅栏、棚架。入药有利尿通淋、祛风止痛作用。

长瓣铁线莲 | ▶ 铁线莲属
学名 *Clematis macropetala* Ledeb.

别名 大瓣铁线莲

形态特征 木质藤本，长约2m，枝具棱，叶对生。二回三出复叶，小叶具柄，卵状披针形或菱状椭圆形。花单生于当年生枝顶端，雌雄同株；花梗长，花大；花萼钟形，直径3~6cm，蓝色或淡紫色，狭卵形或卵状披针形，无花瓣；退化雄蕊多数，花瓣状，披针形。瘦果倒卵形。

生境 生于荒山坡、草坡岩石缝中及林下。

花果期 花期7月，果期8月。

繁殖方式 种子繁殖。

用途 观花藤本，作园林绿化攀缘植物。

短尾铁线莲 | ▶ 铁线莲属
学名 *Clematis brevicaudata* DC.

别名 林地铁线莲、红钉耙藤

形态特征 藤本。枝有棱，小枝疏生短柔毛或近无毛。一至二回羽状复叶或二回三出复叶，小叶片5~15，卵形至宽卵形披针形或披针形，顶端渐尖或长渐尖，基部圆形、截形至浅心形，有时楔形，边缘生粗锯齿或牙齿，有时3裂，两面近无毛或疏生短柔毛。圆锥状聚伞花序腋生或顶生，常比叶短；萼片4，开展，白色，狭倒卵形。瘦果卵形，棕红色，密生柔毛。

生境 生于海拔460~2600m的山地疏林或灌丛中。

花果期 花期7~9月，果期9~10月。

繁殖方式 种子繁殖。

用途 藤茎入药，清热利尿、通乳、消食、通便。主治尿道感染、尿频、尿道痛、心烦尿赤、口舌生疮、腹中胀满、大便秘结、乳汁不通。

宽芹叶铁线莲 | ▶ 铁线莲属
学名 *Clematis aethusifolia* Turcz. var. *latisecta* Maxim.

形态特征 多年生草本。根细长。茎攀援，纤细，具细棱，稍带光泽。叶三至四回三出羽状分裂，最终裂片椭圆形至椭圆状披针形；叶柄细长，长约2cm，稍弯曲。花钟形，淡黄色。瘦果。

生境 生于山坡及水沟边。

花果期 花期7~8月，果期9月。

繁殖方式 种子、扦插繁殖。

用途 有散风祛湿、活血止痛功效，外用还可除疮排脓，但具有一定毒性，慎用。

棉团铁线莲 | ▶ 铁线莲属
学名 *Clematis hexapetala* Pall.

别名 山蓼、棉花子花、野棉花

形态特征 直立草本，高30~100cm，老枝圆柱形，有纵沟。单叶至复叶，一至二回羽状深裂。总状、圆锥状聚伞花序顶生，有时单生，雌雄同株；花直径2.5~5cm；萼片4~8，通常6，白色，长椭圆形或狭倒卵形，外面密生棉毛，花蕾时像棉花球。瘦果倒卵形，扁平，密生柔毛。

生境 生于固定沙丘、干山坡或山坡草地。

花果期 花期6~8月，果期7~10月。

繁殖方式 种子、根芽繁殖。

用途 药用。根和根茎入药，主治寒痞、消化不良。

芹叶铁线莲 | ▶ 铁线莲属
学名 *Clematis aethusifolia* Turcz.

别名 透骨草

形态特征 多年生草质藤本，幼时直立，以后匍匐。茎纤细，有纵沟，微被柔毛或无毛。二至三回羽状复叶或羽状细裂，连叶柄长达 7~10cm。雌雄同株，聚伞花序腋生，常 1（~3）花；苞片羽状细裂；花钟状下垂，直径 1~1.5cm；萼片 4 枚，淡黄色，长方椭圆形或狭卵形。瘦果扁平，宽卵形或圆形，成熟后棕红色。

生境 生于 300~1700m 的山坡及水沟边。

花果期 花期 7~8 月，果期 9 月。

繁殖方式 种子繁殖。

用途 药用、观赏。花叶入药，祛风通络、止痛、杀虫。

北乌头 | ▶ 乌头属
学名 *Aconitum kusnezoffii* Reichb.

别名 草乌、鸡头草、蓝附子

形态特征 多年生草本，高（65~）80~150cm，等距离生叶，通常分枝。叶片纸质或近革质，五角形，三全裂。雌雄同株，顶生总状花序具9~22花，常与其腋生花序形成圆锥花序；萼片紫蓝色，上萼片盔形或高盔形，有喙；花瓣向后弯曲或近拳卷。蓇葖果。种子扁椭圆球形。

生境 生于海拔1000~2400m的山地草坡或疏林中。

花果期 花期7~8月，果期8~9月。

繁殖方式 分根、种子繁殖。

用途 药用、观赏。块根有毒，炮制后入药，治风湿关节炎、中风等症。

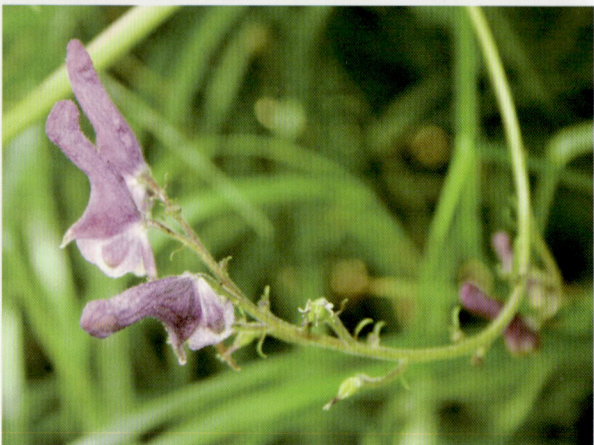

低矮华北乌头 | ▶ 乌头属
学名 *Aconitum soongaricum* Stapf var. *jeholense* (Nakai et Kitag.) W.T.Wang

形态特征 多年生草本。茎高 20~50cm。叶片五角形，3 全裂。顶生总状花序，有花 2~8 朵；萼片蓝紫色，上萼片船形。蓇葖果。

生境 生于海拔 1700m 左右山地草坡。

花果期 7~8 月。

繁殖方式 营养、种子繁殖。

用途 为优良观花植物。有镇痛、消炎作用。

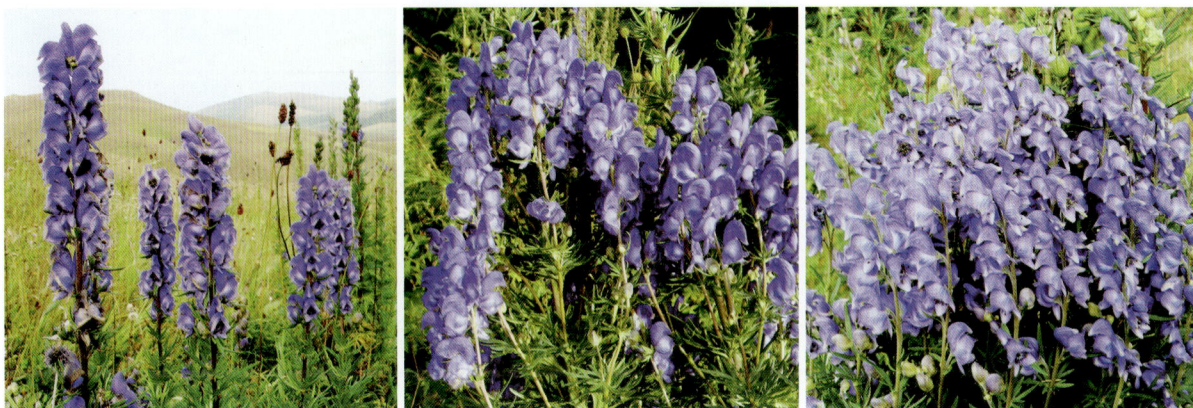

高乌头 | ▶ 乌头属
学名 *Aconitum sinomontanum* Nakai

别名 穿心莲、曲芍、龙骨七

形态特征 多年生草本。根圆柱形，粗达 2cm。茎高 95~150cm，生 4~6 枚叶，叶片肾形或圆肾形。总状花序具密集的花；萼片蓝紫色或淡紫色；花瓣唇舌形。种子倒卵形，具 3 条棱，密生横狭翅。

生境 生于 1500m 以上山坡草地或林中。

花果期 6~9 月。

繁殖方式 种子繁殖。

用途 其根性辛、苦、温。有祛风除湿、理气止痛、活血散瘀作用。

华北乌头 | ▶乌头属
学名 *Aconitum jeholense* Nakai et Kitag. var. *angustius* W.T.Wang

形态特征 多年生草本，高 80~120cm。叶片五角形，3 全裂，小裂片条形或狭条形。雌雄同株，总状花序长（10~）15~30cm，具（7~）15~30 朵花；萼片 5，蓝紫色，上萼片盔帽形；花瓣 2；雄蕊多数。蓇葖果椭圆形。种子倒圆锥形，有翅。

生境 生于海拔 1980~3000m 的山坡草地。

花果期 8~9 月。

繁殖方式 块根、种子繁殖。

用途 园林绿化景观植物。药用，根可入药，主治风痹血痹、半身不遂。

牛扁 ▶ 乌头属
学名 *Aconitum barbatum* Pers. var. *puberulum* Ledeb.

别名 扁桃叶根

形态特征 多年生草本，茎高 55~90cm，生 2~4 枚叶，在花序之下分枝。茎和叶柄均被反曲而紧贴的短柔毛。叶片肾形或圆肾形，三裂，叶裂程度较小，中全裂片分裂不近中脉，末回小裂片三角形或狭披针形；叶柄长 13~30cm，基部具鞘。雌雄同株，顶生总状花序长 13~20cm，具密集的花；萼片黄色，外面密被短柔毛，上萼片圆筒形；花瓣无毛，唇形有距，直或稍向后弯曲。蓇葖果。种子倒卵球形，褐色，密生横狭翅。

生境 生于海拔 400~2700m 的山地疏林中或较阴湿处。

花果期 花期 7~8 月，果期 9~10 月。

繁殖方式 种子繁殖。

用途 花序长大，优良观花植物。药用，以根入药，祛风止痛、止咳平喘、化痰。

小花草玉梅 ▶ 银莲花属
学名 *Anemone rivularis* Buch. Ham. var. *flore-minore* Maxim.

别名 河岸银莲花

形态特征 多年生草本。茎直立，粗壮，高可达 42~125cm。基生叶有长柄，叶片肾状五角形，3 全裂，中裂片再 3 裂，小裂片边缘有锐锯齿，侧全裂片不等二深裂。总苞 3（~4），轮生，有柄，总苞片 3~5 深裂，裂片通常不分裂，披针形至披针状线形；花较小，两性，白色，聚伞花序；每一花梗上有苞片 2 个，披针状线形。瘦果有长尾。

生境 生于海拔 900~1900m 的山地林缘或草地。

花果期 果期 5~8 月。

繁殖方式 种子繁殖。

用途 根状茎入药，治肝炎、筋骨疼痛等。

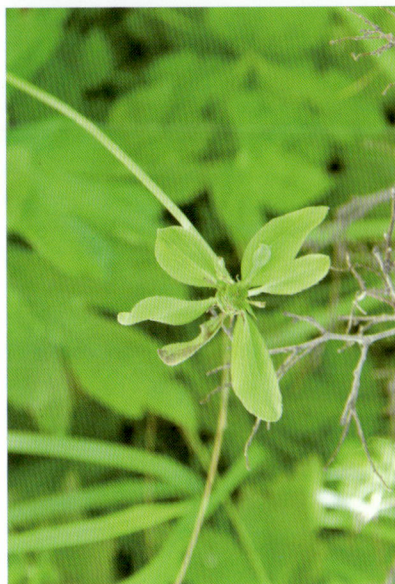

银莲花 | ▶ 银莲花属
学名 *Anemone cathayensis* Kitag.

别名 华北银莲花、毛蕊茛莲花

形态特征 多年生草本，高 15~40cm，地下具块根。基生叶 4~8；叶柄长，叶片圆肾形，两面疏生柔毛或无毛。3 全裂花莛 2~6，雌雄同株，花梗长 3.5~5cm；萼片 5~6（~10），白色或带粉红色，倒卵形，无花瓣；雄蕊多数，花丝条形。瘦果扁，宽椭圆形或近圆形。

生境 生于海拔 1000~2000m 的山地草坡或石砾山坡。

花果期 4~7 月。

繁殖方式 分球、播种繁殖。

用途 珍贵野生花卉之一，为优良观花植物，广泛用于室内及庭院观赏。药用，具抗肿瘤、抗炎、镇痛作用。

木兰科

五味子 ▶ 五味子属
学名 *Schisandra chinensis* (Turcz.) Baill.

别名 山花椒、五味

形态特征 落叶木质藤本。茎柔软坚韧，缠绕于其他乔、灌木上生长，在森林内属层间植物。匍匐茎分布于土壤浅层，横向伸长，也称走茎，老枝灰褐色，幼枝红褐色，常起皱纹，片状剥落。单叶互生，倒卵形或椭圆形，叶缘有具骈胝质的疏细齿。芽为单芽或混合芽，花单性，雌雄异株，花被 6~9，粉白色或粉红色。果为聚合浆果，近球形，成熟时为艳红色。种子肾形，淡褐色，表面光滑。

生境 生于海拔 1200~1700m 的沟谷、溪旁或山坡。

花果期 花期 5~7 月，果期 7~10 月。

繁殖方式 种子繁殖。

用途 著名中药，果实入药，具收敛固涩、益气生津、补肾宁心作用。其叶、茎可食用。

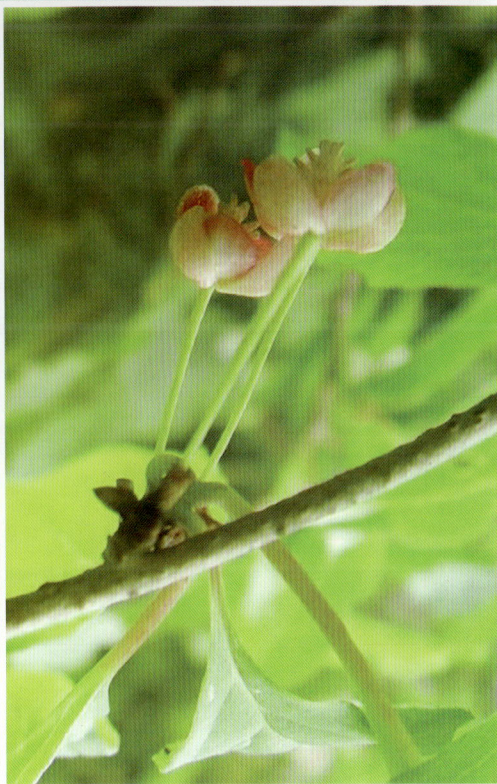

罂粟科

白屈菜 ▶ 白屈菜属
学名 *Chelidonium majus* L.

别名 山黄连、土黄连

形态特征 多年生草本，茎高 30~60cm，茎聚伞状多分枝，全草含有金黄色汁液。叶羽状全裂，裂片 2~4 对，倒卵状长圆形，背后有白粉。伞形花序，花瓣金黄色。常数株簇生一处，形成小片群落。

生境 喜生于山野沟边湿润处。

花果期 花期 6~7 月，果期 7~8 月。

繁殖方式 种子繁殖。

用途 全草可供药用，有消肿、止痛作用，主治蛇咬伤、疮疖、疔毒等病症。全草有毒，不可食用。

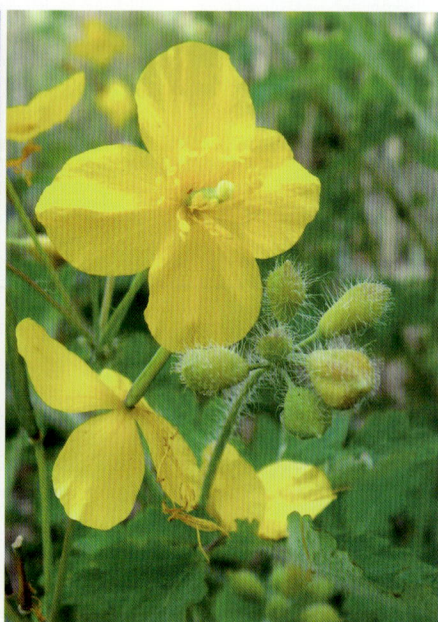

全缘叶绿绒蒿 ▶ 绿绒蒿属
学名 *Meconopsis integrifolia* (Maxim.) French.

别名 黄芙蓉、鹿耳菜

形态特征 一年生至多年生草本。主根向下渐狭，具侧根和纤维状细根。茎粗壮，不分枝，具纵条纹。叶片倒披针形、倒卵形或近匙形，先端圆或锐尖，基部渐狭并下延成翅。花通常 4~5 朵，多生于最上部茎生叶腋内；花瓣 6~8 片，近圆形至倒卵形，黄色或稀白色。蒴果宽椭圆状长圆形至椭圆形。种子近肾形。

生境 生于高山灌丛下或林下、草坡、山坡、草甸。

花果期 5~10 月。

用途 全草或根入药，性苦、涩、寒，有毒，有清热利湿、止咳作用。

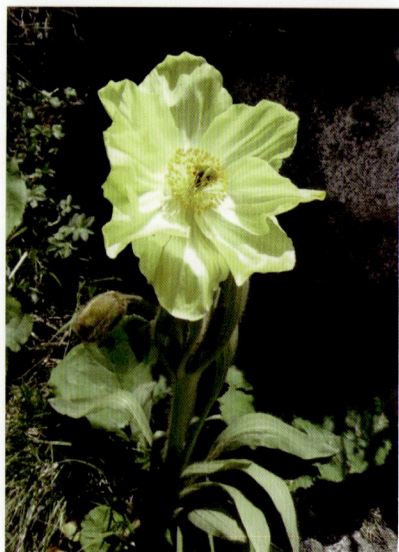

野罂粟 | ▶ 罂粟属
学名 *Papaver nudicaule* L.

别名 山大烟、山罂粟

形态特征 多年生草本，高 20~60cm，有乳汁。叶卵形至披针形，基生，有长柄，羽状裂。花单独顶生，花瓣 4，黄色、橘黄色，稀红色。

生境 喜生于海拔 1000~2500m 以上的山地草甸及草原上。

花果期 5~9 月。

繁殖方式 种子繁殖。

用途 花型大，花瓣柔软如绸缎，为优良观花植物。全草可入药，有镇痛、安神作用。

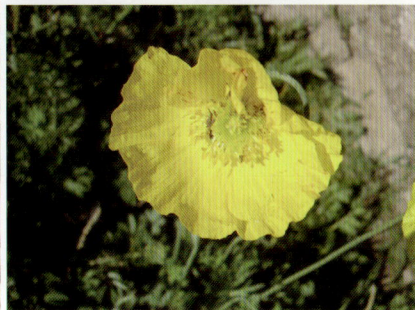

虞美人

▶ 罂粟属
学名 *Papaver rhoeas* L.

别名 丽春花、赛牡丹

形态特征 一年生草本，全体被伸展的刚毛，稀无毛。茎直立，高 25~90cm，具分枝，被淡黄色刚毛。叶互生，叶片披针形或狭卵形，羽状分裂。花单生于茎和分枝顶端；花蕾长圆状倒卵形，下垂；花瓣 4，圆形、横向宽椭圆形或宽倒卵形，长 2.5~4.5cm，全缘，稀圆齿状或顶端缺刻状，紫红色，基部通常具深紫色斑点。蒴果宽倒卵形。

生境 耐寒，怕暑热，喜阳光充足的环境，喜排水良好、肥沃的沙壤土。不耐移栽，忌连作与积水。

花果期 4~8 月。

繁殖方式 种子繁殖。

用途 花多彩多姿，颇为美观，适宜于花坛、花境栽培，也可盆栽或作切花用。虞美人不但花美，而且药用价值高，入药叫做雏罂粟，无毒，有止咳、止痛、停泄、催眠的作用，其种子可抗癌化瘤，延年益寿。

地丁草 | ▶ 紫堇属
学名 *Corydalis bungeana* Turcz.

别名 紫堇、苦丁

形态特征 二年生灰绿色草本，高 10~50cm，具主根。茎自基部铺散分枝，灰绿色，具棱。基生叶多数，边缘膜质，叶片上面绿色，下面苍白色，二至三回羽状全裂；茎生叶与基生叶同型。总状花序，花粉红色至淡紫色，平展；外花瓣顶端多少下凹，具浅鸡冠状凸起，边缘具浅圆齿；内花瓣顶端深紫色。蒴果椭圆形。

生境 生于近海平面至 1500m 的多石坡地或河水泛滥地段。

花果期 4~7 月。

繁殖方式 种子繁殖。

用途 以干燥全草供药用，有清热解毒之功效，主治痈肿、疔疮、风热感冒、支气管炎、肝炎、肠炎等症。

十字花科

播娘蒿 ▶ 播娘蒿属
学名 *Descurainia sophia* (L.) Webb. ex Prantl

别名 大蒜荠、米半蒿、麦蒿

形态特征 一年生草本，高 20~80cm。以下部茎生叶为多，向上渐少。茎直立，分枝多，常于下部成淡紫色。叶为三回羽状深裂，长 2~12 (~15) cm，末端裂片条形或长圆形，下部叶具柄，上部叶无柄。花序伞房状，果期伸长；萼片直立，早落，长圆条形，背面有分叉细柔毛；花瓣黄色，长圆状倒卵形，长 2~2.5mm，或稍短于萼片，具爪。长角果圆筒状，长 2.5~3cm，无毛，稍内曲。种子每室 1 行，种子形小，多数，长圆形，稍扁，淡红褐色，表面有细网纹。

生境 生于山坡、田野及农田。

花果期 花期 4~5 月，果期 6~9 月。

繁殖方式 种子繁殖。

用途 种子含油 40%，油工业用，并可食用。种子亦可药用，有利尿消肿、祛痰定喘的效用。

独行菜 ▶ 独行菜属
学名 *Lepidium apetalum* Willd.

别名 腺茎独行菜、北葶苈子、昌古

形态特征 一年生或二年生草本，高 5~30cm。茎直立，多分枝，无毛或被微小头状毛。基生叶莲座状，平铺地面，羽状浅裂或深裂，叶片狭匙形；茎上部叶线形，有疏齿或全缘。总状花序顶生；花梗丝状，被棒状毛；花瓣极小，匙形，白色。短角果近圆形，种子椭圆形，棕红色，平滑。

生境 生于海拔 400~2000m 的山坡、山沟、路旁及村庄附近。

花果期 5~7 月。

繁殖方式 种子繁殖。

用途 种子入药，清热止血、泻肺平喘、行水消肿。地上部入药，用于肠炎、腹泻及细菌性痢疾。

山遏蓝菜 | ▶ 遏蓝菜属
学名 *Thlaspi eochleariforme* DC.

形态特征 多年生草本。有根状茎。茎高7~30cm，多数直立。基叶莲座状，匙形或长圆状倒卵形；茎生叶卵状心形，抱茎。总状花序，花白色。短角果，倒卵形。

生境 生于海拔1600m以上山坡草地。

花果期 6~7月。

繁殖方式 种子繁殖。

用途 有一定药用价值。

白毛花旗杆 | ▶ 花旗杆属
学名 *Dontostemon senilis* Maxim.

形态特征 多年生旱生草本，高4~15cm。根木质化，粗壮，植株全体密被白色开展的长直毛（老时毛渐稀）。茎基部呈丛生状分枝，基部常残留黄色枯叶，茎下部黄白色。叶线形，长1.5~3.5cm，全缘，密被白色长毛。总状花序顶生；萼片长椭圆形至宽披针形，背面被多数长直毛；花瓣紫色或带白色，长匙形至宽倒卵形，具宽爪。长角果圆柱形，无毛。种子长椭圆形，具狭膜质边缘，一端具宽翅。

生境 生于海拔350~1500m的石质山坡、阳坡草丛、高原荒地或干旱山坡。

花果期 5~9月。

繁殖方式 种子繁殖。

垂果南芥

▶ 南芥属
学名 *Arabis pendula* L.

形态特征 二年生草本，高30~150cm。茎直立，被毛，上部分枝。叶互生，长椭圆形、倒卵形或披针形，先端尖，基部耳状，稍抱茎，边缘有细锯齿；无柄。总状花序顶生；萼片4枚，有星状毛；花瓣4瓣，"十"字形，较小，白色。长角果扁平，下垂。种子边缘有狭翅。

生境 生于山坡、山沟、草地、林缘、灌木丛、河岸及路旁杂草地。

花果期 花期6~7月，果期7~8月。

繁殖方式 种子繁殖。

用途 清热、解毒、消肿，有治疮痈肿毒作用。

白花碎米荠

▶ 碎米荠属
学名 *Cardamine leucantha* (Tausch) O. E. Schulz

别名 山芥菜

形态特征 多年生草本，高 30~80cm。根状茎短而匍匐，单一，不分枝。茎生叶数个，小叶 2~3 对；顶生小叶长卵状披针形，边缘有锯齿。总状花序分枝或不分枝，花冠白色。长角果线形。

生境 生于海拔 200~2000m 的路边、山坡湿草地、杂木林下及山谷沟边阴湿处。

花果期 花期 4~7 月，果期 6~8 月。

繁殖方式 种子繁殖。

用途 花可入药。代茶用，清热泻火、解毒利尿。

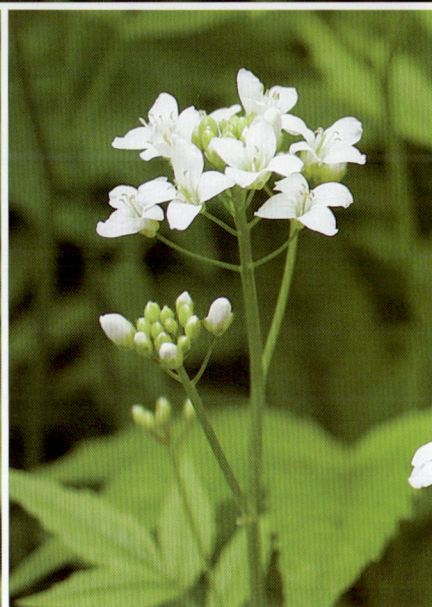

紫花碎米荠 | ▶ 碎米荠属
学名 *Cardamine tangutorum O. E. Schulz*

别名 石芥菜

形态特征 多年生草本,高15~50cm。根状茎细长,匍匐。茎上部直立,单一不分枝。基生叶有长叶柄,小叶3~5对,长圆状披针形,边缘有锯齿。总状花序,花紫红色。长角果线形。

生境 生于海拔2100~4400m的山坡灌木林下、沟边、石隙、高山草坡水湿处,

花果期 花期5~7月,果期6~8月。

繁殖方式 种子繁殖。

用途 全草可入药,清热利湿,并可治黄水疮;花治筋骨疼痛。

糖芥 ▶ 糖芥属
学名 *Erysimum amurense* Kitag.

别名 粮芥

形态特征 一年生或二年生草本。茎直立，高30~60cm。基生叶及茎下部叶披针形或长圆状线形，上部叶有短柄或无柄。总状花序顶生，花瓣橘黄色。长角果线形。

生境 广布于坝上山地草甸及干草原中，喜生于山场向阳山坡。

花果期 花期6~8月，果期7~9月。

繁殖方式 种子繁殖。

用途 西藏常用中草药，清血热、镇咳、强心。

小花糖芥 ▶ 糖芥属

学名 *Erysimum cheiranthoides* L.

别名 桂行糖芥、野菜子

形态特征 一年生草本，高 15~50cm。茎直立，分枝或不分枝，有棱角，具 2 叉毛。基生叶莲座状，无柄，平铺地面；茎生叶披针形或线形。总状花序顶生；萼片长圆形或线形；花瓣浅黄色，长圆形。长角果圆柱形。

生境 生于海拔 500~2000m 山坡、山谷、路旁及村旁荒地。

花果期 花期 6~7 月，果期 6~8 月。

繁殖方式 种子繁殖。

用途 全草入药，有强心、利尿、消食功效。

香花芥 ▶ 香花芥属

学名 *Clausia trichosepala* (Turcz.) Dvořák

别名 毛萼香芥

形态特征 二年生草本，高 10~60cm。茎直立，多为单一，有时数个，不分枝或上部分枝，具疏生单硬毛。基生叶在花期枯萎；茎生叶长圆状椭圆形或窄卵形，边缘有不等尖锯齿。总状花序顶生，花直径约 1cm；花瓣倒卵形，长 1~1.5mm，基部具线形长爪，柱头 2 裂。长角果。

生境 生于山坡。

花果期 5~8 月。

繁殖方式 种子繁殖。

用途 绿化、观赏。

芥菜 | ▶ 芸苔属
学名 *Brassica juncea* (L.) Czern. et Coss.

别名 盖菜、芥、挂菜

形态特征 二年生草本，高 30~150cm。茎直立，有分枝。叶宽卵形至倒卵形，顶端圆钝，基部楔形，大头羽裂，具 2~3 对裂片，或不裂，边缘均有缺刻或牙齿。总状花序顶生；花黄色；花瓣倒卵形。长角果线形。种子球形，紫褐色。

生境 适应性强，广布山野沟边。

花果期 6~7 月。

繁殖方式 种子繁殖。

用途 种子磨粉，为调味料，亦可榨油食用。种子及全草供药用，有化痰平喘、消肿止痛作用。

芝麻菜 ▶ 芝麻菜属
学名 *Eruca sativa* Mill.

别名 臭菜、东北臭菜

形态特征 一年生草本，高 20~90cm。茎直立，上部常分枝，疏生硬长毛或近无毛。基生叶及下部叶大头羽状分裂或不裂。总状花序；花瓣黄色，后变白色，有紫纹，短倒卵形，长 1.5~2cm，基部有窄线形长爪。长角果圆柱形。

生境 适生于山区农田荒地。

花果期 花期 6~7 月，果期 7~8 月。

繁殖方式 种子繁殖。

用途 种子榨油可药用、食用，嫩茎、叶可作野菜，入药有利尿功效，可治疗久咳、尿频等症。

诸葛菜 ▶ 诸葛菜属
学名 *Orychophragmus violaceus* (L.) O. E. Schulz

别名 二月蓝

形态特征 一年生或二年生草本，高 10~50 cm，全体无毛。茎单一，直立。花多为蓝紫色或淡红色，随着花期的延续，花色逐渐转淡，最终变为白色；花瓣 4 枚，长卵形，长 1~1.5cm，有细脉纹，爪部长 0.3~0.6cm。长角果。

生境 生于平原、山地、路旁、地边。对土壤、光照等条件要求较低，耐寒耐旱，生命力顽强。

花果期 花期 4~5 月，果期 5~6 月。

繁殖方式 种子繁殖。

用途 是北方常见的一种野菜，其嫩叶和茎可食，种子可榨油。

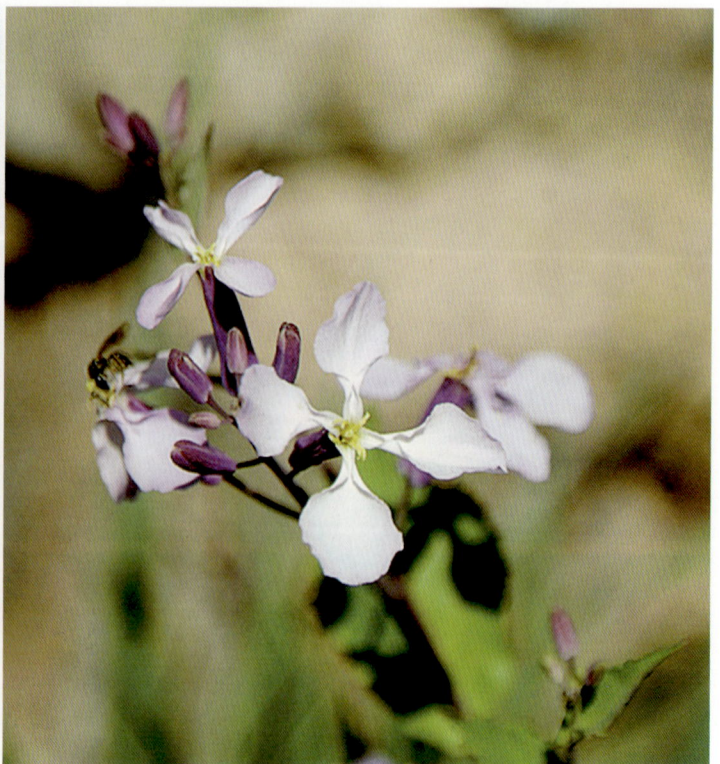

景天科

八宝 ▶ 八宝属
学名 *Hylotelephium erythrostictum* (Miq.) H. Ohba

别名 八宝景天、活血三七、白花蝎子草

形态特征 多年生草本，全株青白色。块根胡萝卜状。茎直立，不分枝。叶对生或3~4枚轮生，长圆形至卵状长圆形，先端急尖，钝，基部渐狭，边缘有疏锯齿，近无柄。伞房状聚伞花序着生茎顶，花密生；花瓣5，白色或粉红色，宽披针形。

生境 喜日光充足、温暖、干燥通风环境，忌水湿，对土壤要求不严格。性较耐寒、耐旱。

花果期 花期8~10月。

繁殖方式 扦插、分株繁殖。

用途 全草入药，有祛风利湿、活血散瘀、止血止痛的功效，用于喉炎、荨麻疹、吐血、小儿丹毒、乳腺炎。外用治疗疮痈肿、跌打损伤、鸡眼、烧烫伤、毒虫、毒蛇咬伤、带状疱疹、脚癣。园林绿化中用作地被植物。

华北八宝 ▶ 八宝属
学名 *Hylotelephium tatarinowii* (Maxim.) H. Ohba

别名 华北景天

形态特征 多年生草本。根块状，常有小型胡萝卜状的根。茎多数丛生，直立或倾斜，不分枝。叶互生，线状披针形至倒披针形，边缘有疏锯齿或浅裂，近有柄。伞房状聚伞花序顶生，紧密多花；萼片披针形；花瓣浅红色，卵状披针形。

生境 生于海拔1000~3000m的山地石缝中。

花果期 花期7~8月，果期9月。

繁殖方式 种子繁殖。

用途 药用。亦可作为耐旱盆栽花卉。

红景天 | ▶ 红景天属
学名 *Rhodiola rosea* L.

别名 蔷薇红景天

形态特征 多年生草本。根粗壮，直立。根茎短。叶疏生，长圆形至椭圆状倒披针形或长圆状宽卵形，先端急尖或渐尖。花序伞房状，密集多花；花茎高 20~30cm；花瓣 4 瓣，黄绿色，线状倒披针形或长圆形。种子披针形，一侧有狭翅。

生境 生长在海拔 1500m 以上高寒无污染地带的山坡林下或草坡上。

花果期 6~7 月。

繁殖方式 种子、根茎繁殖。

用途 有补气清肺、益智养心、收涩止血、散瘀消肿功效，主治气虚体弱、病后畏寒、气短乏力、肺热咳嗽等症。

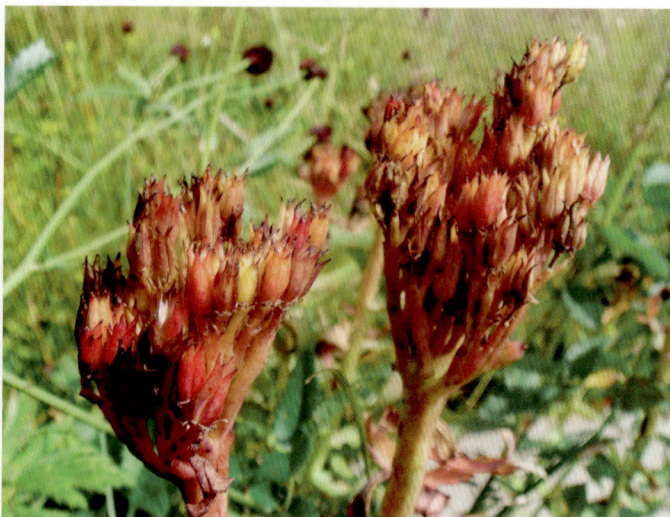

小丛红景天 | ▶ 红景天属
学名 *Rhodiola dumulosa* (Franch.) S. H. Fu

别名 凤尾七、凤尾草、雾灵景天

形态特征 多年生草本。根茎粗壮，分枝，地上部分常被有残留的老枝。花茎聚生主轴顶端，长 5~28cm，直立或弯曲，不分枝。叶互生，线形至宽线形，全缘。花序聚伞状，有 4~7 花；花瓣 5，白或红色，披针状长圆形。种子长圆形，有微乳头状凸起，有狭翅。

生境 生于海拔 1600~3900m 的山坡石上。

花果期 花期 6~7 月，果期 8 月。

繁殖方式 种子繁殖。

用途 根茎药用，有补肾、养心安神、调经活血、明目之效。

费菜 | ▶ 景天属
学名 *Phedimus aizoon* (L.)'t Hart

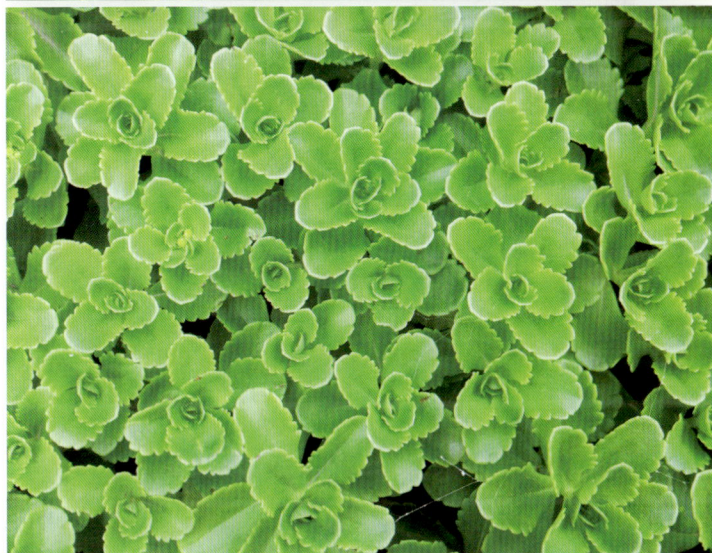

别名 土三七、景天三七、还阳草、田三七

形态特征 多年生草本。根状茎短。粗茎高 20~50cm，有 1~3 条茎，直立，无毛，不分枝。叶互生，狭披针形、椭圆状披针形至卵状倒披针形，先端渐尖，基部楔形，边缘有不整齐的锯齿；叶坚实，近革质。聚伞花序有多花，水平分枝，平展，下托以苞叶；花瓣 5，黄色，长圆形至椭圆状披针形，长 6~10mm，有短尖。蓇葖果星芒状排列。种子椭圆形。

生境 喜光照，喜温暖湿润气候，耐旱、耐严寒，不耐水涝。对土壤要求不严格，一般土壤即可生长，以沙质壤土和腐殖质壤土生长较好。

花果期 花期 6~7 月，果期 8~9 月。

繁殖方式 种子繁殖。

用途 全草入药，止血、止痛、散瘀。水取或泡酒服，治各种出血。鲜品外敷可治疮疖痈肿。可作为园林绿化中的地被植物。含多种维生素，为一种保健食品。

日本景天 | ▶ 景天属
学名 *Sedum japonicum* Sieb. ex Miq.

别名 佛甲草、石板菜

形态特征 多年生草本。匍匐生根，无毛。花茎细弱，分枝多，斜上，高 10~20cm。叶互生，圆柱形或稍扁，线状匙形。聚伞花序，三歧分枝；花瓣黄色，长圆状披针形。蓇葖果水平展开。

生境 生于海拔 1000m 以下的山坡阴湿处。

花果期 花期 5~6 月，果期 7~8 月。

繁殖方式 播种、扦插繁殖。

用途 园林绿化中可用于地被植物。

钝叶瓦松 | ▶ 瓦松属
学名 *Orostachys malacophyllus* (Pall.) Fisch.

别名 石莲花

形态特征 二年生草本。第一年植株有莲座丛；莲座叶先端不具刺，先端钝或短渐尖，长圆状披针形、倒卵形、长椭圆形至椭圆形，全缘。第二年自莲座丛中抽出花茎。茎生叶互生，近生，较莲座叶为大，钝。花序紧密，总状，有时穗状，有时有分枝；花瓣5，白色或带绿色，长圆形至卵状长圆形。种子卵状长圆形，有纵条纹。

生境 生于海拔1200~1800m的岩石缝中。

花果期 花期7月，果期8~9月。

繁殖方式 种子繁殖。

用途 可作为花坛花卉植于山坡、岩石园或屋顶，是一种颇具开发价值的野生花卉。全草入药，可止血通经。

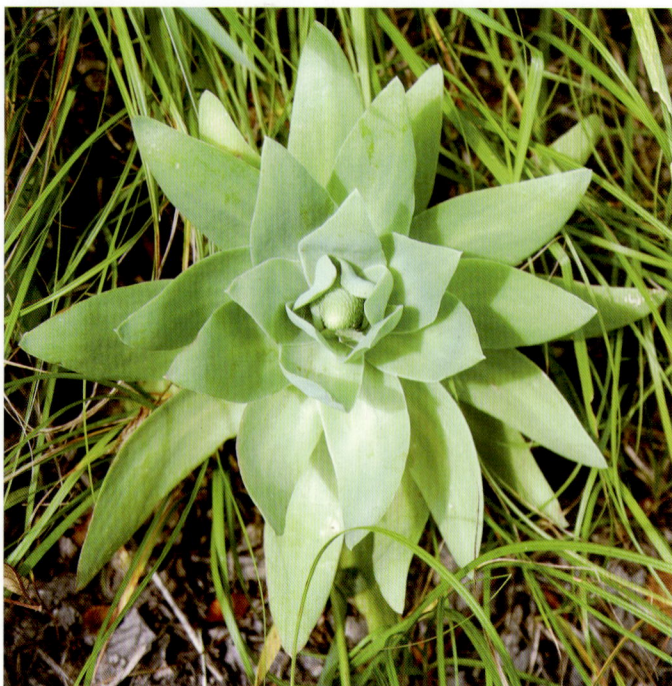

瓦松 | ▶ 瓦松属
学名 *Orostachys fimbriatus* (Turcz.) Berger

别名 流苏瓦松、瓦花、狗指甲

形态特征 二年生草本。一年生莲座丛的叶短，莲座叶线形，先端增大，为白色软骨质，半圆形，有齿。二年生花茎一般高10~20cm，小的只有5cm，高的有时达40cm。叶互生，疏生，有刺，线形至披针形。花序总状，紧密；花瓣红色，披针状椭圆形。种子多数，卵形，细小。

生境 生于海拔1600m以下的山坡石上或屋瓦上。

花果期 花期8~9月，果期9~10月。

繁殖方式 种子繁殖。

用途 全草药用，有止血、活血、敛疮之效。但有小毒，应慎用。

虎耳草科

刺果茶藨子 | ▶ 茶藨子属
学名 *Ribes burejense* Fr. Schmidt.

别名 刺梨、刺李、酸溜溜、醋栗

形态特征 落叶灌木，高 1~1.5 (2) m。老枝较平滑，灰黑色或灰褐色；小枝灰棕色，幼时具柔毛，节上着生粗刺，节间密生长短不等的细针刺。芽长圆形，先端急尖，具数枚干膜质鳞片。叶宽卵圆形，不育枝上的叶较大，掌状 3~5 深裂。花两性，单生于叶腋或 2~3 朵组成短总状花序；萼片长圆形或匙形，先端圆钝，在花期开展或反折，果期常直立；花瓣匙形或长圆形，浅红色或白色。果实圆球形，未熟时浅绿色至浅黄绿色，熟后转变为暗红黑色，具多数黄褐色小刺。

生境 生于海拔 900~2300m 的山地针叶林、阔叶林或针阔叶混交林下及林缘，也见于山坡灌丛及溪流旁。

花果期 花期 5~6 月，果期 7~8 月。

繁殖方式 种子繁殖。

用途 果实有刺，味酸，可供食用，但以制作果汁和果酒为宜，其根浸酒饮用。具有较高的药用价值，花、叶、果、籽入药有健胃、消食、滋补、止泻的功效。可作为庭院绿化植物。

东北茶藨子 | ▶ 茶藨子属
学名 *Ribes mandshuricum* (Maxim.) Kom.

别名 满洲茶藨子、东北醋李、山麻子、灯笼果

形态特征 落叶灌木,高 1~3m。小枝灰色或褐灰色,皮纵向或长条状剥落;嫩枝褐色,具短柔毛或近无毛,无刺。芽卵圆形或长圆形,先端稍钝或急尖,具数枚棕褐色鳞片,外面微被短柔毛。叶宽大,宽几与长相似,基部心脏形,常掌状 3 裂,稀 5 裂,裂片卵状三角形,先端急尖至短渐尖,顶生裂片比侧生裂片稍长,边缘具不整齐粗锐锯齿或重锯齿。花两性,总状花序长 7~16cm,稀达 20cm,初直立后下垂,具花多达 40~50。果实球形,直径 7~9mm,红色。

生境 生于海拔 300~1800m 的山坡或山谷针、阔叶混交林下或杂木林内。

花果期 花期 4~6 月,果期 7~8 月。

繁殖方式 种子繁殖。

用途 果实可食用。园林观赏。

小叶茶藨子 | ▶ 茶藨子属
学名 *Ribes pulchellum* Turcz.

别名 美丽茶藨子

形态特征 落叶灌木。茎高 1~2m。叶宽卵形，掌状 3 深裂，边缘具粗齿。花雌雄异株；总状花序生于短枝上；花瓣黄绿色。浆果近球形，红色，在果序上疏生 3~6 个果实。

生境 生于山地灌丛及沟谷。

花果期 花期 6~7 月，果期 7~8 月。

繁殖方式 种子繁殖。

用途 可作观赏灌木。

落新妇 | ▶ 红升麻属
学名 *Astilbe chinensis* (Maxim.) Franch. et Savat.

别名 红升麻、小升麻、金毛三七、马尾参

形态特征 多年生草本，高 50~100cm。根状茎暗褐色，粗壮，须根多数。茎无毛。基生叶为二至三回三出羽状复叶；顶生小叶片菱状椭圆形，侧生小叶片卵形至椭圆形，边缘有重锯齿，腹面沿脉生硬毛，背面沿脉疏生硬毛和小腺毛。圆锥花序；花瓣淡紫色至紫红色，线形。蒴果。种子褐色。

生境 生于海拔 390~3600m 的山谷、溪边、林下、林缘和草甸等处。

花果期 花果期 6~9 月。

繁殖方式 种子繁殖。

用途 可用于园林绿化，宜种植在疏林下及林缘半阴处，也可作为花坛绿化，鲜切或盆栽。全草含氰酸，花含槲皮素，根和根状茎含岩白菜素，根状茎、茎、叶含鞣质。可提制栲胶。根状茎入药，辛、苦、温，散淤止痛、祛风除湿、清热止咳。

梅花草 | ▶ 梅花草属
学名 *Parnassia palustris* L.

形态特征 多年生草本，高 12~20(~30)cm。根状茎短粗，偶有稍长者，其下长出多数细长纤维状和须状根，其上有残存褐色膜质鳞片。基生叶 3 至多数，具柄；叶片卵形至长卵形，偶有三角状卵形，先端圆钝或渐尖，常带短头头，基部近心形，边全缘，薄而微向外反卷；叶柄长 3~6(~8)cm，两侧有窄翼，具长条形紫色斑点。茎 2~4 条，通常近中部具 1 茎生叶，茎生叶与基生叶同型，其基部常有铁锈色的附属物，无柄半抱茎。花单生于茎顶，直径 2.2~3(~3.5)cm；花瓣白色，宽卵形或倒卵形，长 1~1.5(~1.8)cm，常有紫色斑点。蒴果卵球形，干后有紫褐色斑点，呈 4 瓣开裂。种子多数，长圆形，褐色，有光泽。

生境 生于海拔 1580~2000m 的潮湿的山坡草地中，沟边或河谷地阴湿处。

花果期 花期 7~9 月，果期 10 月。

繁殖方式 种子繁殖。

用途 全草入药，有清热解毒、止咳化痰之功效。

细叉梅花草 | ▶ 梅花草属
学名 *Parnassia oreophila* Hance

别名 四川苍耳七

形态特征 多年生小草本，高 17~30cm。根状茎粗壮，形状不定，常呈长圆形或块状。基生叶，叶片卵状长圆形或三角状卵形，上面深绿色，下面色淡；茎生叶卵状长圆形，无柄半抱茎。花单生于茎顶；萼筒钟状，萼片披针形，具明显 3 条脉；花瓣白色，有 5 条紫褐色脉。蒴果长卵球形。种子多数，沿整个缝线着生，褐色，有光泽。

生境 生于高山草地、山腰林缘和阴坡潮湿处以及路旁等处。

花果期 花期 7~8 月，果期 9 月。

繁殖方式 种子繁殖。

用途 全草入药，性味苦寒，入胃、心二经，清热退烧，治高热。

太平花 | ▶ 山梅花属
学名 *Philadelphus pekinensis* Rupr.

别名 太平瑞圣花、京山梅花、白花结

形态特征 灌木，高 1~2m。分枝较多；二年生小枝无毛，表皮栗褐色；当年生小枝无毛，表皮黄褐色，不开裂。叶卵形或阔椭圆形，边缘具锯齿，稀近全缘，两面无毛，叶脉离基出 3~5 条。总状花序有花 5~7 (~9) 朵，花瓣白色，倒卵形。蒴果近球形或倒圆锥形，宿存萼裂片近顶生。种子具短尾。

生境 生于海拔 700~900m 的山坡杂木林中或灌丛中。

花果期 花期 5~7 月，果期 8~10 月。

繁殖方式 种子繁殖。

用途 其花芳香，花期长，为优良的观赏花木。根可入药，解热镇痛、截疟，用于疟疾、胃痛、腰痛、挫伤。

升麻 | ▶ 升麻属
学名 *Cimicifuga foetida* L.

别名 绿升麻

形态特征 多年生草本。根状茎粗壮，坚实，表面黑色，有许多内陷的圆洞状老茎残迹。茎高 1~2m，基部粗达 1.4cm，微具槽，分枝，被短柔毛。叶为二至三回三出状羽状复叶；茎下部叶片三角形，宽达 30cm，叶柄长达 15cm；上部的茎生叶较小，具短柄或无柄。花序具分枝 3~20 条，长达 45cm，下部的分枝长达 15cm；轴密被灰色或锈色的腺毛及短毛；苞片钻形，比花梗短；花两性；萼片倒卵状圆形，白色或绿白色，长 3~4mm。蓇葖果长圆形，长 8~14mm，有伏毛，基部渐狭成长 2~3mm 的柄，顶端有短喙。种子椭圆形，褐色，有横向的膜质鳞翅，四周有鳞翅。

生境 生于海拔 1700~2300m 间的山地林缘、林中或路旁草丛中。

花果期 7~9 月开花，8~10 月结果。

繁殖方式 播种、分株繁殖。

用途 根状茎入药，治风热头痛、咽喉肿痛、斑疹不易透发等症。也可作土农药，消灭马铃薯块茎蛾、蝇蛆等。

大花溲疏 | ▶ 溲疏属
学名 *Deutzia grandiflora* Bunge

别名 华北溲疏

形态特征 灌木，高 1~2m。老枝紫褐色或灰褐色，无毛，表皮片状脱落。叶对生，纸质，卵状菱形或椭圆状卵形，长 2~5.5cm，基部广楔形或圆形，先端急尖，边缘有细锯齿。聚伞花序具花 (1~) 2~3 朵；花瓣白色，长圆形或倒卵状长圆形，长约 1.5cm；花丝先端 2 齿，齿平展或下弯成钩状。蒴果半球形，具宿存萼裂片，外弯。

生境 生于海拔 800~1600m 山坡、山谷和路旁灌丛中。

花果期 花期 4~6 月，果期 9~11 月。

繁殖方式 扦插、播种、压条、分株繁殖。

用途 花朵洁白素雅，花量大，是优良的园林观赏树种。果可入药。

光萼溲疏 ▶ 溲疏属
学名 *Deutzia glabrata* Kom.

别名 崂山溲疏、千层毛、无毛溲疏、光叶溲疏

形态特征 灌木，高约3m。老枝灰褐色，表皮常脱落；花枝长6~8cm，常具4~6叶，红褐色，无毛。叶薄纸质，卵形或卵状披针形，长5~10cm，宽2~4cm，先端渐尖，基部阔楔形或近圆形，边缘具细锯齿。伞房花序直径3~8cm，有花5~20(~30)朵，花序轴无毛；花蕾球形或倒卵形；花冠直径1~1.2cm；花梗长10~15mm；花瓣白色，圆形或阔倒卵形，长约6mm，宽约4mm，先端圆，基部收狭，两面被细毛，花蕾时覆瓦状排列。蒴果球形，直径4~5mm，无毛。

生境 生于海拔300~600m的山地石隙间或山坡林下。

花果期 花期6~7月，果期8~9月。

繁殖方式 种子繁殖。

用途 园林绿化。

小花溲疏 ▶ 溲疏属
学名 *Deutzia parviflora* Bunge

别名 唐溲疏

形态特征 灌木，高约2m。老枝灰褐色或灰色，表皮片状脱落。叶纸质，卵形、椭圆状卵形或卵状披针形。伞房花序，多花；花瓣白色，阔倒卵形或近圆形。蒴果球形。

生境 自然分布于阔叶林缘或灌丛中，在海拔1000~1500m的中低山区最易发现。

花果期 花期5~6月，果期8~10月。

繁殖方式 种子繁殖。

用途 园林绿化的好材料。其皮入药，性味辛，微温。发汗解表、宣肺止咳，用于感冒（外感风寒）、咳嗽（以治寒咳、寒嗽为宜）。

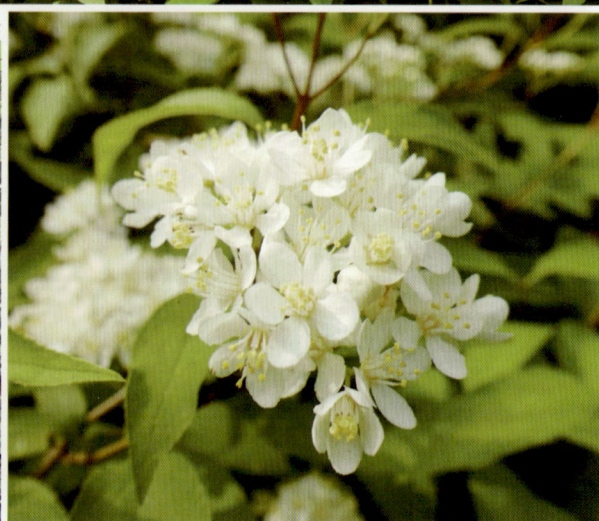

东陵绣球 | ▶ 八仙花属
学名 *Hydrangea bretschneideri* Dipp.

别名 东陵八仙花、柏氏八仙花

形态特征 落叶灌木，高 1~3m，有时高达 5m。树皮通常片状剥落。叶对生，卵形或椭圆状卵形，先端渐尖，具短尖头，基部阔楔形或近圆形，边缘有具硬尖头的锯形小齿或粗齿，叶面深绿色，无毛或脉上疏柔毛，背面密生灰色柔毛。伞房状聚伞花序较短小，直径 8~15cm，顶端截平或微拱，边缘着不育花，初白色，后变淡紫色，中间有浅黄色可孕花。蒴果近圆形。种子两端有翅。

生境 生于海拔 1200~2800m 的山谷溪边、山坡密林或疏林中。

花果期 花期 6~7 月，果期 9~10 月。

繁殖方式 播种、扦插、压条繁殖。

用途 优良的园林绿化植物，宜于林缘、池畔、庭院等处孤植或丛植。

蔷薇科

金山绣线菊
▶ 绣线菊属
学名 *Spiraea × bumalda* 'Gold Mound'

形态特征 落叶小灌木。植株较矮小，高仅 25~35cm，冠幅 40~50cm，枝叶紧密，冠形球状整齐。单叶互生，边缘具尖锐重锯齿；新生小叶金黄色，夏叶浅绿色，秋叶金黄色。花两性，伞房花序，花浅粉红色；萼筒钟状，萼片 5；花瓣 5，圆形较萼片长。

生境 适应性强，栽植范围广，对土壤要求不严，但以深厚、疏松、肥沃的壤土为佳。喜光，不耐阴。

花果期 花期 6~8 月。

繁殖方式 分株、扦插繁殖。

用途 适合作观花、观叶地被，宜与紫叶小檗、桧柏等配置成模纹，可丛植、孤植作色块或列植作绿篱。亦可作花镜和花坛植物。

金焰绣线菊 | ▶ 绣线菊属
学名 *Spiraea × bumalda* 'Gold Flame'

形态特征 落叶小灌木，高 0.4~0.6m，冠幅 0.7~0.8m。新梢顶端幼叶红色，下部叶片黄绿色；叶卵形至卵状椭圆形，长 4cm，宽 1.2cm。伞房花序，小花密集，花粉红色，花径 5cm。

生境 阳性，稍耐阴、耐寒、耐盐碱、耐旱，耐修剪，怕涝。

花果期 花期 6~9 月。

繁殖方式 分株、扦插繁殖。

用途 为优良花灌木树种，适宜种在花坛、花境、草坪、池畔等地。可丛植、孤植或列植，也可和绿篱搭配。

三裂绣线菊 | ▶ 绣线菊属
学名 *Spiraea trilobata* L.

别名 三桠绣球、团叶绣球、三裂叶绣线菊

形态特征 灌木，高 1~2m。小枝细瘦，开展，稍呈"之"字形弯曲，嫩时褐黄色，无毛，老时暗灰褐色。叶片近圆形，先端钝，常 3 裂。伞形花序具总梗，无毛，有花 15~30 朵，花径 6~8mm；萼筒钟状，外面无毛，内面有灰白色短柔毛；花瓣宽倒卵形，先端常微凹，长与宽各 2.5~4mm；花盘约有 10 个大小不等的裂片，裂片先端微凹，排列成圆环形。蓇葖果。

生境 生于多岩石向阳坡地或灌木丛中。

花果期 花期 5~6 月，果期 7~8 月。

繁殖方式 种子繁殖。

用途 为园林绿化优良观花观叶树种。叶、果入药，有活血祛瘀、消肿止痛作用。

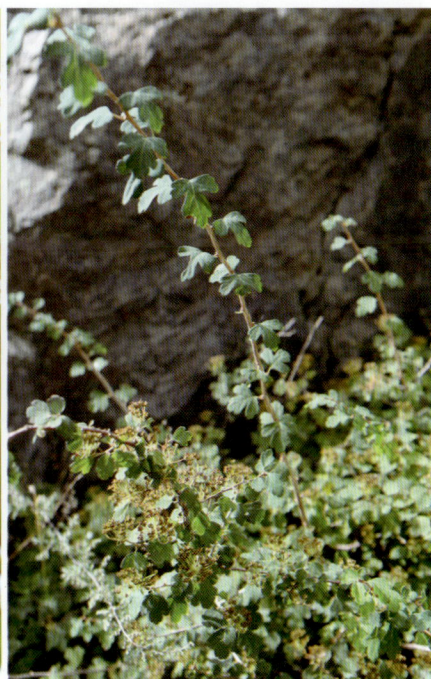

土庄绣线菊 | ▶ 绣线菊属
学名 *Spiraea pubescens* Turcz.

别名 柔毛绣线菊

形态特征 落叶灌木，高 1~2m。小枝黄褐色。叶菱状卵形至椭圆形，长 2~4.5cm，宽 1.3~2.5cm，边缘自中部以上具深锯齿，有时 3 浅裂。伞形花序，有花 15~20 朵，花径 5~7mm；花瓣卵形、宽倒卵形或近圆形，白色。蓇葖果。

生境 生于干燥岩石坡地、向阳或半阴处、杂木林内。

花果期 花期 5~6 月，果期 7~8 月。

繁殖方式 种子繁殖。

用途 茎髓可入药，有利尿功效，可治疗水肿。

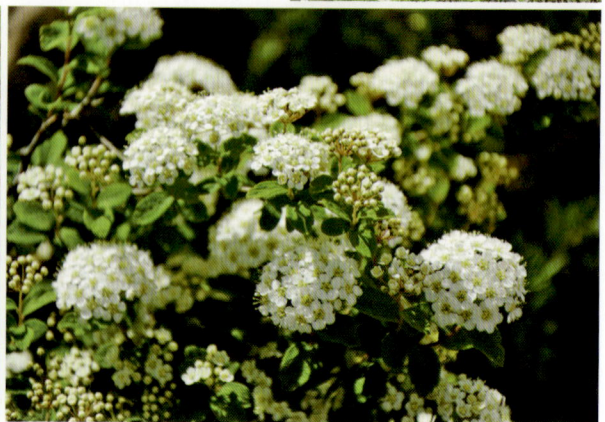

绣线菊 | ▶ 绣线菊属
学名 *Spiraea salicifolia* L.

别名 珍珠梅、柳叶绣线菊、蚂蟥草、马尿骚

形态特征 落叶灌木，高达 100~200cm。小枝黄褐色。叶长圆状披针形或披针形，边缘密生锐齿，疏被柔毛。长圆形或金字塔形圆锥花序；花密集；花瓣粉红色。蓇葖果。

生境 生于河流沿岸、湿草原、空旷地和山沟中。

花果期 花期 6~8 月，果期 8~9 月。

繁殖方式 播种、分株、扦插繁殖。

用途 为庭院观赏的良好植物材料，又为蜜源植物。入药有止咳、明目、镇痛作用，用于治疗咳嗽、眼赤、目翳、头痛等症。

华北珍珠梅 | ▶ 珍珠梅属
学名 *Sorbaria kirilowii* (Regel) Maxim.

别名 吉氏珍珠梅、珍珠梅

形态特征 灌木，高达 3m，枝条开展。羽状复叶，具有小叶片 13~21，连叶柄在内长 21~25cm；小叶片对生，披针形至长圆披针形，先端渐尖，稀尾尖，基部圆形至宽楔形，边缘有尖锐重锯齿，上下两面均无毛或在脉腋间具短柔毛。顶生大型密集的圆锥花序，分枝斜出或稍直立，直径 7~11cm，长 15~20cm，无毛，微被白粉；花瓣倒卵形或宽卵形，白色；雄蕊 20，与花瓣等长或稍短于花瓣，着生在花盘边缘；花盘圆杯状；心皮 5，无毛，花柱稍短于雄蕊。蓇葖果长圆柱形，无毛；果梗直立。

生境 生于海拔 200~1300m 的山坡阳处、杂木林中。

花果期 花期 6~7 月，果期 9~10 月。

繁殖方式 种子繁殖。

用途 抗污染、净化空气、抗逆性强，观赏价值高，为美化、净化环境的优良观花树种。

珍珠梅 | ▶ 珍珠梅属
学名 *Sorbaria sorbifolia* (L.) A. Br.

别名 山高粱条子、高楷子、八本条、东北珍珠梅

形态特征 灌木，高达 2m。枝条开展，小枝圆柱形，稍屈曲。羽状复叶，小叶片 11~17 枚；小叶片对生，披针形至卵状披针形，边缘有尖锐重锯齿。顶生大型密集圆锥花序，花直径 10~12mm；花瓣长圆形或倒卵形，长 5~7mm，宽 3~5mm，白色。蓇葖果。

生境 生于山坡疏林中。

花果期 花期 7~8 月，果期 9 月。

繁殖方式 种子繁殖。

用途 为常用优良园林绿化灌木树种。茎皮入药，可活血祛瘀、消肿止痛。

黑果栒子 | ▶ 栒子属
学名 *Cotoneaster melanocarpus* Lodd.

别名 黑果灰栒子、黑果水栒子、黑果栒子木

形态特征 落叶灌木，高 1~2m。枝条开展，小枝圆柱形，褐色或紫褐色。叶片卵状椭圆形至宽卵形，全缘。花 3~15 朵成聚伞花序，总花梗和花梗具柔毛，下垂；花直径约 7mm；花瓣直立，近圆形，长与宽各约 3~4mm，粉红色。果实近球形，蓝黑色，有蜡粉。

生境 生于山坡、疏林间或灌木丛中。

花果期 花期 5~6 月，果期 8~9 月。

繁殖方式 种子繁殖。

用途 适于庭院栽植、园林观赏。

水栒子 | ▶ 栒子属
学名 *Cotoneaster multiflorus* Bge.

别名 栒子木、多花栒子、灰栒子

形态特征 落叶灌木，高达 4m。枝条细瘦，常呈弓形弯曲，红褐色或棕褐色。叶片卵形或宽卵形。花多数，约 5~21 朵，成疏松的聚伞花序；花直径 1~1.2cm；花瓣平展，近圆形，直径约 4~5mm，白色。果实近球形或倒卵形，红色。

生境 普遍生于沟谷、山坡杂木林中。

花果期 花期 5~6 月，果期 8~9 月。

繁殖方式 种子繁殖。

用途 为北方地区常见优良观花、观果园林绿化树种。木质紧硬而富弹性，适作小农具。枝、叶、果均可入药，主治关节风湿、牙龈出血等症。

蚊子草 | ▶ 蚊子草属
学名 *Filipendula palmata* (Pall.) Maxim.

别名 合叶子

形态特征 多年生草本植物。茎直立，高 60~
150cm。叶为奇数羽状复叶，小叶 5 枚，掌状深裂，
叶下面密生白色短绒毛。圆锥花序顶生，花多而
小，两性，极稀单性而雌雄异株；花瓣白色或红花，
基部有爪，覆瓦状排列。

生境 生于林缘阴处、沟边、山坡草丛、水草甸子。

花果期 7~9 月。

繁殖方式 种子繁殖。

用途 花团锦簇、洁白如云，为优良观花植物。
花可入药，花煎剂，治疗风湿；花开水泡，外用洗脚、
泡脚，治疗冻伤。

无毛蚊子草 | ▶ 蚊子草属
学名 *Filipendula glabra* Nakai.

别名 尖叶蚊子草

形态特征 多年生草本。茎直立，高可达 80cm。
基数羽状复叶，基生叶有长柄；小叶通常 5 枚，
顶生叶较大，掌状深裂，叶下无毛。圆锥花序顶生，
多花；花小；花瓣白色。瘦果。

生境 生于林缘灌丛、草地及沟边湿地。

花果期 花期 6~7 月，果期 7~8 月。

繁殖方式 种子、扦插繁殖。

用途 为优良观花植物，可植于花坛、花境边缘。

华北覆盆子 | ▶ 悬钩子属
学名 *Rubus idaens* var. *borealisinensis* Yü et Lu

别名 驴迭肚

形态特征 落叶灌木，高 1~2m。奇数羽状复叶，小叶 3~5 枚，叶柄及叶背面密被白色纤毛或小刺。总状花序，顶生；花白色。核果具白色短绒毛。

生境 生于山谷阴处，山坡林间或密林下，白桦林缘或草甸间。

花果期 花期 6~7 月，果期 8~9 月。

繁殖方式 种子繁殖。

用途 园林观赏。果实可食用。

牛叠肚 | ▶ 悬钩子属
学名 *Rubus crataegifolius* Bge.

别名 牛迭肚、山楂叶悬钩子

形态特征 落叶灌木，高 1~2m。茎直立；小枝黄褐色至紫褐色，具直立针状皮刺，微具棱角。单叶，互生，托叶线形；叶片广卵形至近圆卵形，边缘常为 3~5 掌状浅裂至中裂。花数朵簇生或成短总状花序，常顶生；花直径 1~1.5cm，花瓣椭圆形或长圆形，白色。聚合果。

生境 生于山坡灌丛、林缘及林中荒地。

花果期 花期 5~6 月，果期 7~9 月。

繁殖方式 种子繁殖。

用途 园林观赏。果实可食用。

路边青 | ▶ 路边青属
学名 *Geum aleppicum* Jacq.

别名 水杨梅

形态特征 多年生草本，高 30~100cm。茎直立，上部分枝，全株被长毛和短柔毛。茎生叶互生，小叶 2~6 对，卵形，3 浅裂或羽状分裂，基部有 1 对托叶，叶柄短；基生叶丛生，为不整齐的奇数羽状复叶，有小叶 7~13 枚；顶生叶最大，菱状广卵形或宽扁圆形，先端急尖，基部楔形或近心形，边缘有浅裂或有粗大锯齿，上被绿毛，疏生伏毛。花单生或常 3 朵成伞房状，花 5 瓣，黄色，宽卵形至近圆形。聚合果倒卵球形，瘦果被长硬毛。

生境 生于洼地、水边、湿地、阴坡、林缘。

花果期 7~10 月。

繁殖方式 种子繁殖。

用途 全草入药，有祛风、除湿、止痛、镇痉之效。

矮生多裂委陵菜 | ▶ 委陵菜属
学名 *Potentilla multifiola* var. *nubigena* Wolf

别名 白马肉、细叶委陵菜

形态特征 植株极为矮小，花茎接近地面铺散，长 3~8cm，花朵较少。基生叶有小叶 2~3 对，连叶柄长 2.5~4cm；小叶裂片呈舌状带形，上面密被伏生柔毛，下面密被绒毛及长绢毛。

生境 生于海拔 1300~5000m 的高山河谷阶地、山坡草地。

花果期 5~7 月。

繁殖方式 种子繁殖。

用途 绿化、观赏。

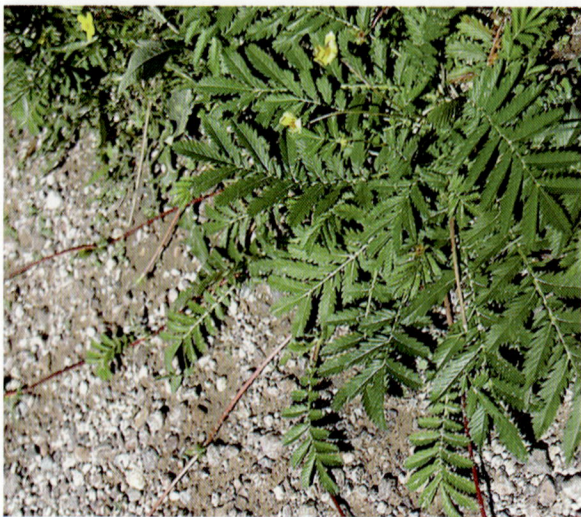

朝天委陵菜 ▶ 委陵菜属
学名 *Potentilla supina* L.

别名 伏萎陵菜、仰卧委陵菜、铺地委陵菜、鸡毛菜

形态特征 一年生或二年生草本。主根细长，并有稀疏侧根。茎平展，上升或直立，叉状分枝，长 20~50cm，被疏柔毛或脱落几无毛。基生叶羽状复叶，有小叶 2~5 对，小叶片长圆形或倒卵状长圆形，通常长 1~2.5cm，边缘有圆钝或缺刻状锯齿，两面绿色，被稀疏柔毛或脱落几无毛；茎生叶与基生叶相似，向上小叶对数逐渐减少。花茎上多叶，下部花自叶腋生，顶端呈伞房状聚伞花序；花直径 0.6~0.8cm；花瓣黄色，倒卵形，顶端微凹，与萼片近等长或较短。瘦果长圆形，先端尖，表面具脉纹。

生境 生于海拔 100~2000m 的田边、荒地、河岸沙地、草甸、山坡湿地。

花果期 花果期 3~10 月。

繁殖方式 种子繁殖。

用途 清创毒、凉血、止痢，治疗感冒发热、肠炎、痢疾、血热、各种出血。

大萼委陵菜 ▶ 委陵菜属
学名 *Potentilla conferta* Bge.

别名 白毛委陵菜

形态特征 多年生草本。基生叶为羽状复叶，对生或互生，小叶片披针形或长椭圆形，长 1~5cm，宽 0.5~2cm，先端圆钝或呈舌形，基部常扩大，叶缘羽状中裂或深裂，但不达中脉，裂片三角形、三角披针形或带状长圆形；茎生叶与基生叶相似。花雌雄同株，两性，聚伞花序，花直径 1.2~1.5cm；花瓣 5，倒卵形，先端圆钝或微凹，比萼片稍长，黄色。瘦果卵形或半球形，直径约 1mm，具皱纹，稀不明显。

生境 生于耕地边、山坡草地、沟谷、草甸及灌丛中。

花果期 6~10 月。

繁殖方式 种子繁殖。

用途 凉血、止血，用于崩漏、血淋等症。

多茎委陵菜 | ▶ 委陵菜属
学名 *Potentilla multicaulis* Bge.

别名 猫爪子

形态特征 多年生草本。根粗壮，圆柱形。基生叶为羽状复叶；托叶膜质，棕褐色。聚伞花序；花瓣黄色，倒卵形或近圆形，顶端微凹；花柱近顶生，圆柱形，基部膨大。瘦果卵球形有皱纹。

生境 生于耕地边、沟谷阴处、向阳砾石山坡、草地及疏林下。

花果期 花期 6~7 月，果期 6~9 月。

繁殖方式 种子繁殖。

用途 地上全草可入药，有止血、杀虫、祛湿热功效。亦可饲用。

鹅绒委陵菜 | ▶ 委陵菜属
学名 *Potentilla anserina* L.

别名 莲花菜、人参果

形态特征 多年生草本。整个植株呈粗网状平铺地面。根肥大，富含淀粉。须茎紫红色，匍匐枝纤细沿地表生长。羽状复叶，基生叶多数，叶丛直立生长，高达 15~25cm。花鲜黄色，单生于由叶腋抽出的长花梗上，形成顶生聚伞花序。瘦果椭圆形，褐色。

生境 生于河岸、路边、山坡草地、草甸。

花果期 花期 5~8 月，果期 6~9 月。

繁殖方式 扦插繁殖。

用途 可治贫血和营养不良等症。根含鞣料，可提制栲胶，并可入药，作收敛剂。

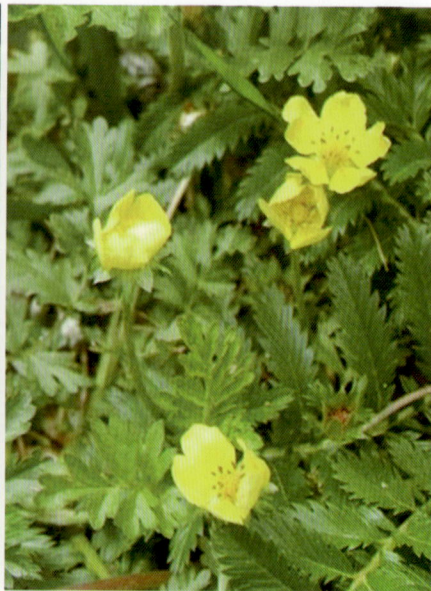

二裂委陵菜 | ▶ 委陵菜属
学名 *Potentilla bifurca* L.

别名 痔疮草、叉叶委陵菜

形态特征 多年生草本或亚灌木。根圆柱形，纤细，木质。花茎直立或上升，高5~20cm，密被疏柔毛或微硬毛。羽状复叶，有小叶5~8对，小叶片无柄，对生稀互生，椭圆形或倒卵椭圆形，顶端常2裂，稀3裂，基部楔形或宽楔形，两面绿色，伏生疏柔毛。近伞房状聚伞花序，顶生，疏散，花直径0.7~1cm；萼片卵圆形，顶端急尖，副萼片椭圆形，顶端急尖或钝，比萼片短或近等长，外面被疏柔毛；花瓣黄色，倒卵形，顶端圆钝，比萼片稍长。瘦果表面光滑。

生境 生于海拔800~3600m的地边、道旁、沙滩、山坡草地、黄土坡上、半干旱荒漠草原及疏林下。

花果期 5~9月。

繁殖方式 种子繁殖。

用途 入药能止血，主治功能性子宫出血、产后出血过多。又为中等饲料植物，羊与骆驼均喜食。

翻白草 | ▶ 委陵菜属
学名 *Potentilla discolor* Bge.

别名 翻白委陵菜

形态特征 多年生草本，高10~45cm。茎半卧生、斜升或直立，带红色。奇数羽状复叶。聚伞花序，花数朵至多朵，疏散；花梗短，花后伸长；花黄色，径约1cm。瘦果近肾形，宽约1mm。

生境 生于草甸、干山坡、路旁、草原。

花果期 5~9月。

繁殖方式 种子繁殖。

用途 全草入药，有清热、解毒、消肿、止血作用。

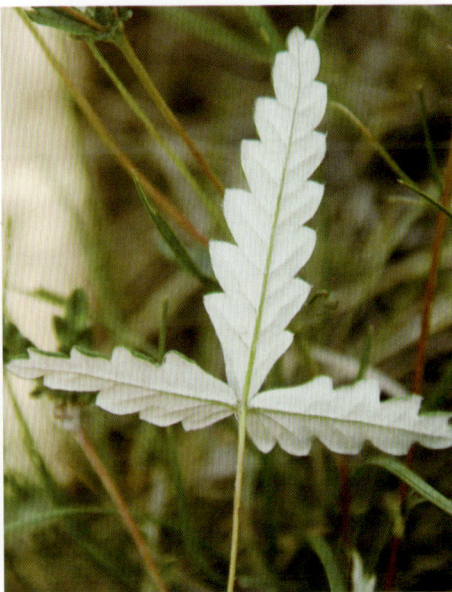

金露梅 | ▶ 委陵菜属
学名 *Potentilla fruticosa* L.

别名 金老梅、金蜡梅

形态特征 落叶灌木，高可达 1.5m。多分枝，小枝红褐色。奇数羽状复叶密集，小叶 3~7 枚，长椭圆形。花单生枝顶或数朵成伞房状；花瓣金黄色，宽倒卵形，顶端圆钝，比萼片长。

生境 生于海拔 1000~4000m 的山坡草地、砾石坡、灌丛及林缘，是坝上草原地区稀有山地灌木。

花果期 6~9 月。

繁殖方式 种子繁殖。

用途 花可入药，有健脾化湿、清热调经等功效。园林观赏。嫩叶可作茶叶等。

菊叶委陵菜 | ▶ 委陵菜属
学名 *Potentilla tanacetifolia* Willd. ex Schlecht.

别名 叉菊委陵菜、大委陵菜、蒿叶委陵菜

形态特征 多年生草本。花茎直立或上升，高 15~65cm。小叶片长圆形、长圆披针形或长圆倒卵披针形。伞房状聚伞花序，多花，花直径 1~1.5cm；花瓣黄色，倒卵形，顶端微凹，比萼片长约 1 倍。

生境 生于海拔 400~2600m 的山坡草地、低洼地、沙地、草原、丛林边及黄土高原。

花果期 5~10 月。

繁殖方式 种子繁殖。

用途 全草入药，有清热解毒、消炎止血之效。

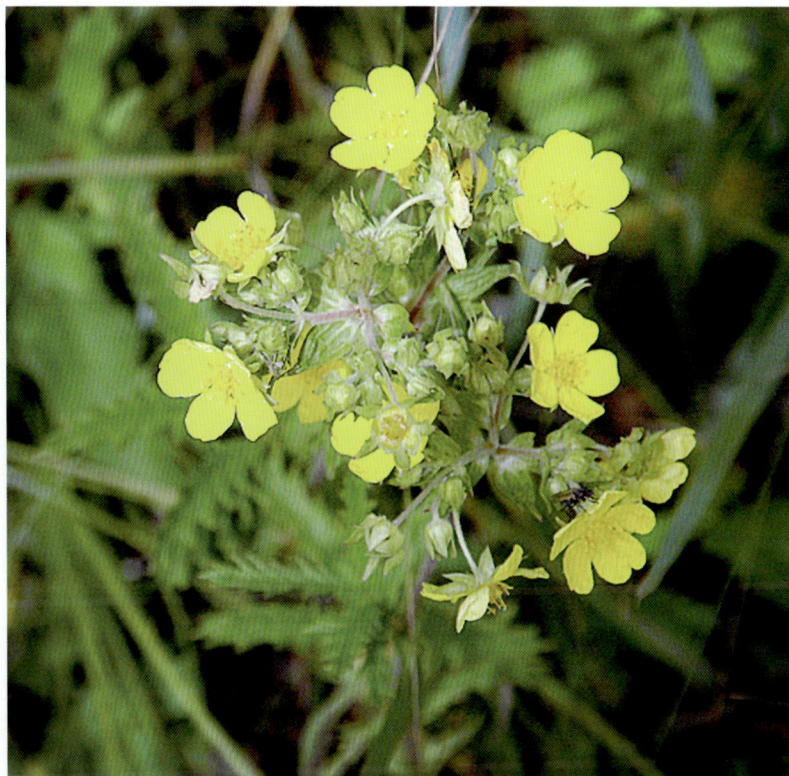

莓叶委陵菜 | ▶ 委陵菜属
学名 *Potentilla fragarioides* L.

别名 雉子筵、毛猴子

形态特征 多年生草本。花茎多数，丛生，上升或铺散，长 8~25cm。小叶片倒卵形、椭圆形或长椭圆形。伞房状聚伞花序顶生，多花，松散；花瓣黄色，倒卵形，顶端圆钝或微凹。

生境 生于地边、沟边、草地、灌丛及疏林下。

花果期 花期 4~6 月，果期 6~8 月。

繁殖方式 种子繁殖。

用途 具补阴虚、止血功效，常用于疝气、月经过多、功能性子宫出血、产后出血等症。

委陵菜

▶ 委陵菜属
学名 *Potentilla chinensis* Ser.

别名 白草、生血丹、扑地虎、五虎嚼血、天青地白、萎陵菜

形态特征 多年生草本。根粗壮，圆柱形，稍木质化。花茎直立或上升，高20~70cm，被稀疏短柔毛及白色绢状长柔毛。基生叶为羽状复叶，有小叶5~15对，小叶片对生或互生，上部小叶较长，向下逐渐减小，无柄，长圆形、倒卵形或长圆披针形，边缘羽状中裂；茎生叶与基生叶相似，唯叶片对数较少。伞房状聚伞花序；花梗长0.5~1.5cm，基部有披针形苞片，外面密被短柔毛；花直径通常0.8~1cm，稀达1.3cm；花瓣黄色，宽倒卵形，顶端微凹，比萼片稍长。瘦果卵球形，深褐色，有明显皱纹。

生境 生于海拔400~3200m的山坡草地、沟谷、林缘、灌丛或疏林下。

花果期 4~10月。

繁殖方式 种子繁殖。

用途 根含鞣质，可提制栲胶。全草入药，能清热解毒、止血、止痢。嫩苗可食并可做猪饲料。

腺毛委陵菜 | ▶ 委陵菜属
学名 *Potentilla longifolia* Willd. ex Schlecht.

别名 粘委陵菜、粘萎陵菜

形态特征 多年生草本。全株有长柔毛和弯曲黏腺毛。根粗壮，圆柱形。茎直立，高 20~60cm。奇数羽状复叶。伞房状聚伞花序；花瓣黄色。瘦果近肾形或卵球形。

生境 生于山坡草地、高山灌丛、林缘及疏林。

花果期 花期 6~8 月，果期 8~9 月。

繁殖方式 种子繁殖。

用途 全草入药，有清热解毒、止血、止痢功效。

星毛委陵菜 | ▶ 委陵菜属
学名 *Potentilla acaulis* L.

别名 无茎委陵菜

形态特征 多年生矮小草本。植株全部被星状毛。主茎甚短，自基部分枝，掌状三出复叶。小叶倒卵形，基部楔形，边缘具钝齿，灰绿色；托叶革质，与叶柄合生。花黄色，单生或由 2~5 朵形成聚伞花序；萼片 5，三角卵形，副萼片 5，椭圆形，萼片外面密被星状毛及疏柔毛；花瓣 5 片，倒卵形。

生境 生于山坡、草原、草甸。

花果期 4~8 月。

繁殖方式 种子繁殖。

用途 为良好地被植物，保持水土。亦可饲用。

银露梅 | ▶ 委陵菜属
学名 *Potentilla glabra* Lodd.

别名 银老梅、银腊梅

形态特征 落叶灌木。树皮灰褐色，高 0.3~2m。奇数羽状复叶，小叶 3~5，椭圆形，上部绿色，叶下面灰绿色。花直径 1.5~2.5cm，花单生枝端；花瓣白色，倒卵形，顶端圆钝。

生境 生于山坡草地、河谷岩石缝中、灌丛及林中，是坝上亚高山地少数灌木种，能忍受山地严酷环境。

花果期 6~11 月。

繁殖方式 种子繁殖。

用途 花白如雪，莹洁清幽，是优良观花植物。花、叶可入药，有健脾化湿、清暑调经作用。

掌叶多裂委陵菜 ▶ 委陵菜属
学名 *Potentilla multifida* L. var. *ornithopoda* Wolf

别名 爪细叶委陵菜

形态特征 多年生草本。花茎上升。茎生叶 2~3 枚，小叶 5 枚，羽状深裂，紧密排列在叶柄顶端，有时近似掌状，叶背灰白色。花黄色。

生境 生于山坡草地、河滩、沟边、草甸及林缘。

花果期 花期 5~7 月，果期 7~8 月。

繁殖方式 种子繁殖。

用途 绿化、观赏。

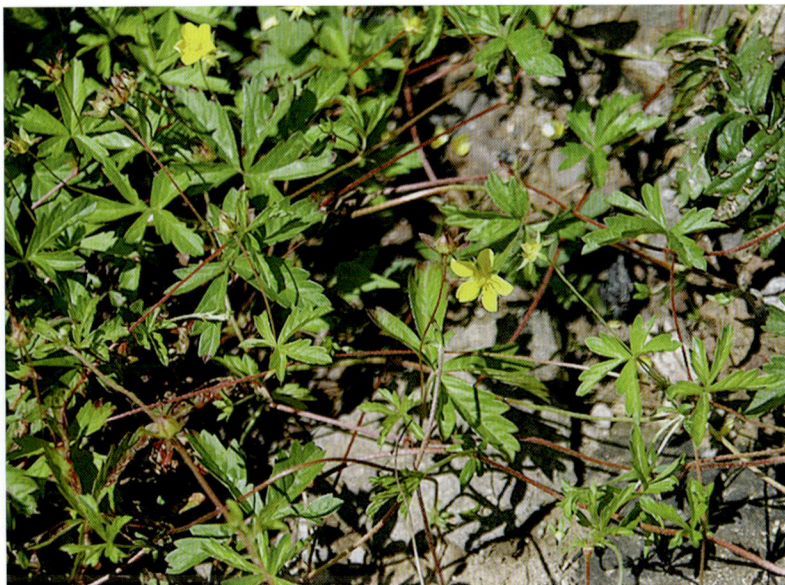

三裂地蔷薇 ▶ 地蔷薇属
学名 *Chamaerhodos trifida* Ledeb.

别名 矮地蔷薇

形态特征 多年生草本。茎数个，丛生，直立或上升，高 5~18cm，不分枝，有柔毛或无毛，基部木质。基生叶长 1.5~4cm，三全裂，裂片窄条形，全缘或二至三深裂，叶及叶柄均有长柔毛及腺毛；茎生叶三至五裂，下部者具短柄，上部者无柄。二歧聚伞花序，形成圆锥花序，有多数花；花瓣倒卵形，长 4~6mm，粉红色，先端近圆形，基部渐窄成爪，无毛。瘦果长圆形，长 2mm，无毛。

生境 生于草原或山坡。

花果期 花期 6 月，果期 8 月。

繁殖方式 种子繁殖。

东方草莓 ▶ 草莓属
学名 *Fragaria orientalis* Lozinsk.

别名 野草莓、野地果、野地枣

形态特征 多年生草本，高 5~30cm。茎被开展柔毛。三出复叶，小叶几无柄，倒卵形或菱状卵形。雌雄同株，花序聚伞状，有花（1）2~5（6）朵，花两性，稀单性；花瓣白色，几圆形，基部具短爪。聚合果半圆形，成熟后紫红色；瘦果卵形，表面脉纹明显或仅基部具皱纹。

生境 生于海拔 600~4000m 的山坡草地或林下。

花果期 花期 5~7 月，果期 7~9 月。

繁殖方式 种子繁殖。

用途 生食或制果酱，也可作为园林地被观赏植物。

刺玫蔷薇 ▶ 蔷薇属
学名 *Rosa davurica* Pall.

别名 刺芒果

形态特征 直立灌木，高约 1.5m。分枝较多，小枝圆柱形，无毛，紫褐色或灰褐色，有黄色皮刺。基数羽状复叶，小叶 7~9 枚，长圆形或阔披针形。花单生于叶腋或 2~3 朵簇生，直径 3~4cm。果近球形或卵球形，红色，光滑。

生境 多生于山坡阳处或杂木林边、丘陵草地。

花果期 花期 6~7 月，果期 8~9 月。

繁殖方式 扦插繁殖。

用途 适做绿篱，观赏栽培。其果含多种维生素、果胶、糖分等，入药可健脾胃、助消化，根有止咳祛痰、止痢、止血作用。

黄刺玫 | ▶ 蔷薇属
学名 *Rosa xanthina* Lindl.

别名 黄刺莓

形态特征 直立灌木，高 2~3m。枝粗壮，小枝褐色，有散生皮刺。小叶 7~13，连叶柄长 3~5cm；小叶片宽卵形或近圆形，边缘有圆钝锯齿。雌雄同株，花单生于叶腋，重瓣或半重瓣，黄色，花直径 3~4(~5) cm；花瓣黄色，宽倒卵形，先端微凹。果近球形或倒卵圆形，紫褐色，直径 8~10mm。

生境 喜光，稍耐阴，耐寒力强。对土壤要求不严。张家口坝上、坝下均有栽植。

花果期 花期 4~6 月，果期 7~8 月。

繁殖方式 分株、扦插、压条繁殖。

用途 花大艳丽，花期长，是园林绿化重要观赏花木。果实可食、制果酱。花可提取芳香油。花、果药用，能理气活血、调经健脾。

玫瑰 | ▶ 蔷薇属
学名 *Rosa rugosa* Thunb.

别名 刺玫

形态特征 直立灌木，高可达 2m。茎粗壮，丛生。小枝密被绒毛，并有针刺和腺毛，有直立或弯曲、淡黄色的皮刺，皮刺外被绒毛。小叶 5~9 枚，连叶柄长 5~13cm；小叶片椭圆形或椭圆状倒卵形，长 1.5~4.5cm，宽 1~2.5cm，先端急尖或圆钝，基部圆形或宽楔形，边缘有尖锐锯齿，上面深绿色，无毛，叶脉下陷，有褶皱，下面灰绿色，中脉凸起，网脉明显，密被绒毛和腺毛，有时腺毛不明显；叶柄和叶轴密被绒毛和腺毛；托叶大部贴生于叶柄，离生部分卵形，边缘有带腺锯齿，下面被绒毛。花单生于叶腋，或数朵簇生；苞片卵形，边缘有腺毛，外被绒毛；花梗长 5 ~225mm，密被绒毛和腺毛；花直径 4~5.5cm；萼片卵状披针形，先端尾状渐尖，常有羽状裂片而扩展成叶状，上面有稀疏柔毛，下面密被柔毛和腺毛；花瓣倒卵形，重瓣至半重瓣，芳香，紫红色至白色；花柱离生，被毛，稍伸出萼筒口外，比雄蕊短很多。果扁球形，直径 2~2.5cm，砖红色，肉质，平滑；萼片宿存。

生境 适应性强，耐干旱，较耐寒，对土壤要求不严。

花果期 花期 5~6 月，果期 9~10 月。

繁殖方式 分株、扦插、嫁接、埋条繁殖。

用途 花繁叶美，园林绿化观赏植物。花、果、根入药，有止血、和血作用。

美蔷薇 | ▶ 蔷薇属
学名 *Rosa bella* Rehd. et Wils.

别名 油瓶子

形态特征 落叶灌木，高 1~3m。小枝圆柱形，散生直立的基部稍膨大的皮刺，老枝常密被针刺。小叶 7~9 枚，连叶柄长 4~11cm；小叶片椭圆形、卵形或长圆形，边缘有单锯齿。雌雄同株，花单生或 2~3 朵集生，花直径 4~5cm；花瓣粉红色，宽倒卵形，先端微凹。果椭圆状卵球形，直径 1~1.5cm，顶端有短颈，猩红色。

生境 生于灌丛中、山脚下或河沟旁，海拔可达 1700m。

花果期 花期 5~7 月，果期 8~10 月。

繁殖方式 种子、分株、扦插繁殖。

用途 树势强健，初夏开花，花繁叶茂，可布置花墙、花门、花柱、花篱，常用作垂直绿化植物。花、果入药，有补肾固精、健脾理气作用。花可提取芳香物制作玫瑰酱。

月季花 | ▶ 蔷薇属
学名 *Rosa chinensis* Jacq.

别名 月月红、长春花、四季花

形态特征 常绿、半常绿低矮灌木或蔓状与攀缘状藤本植物。小枝粗壮，近无毛，有短粗的钩状皮刺或无刺。小叶宽卵形至卵状长圆形，边缘有锐锯齿，两面近无毛，上面暗绿色，常带光泽；总叶柄较长，有散生皮刺和腺毛；托叶大部贴生于叶柄。花红色、粉红色至白色，先端有凹缺。果卵球形或梨形，红色；萼片脱落。

生境 原产于中国，各地普遍栽培。

花果期 花期4~9月，果期6~11月。

繁殖方式 大多采用扦插繁殖，亦可分株、压条繁殖。

用途 园艺品种很多。月季花色丰富，花期长，观赏价值高，是园林绿化首选观赏植物。花可提取香料。根、叶、花均可入药，具活血消肿、消炎解毒功效。

龙芽草 ▶ 龙芽草属
学名 *Agrimonia pilosa* Ldb.

别名 仙鹤草、金顶龙芽

形态特征 多年生草本。茎高 30~120cm，被疏柔毛及短柔毛。叶为间断奇数羽状复叶，通常有小叶 3~4 对，向上减少至 3 小叶；小叶片无柄或有短柄，倒卵形、倒卵椭圆形或倒卵披针形，长 1.5~5cm，宽 1~2.5cm。雌雄同株，花序穗状总状顶生，分枝或不分枝；花瓣 5，黄色，长圆形。果实倒卵圆锥形，外面有 10 条肋，被疏柔毛，顶端有数层钩刺。

生境 常生于海拔 100~3800m 的溪边、路旁、草地、灌丛、林缘及疏林下。

花果期 5~12 月。

繁殖方式 种子繁殖。

用途 全草入药，有收敛、止血、消炎作用。嫩茎叶可食用。

地榆 ▶ 地榆属
学名 *Sanguisorba officinalis* L.

别名 黄爪香、玉札、山枣子

形态特征 多年生草本，高 30~120cm。茎直立，有棱。基生叶为羽状复叶，有小叶 4~6 对，小叶片有短柄，卵形或长圆状卵形；茎生叶较少。雌雄同株，穗状花序椭圆形、圆柱形或卵球形，直立，紫红色。果实包藏在宿存萼筒内，外面有斗棱。

生境 生于海拔 30~3000m 的草原、草甸、山坡草地、灌丛中及疏林下。

花果期 花果期 7~10 月。

繁殖方式 种子繁殖。

用途 叶形美观，紫红穗状花序高贵典雅，可作花坛、花境观赏植物。根入药，有止血凉血、清热解毒作用。嫩叶可食或代茶饮。

重瓣榆叶梅 | ▶ **桃属**
学名 *Amygdalus triloba* (Lindl.) Ricker f. *multiplex* (Bunge) Rehd.

形态特征 落叶灌木，株高 2~5m。雌雄同株，花较大，重瓣，深粉红色，花朵多而密集；萼筒呈广钟状，微被毛或无毛；萼片卵圆形或卵状三角形，有细锯齿；雄蕊 20；子房密被短绒毛。核果，近球形，红色，壳面有皱纹。

生境 喜光，耐寒、耐旱，对轻度碱土也能适应，不耐水涝。

花果期 花期 3~4 月，果期 5~6 月。

繁殖方式 嫁接、播种繁殖。

用途 观赏。为优良观花园林绿化树种，广泛栽植。

榆叶梅 | ▶ 桃属
学名 *Amygdalus triloba*（Lindl.）Ricker

别名 小桃红

形态特征 落叶灌木，株高 2~3m。枝条开展，具多数短小枝；短枝上叶常簇生，一年生枝上的叶互生。叶片宽椭圆形至倒卵形，形似榆树叶，长 2~6cm，叶边具粗锯齿。花 1~2 朵，先于叶开放，直径 2~3cm；花瓣近圆形或宽倒卵形，长 6~10mm，先端圆钝，粉红色；花有单瓣、重瓣、半重瓣。果实近球形，直径 1~1.8cm，顶端具短小尖头，红色。

生境 喜光，稍耐阴，耐寒，对土壤要求不严。生于山坡或沟旁乔灌木林下或林缘。

花果期 花期 4~5 月，果期 5~7 月。

繁殖方式 嫁接、播种、压条繁殖。

用途 早春开花，枝叶茂密，花繁色艳，是北方园林、街道重要观花灌木树种。种子入药，有润肠、下气、利水作用。

豆 科

披针叶野决明 | ▶ 野决明属
学名 *Thermopsis lanceolata* R. Br.

别名 披针叶黄华、牧马豆

形态特征 多年生草本，高 12~30 (~40) cm。茎直立，分枝或单一，具沟棱。3 小叶；叶柄短，长 3~8mm；托叶叶状，卵状披针形，先端渐尖，基部楔形，上面近无毛，下面被贴伏柔毛；小叶狭长圆形、倒披针形。总状花序顶生，长 6~17cm，具花 2~6 轮，排列疏松；苞片线状卵形或卵形，先端渐尖；花冠黄色，旗瓣近圆形，先端微凹，基部渐狭成瓣柄。荚果线形。种子圆肾形，黑褐色。

生境 生于草原、沙丘、河岸和砾滩。

花果期 花期 5~7 月，果期 6~10 月。

繁殖方式 种子繁殖。

用途 植株有毒，少量供药用，有祛痰止咳功效。

紫穗槐 ▶ 紫穗槐属
学名 *Amorpha fruticosa* L.

别名 棉槐、椒条、棉条

形态特征 落叶灌木,丛生,高1~4m。小枝灰褐色,被疏毛,后变无毛,嫩枝密被短柔毛。叶互生,奇数羽状复叶,长10~15cm,有小叶11~25片;小叶卵形或椭圆形。穗状花序常1至数个顶生和枝端腋生。荚果下垂,微弯曲,顶端具小尖,棕褐色,表面有凸起的疣状腺点。

生境 耐寒、耐旱、耐湿、耐盐碱、抗风沙,抗逆性极强,在荒山坡、道路旁、河岸及盐碱地均可生长。

花果期 花果期5~10月。

繁殖方式 播种、插条、压根繁殖。

用途 枝叶作绿肥、家畜饲料。茎皮可提取栲胶。枝条编制篓筐。果实含芳香油。种子含油率10%,可作油漆、甘油和润滑油之原料。栽植于河岸、河堤、沙地、山坡及铁路沿线,有护堤、防风、固沙的作用。

胡枝子 ▶ 胡枝子属
学名 *Lespedeza bicolor* Turcz.

别名 胡枝条、扫皮、随军茶

形态特征 直立灌木,高1~3m。多分枝,小枝黄色或暗褐色,有条棱,被疏短毛。羽状复叶具3小叶;托叶2枚,线状披针形;小叶质薄,卵形、倒卵形或卵状长圆形,先端钝圆或微凹,稀稍尖,具短刺尖,基部近圆形或宽楔形,全缘。总状花序腋生,比叶长,常构成大型、较疏松的圆锥花序;总花梗长4~10cm;小苞片2,卵形,先端钝圆或稍尖,黄褐色,被短柔毛;花冠红紫色,极稀白色(var. *alba* Bean),长约10mm。荚果斜倒卵形,稍扁,长约10mm,宽约5mm,表面具网纹,密被短柔毛。

生境 生于海拔150~1000m的山坡、林缘、路旁、灌丛及杂木林间。

花果期 花期7~9月,果期9~10月。

繁殖方式 种子繁殖。

用途 种子油可供食用或作机器润滑油。叶可代茶。枝可编筐。性耐旱,是防风、固沙及水土保持植物,为营造防护林及混交林的伴生树种。

兴安胡枝子 | ▶ 胡枝子属
学名 *Lespedeza davurica* (Laxm.) Schindl.

别名 达呼尔胡枝子、毛果胡枝子

形态特征 小灌木，高达 1m。茎单一或数个簇生，通常稍斜升。羽状三出复叶，小叶长圆形或狭长圆形，先端圆钝，有短刺尖，基部圆形，全缘，下面有平伏柔毛。总状花序腋生，较叶短或与叶等长；花萼 5 深裂，外面被白毛，萼裂片披针形，先端长渐尖，成刺芒状，与花冠近等长；花冠蝶形，黄白色至黄色。荚果小，包于宿存萼内，倒卵形或长倒卵形，两面凸出，伏生白色柔毛。

生境 生于干山坡、草地、路旁及沙质地上。

花果期 花期 7~8 月，果期 9~10 月。

繁殖方式 种子繁殖。

用途 为优良的饲用植物，幼嫩枝条各种家畜均喜食。亦可做绿肥。

草木犀状黄耆 | ▶ 黄耆属
学名 *Astragalus melilotoides* Pall.

别名 草木樨状紫云英、扫帚苗、马梢

形态特征 多年生草本。主根粗壮。茎直立或斜生，高 30~50cm，多分枝，具条棱。羽状复叶有 5~7 枚小叶，叶柄与叶轴近等长；小叶长圆状楔形或线状长圆形。总状花序；苞片小，披针形；花冠白色或带粉红色。荚果宽倒卵状球形或椭圆形，先端微凹，具短喙。

生境 生于向阳山坡、路旁草地或草甸草地。

花果期 花期 7~8 月，果期 8~9 月。

繁殖方式 种子繁殖。

用途 可作为沙区、黄土丘陵区水土保持草种。亦可饲用。

达乌里黄耆 | ▶ 黄耆属
学名 *Astragalus dahuricus* (Pall.) DC.

别名 兴安黄耆

形态特征 一年生或二年生草本，茎直立，高达 80cm，分枝，有细棱。奇数羽状复叶有 11~19（23）片小叶；叶柄长不及 1cm；托叶分离；小叶长圆形、倒卵状长圆形或长圆状椭圆形。总状花序较密，生 10~20 花，长 3.5~10cm；花冠紫色，旗瓣近倒卵形，先端微缺，基部宽楔形。荚果线形，长 1.5~2.5cm，种子淡褐色或褐色，肾形。

生境 生于海拔 400~2500m 的山坡和河滩草地。

花果期 花期 7~9 月，果期 8~10 月。

繁殖方式 种子繁殖。

用途 饲用、观赏。大牲畜特别喜食，有"驴干粮"之称。

斜茎黄耆 | ▶ 黄耆属
学名 *Astragalus adsurgens* Pall.

别名 直立黄芪、沙打旺

形态特征 多年生草本，高 20~100cm。根较粗壮，暗褐色，有时有长主根。茎数个或多数丛生，直立或斜上，有毛或近无毛。羽状复叶有 9~25 片小叶；叶柄较叶轴短；托叶三角形，渐尖；小叶长圆形、近椭圆形或狭长圆形，基部圆形或近圆形，有时稍尖，上面疏被伏贴毛，下面较密。总状花序长圆柱状、穗状，稀近头状，生多数花，排列密集，有时较稀疏；花冠近蓝色或红紫色。荚果长圆形，长 7~18mm。

生境 生于向阳山坡灌丛及林缘地带。

花果期 花期 6~8 月，果期 8~10 月。

繁殖方式 播种繁殖。

用途 为优良牧草和保土植物。种子入药，为强壮剂，治神经衰弱。

皱黄耆 ▶ 黄耆属
学名 *Astragalus tataricus* Franch.

别名 皱黄耆、小果黄芪、密花黄芪、小叶黄芪
形态特征 多年生草本。被灰白色的伏贴柔毛。根粗壮，直伸。茎多数基部分枝，高 15~45cm。奇数羽状复叶，具 13~25 枚小叶；小叶披针形或长圆形。短总状花序，有花 8~12 朵；花冠淡蓝色或天蓝色。荚果卵形。

生境 生于坝上草原沙地及河岸。
花果期 花期 6~7 月，果期 8~9 月。
繁殖方式 种子繁殖。
用途 为辅助蜜源植物。亦可饲用。

多叶棘豆 ▶ 棘豆属
学名 *Oxytropis myriophylla* (Pall.) DC.

别名 狐尾藻棘豆

形态特征 多年生草本，无地上茎，高 20~30cm，全株被白色或黄色长柔毛。主根深长粗壮。托叶卵状披针形，膜质，下部与叶柄合生，密被黄色长柔毛；叶为轮生小叶的复叶，小叶片线状披针形，先端渐尖，干后边缘翻卷，两面密被长柔毛。总花梗比叶长或近等长，疏生或密生长柔毛，多花组成紧密或较疏松的总状花序；花冠淡红紫色。荚果披针状长圆形。

生境 生于沙地、平坦草原、干河沟、丘陵地、轻度盐渍化沙地、石质山坡或海拔 1200~1700m 的低山坡。

花果期 花期 5~6 月，果期 7~8 月。

繁殖方式 种子繁殖。

用途 全草入药、能清毒、消肿、祛风湿，主治流感、咽喉肿痛、痈疮肿毒、瘀血肿胀。也可饲用。

蓝花棘豆 | ▶ 棘豆属
学名 *Oxytropis caerulea* (Pall.) DC.

形态特征 多年生草本,高约10~20cm。根圆柱形,主根深长,茎细而短,基部分枝呈丛生状。羽状复叶长5~15cm;小叶25~41枚,长圆状披针形,先端渐尖或急尖,基部圆形。12~20花组成稀疏总状花序;花冠天蓝色或蓝紫色;萼钟状,具柔毛。荚果长圆状卵形膨胀,长约(8) 10~25mm,先端具喙。

生境 生于海拔1200m左右的山坡或山地林下。

花果期 花期6~7月,果期7~8月。

繁殖方式 种子繁殖。

用途 补气固表、脱毒生肌、利水退肿,主治水肿、腹水等症。

砂珍棘豆 | ▶ 棘豆属
学名 *Oxytropis racemosa* Turcz.

别名 砂棘豆，东北棘豆

形态特征 多年生草本，高5~15cm。茎极短，似无地上茎。轮生羽状复叶长5~14cm，密被长柔毛；小叶轮生，6~12轮，每轮4~6片，或有时为2小叶对生，长圆形、线形或披针形，先端尖，基部楔形，边缘有时内卷，两面密被贴伏长柔毛。顶生头形总状花序；总花梗长6~15cm；花冠红紫色或淡紫红色。荚果膜质，卵状球形，膨胀。

生境 生于海拔600~1900m的沙滩、沙荒地、沙丘、沙质坡地及丘陵地区阳坡。

花果期 花期5~7月，果期6~10月。

繁殖方式 种子繁殖。

用途 全草可入药，消食健脾，主治小儿消化不良。

山泡泡 | ▶ 棘豆属
学名 *Oxytropis leptophylla* (Pall.) DC

别名 光棘豆、薄叶棘豆

形态特征 多年生草本，高约8cm，全株被灰白毛。根粗壮，圆柱状。茎缩短。羽状复叶；小叶9~13枚，线形，先端渐尖，基部近圆形，边缘向上面反卷，上面无毛，下面被贴伏长硬毛。短总状花序由2~5朵花组成；苞片披针形或卵状长圆形，密被长柔毛；花萼膜质，筒状，密被白色长柔毛；花冠紫红色或蓝紫色。荚果膜质，卵状球形。

生境 生于砾石质丘陵坡地及向阳干旱山坡。

花果期 花期5~6月，果期6~7月。

繁殖方式 种子繁殖。

用途 有清热解毒功效，用于治疗痈疽肿毒等症。

缘毛棘豆 | ▶ 棘豆属
学名 *Oxytropis ciliate* Turcz.

形态特征 多年生草本，高 5~20cm。根粗壮，深褐色。茎缩短，密丛生，灰绿色。羽状复叶，叶柄稍扁；小叶 9~13 枚，线状长圆形、长圆形、线状披针形或倒披针形。短总状花序，由 3~7 朵花组成；花冠白色或淡黄色。荚果近纸质，卵形。

生境 生于干旱山坡及丘陵石坡地。

花果期 花期 6~7 月，果期 6~7 月。

用途 可用于岩石园或专类园。

少花米口袋 | ▶ 米口袋属
学名 *Gueldenstaedtia verna* (Georgi) Boriss.

别名 米口袋、米布袋

形态特征 多年生草本。主根圆锥状。分茎极缩短，叶及总花梗于分茎上丛生。叶在早春时长仅 2~5cm，夏秋间可长达 15cm，个别甚至可达 23cm，早生叶被长柔毛，后生叶毛稀疏，甚几至无毛；叶柄具沟；小叶 7~21 枚，椭圆形到长圆形，卵形到长卵形，有时披针形；顶端小叶有时为倒卵形，基部圆，先端具细尖、急尖、钝、微缺或下凹成弧形。伞形花序有 2~6 朵花；总花梗具沟，被长柔毛，花期较叶稍长，花后约与叶等长或短于叶长；苞片三角状线形；花萼钟状，被贴伏长柔毛；花冠紫堇色。荚果圆筒状，长 17~22mm，被长柔毛。种子三角状肾形，具凹点。

生境 生于海拔 1300m 以下的山坡、路旁及田边等。

花果期 花期 4 月，果期 5~6 月。

繁殖方式 种子繁殖。

用途 全草做为"紫花地丁"入药。

甘草 ▶ 甘草属
学名 *Glycyrrhiza uralensis* Fisch.

别名 国老、甜草、甜根子

形态特征 多年生草本。根与根状茎粗状，直径1~3cm，外皮褐色，里面淡黄色，具甜味。茎直立，多分枝，高30~120cm，密被鳞片状腺点、刺毛状腺体及白色或褐色的绒毛。叶长5~20cm；托叶三角状披针形，两面密被白色短柔毛；叶柄密被褐色腺点和短柔毛；小叶5~17枚，卵形、长卵形或近圆形，上面暗绿色，下面绿色，两面均密被黄褐色腺点及短柔毛，顶端钝，具短尖，基部圆，边缘全缘或微呈波状，多少反卷。总状花序腋生，具多数花，总花梗短于叶，密生褐色的鳞片状腺点和短柔毛；苞片长圆状披针形，褐色，膜质，外面被黄色腺点和短柔毛；花萼钟状，密被黄色腺点及短柔毛，基部偏斜并膨大呈囊状，萼齿5，与萼筒近等长；花冠紫色、白色或黄色，长10~24mm。荚果弯曲呈镰刀状或呈环状，密集成球，密生瘤状凸起和刺毛状腺体。种子3~11粒，暗绿色，圆形或肾形，长约3mm。

生境 常生于干旱沙地、河岸沙质地、山坡草地及盐渍化土壤中。

花果期 花期6~8月，果期7~10月。

繁殖方式 种子繁殖。

用途 根和根状茎供药用，为常见中药。

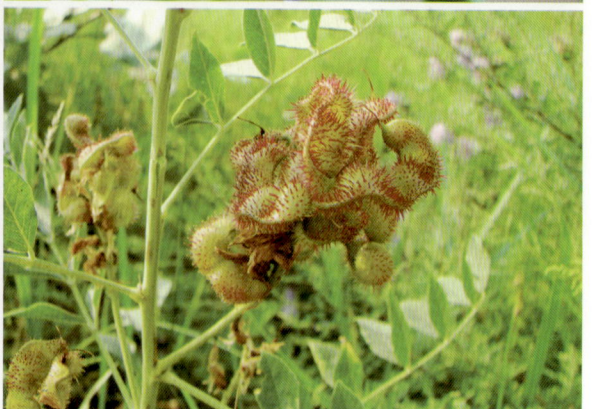

蒙古岩黄耆

▶ 岩黄耆属
学名 *Hedysarummongolicum* Turcz.

别名 羊柴

形态特征 半灌木，高100cm左右。枝丛生，老枝表皮暗灰黄色，常呈条状剥落。小叶典型椭圆形，每叶具小叶11~23枚，大小不一，线状长圆形。总状花序腋生，有花6~10朵，疏松排列；萼钟状；花冠蝶形，紫红色。荚果，被伏毛，具网状脉纹。

生境 生于坡前冲积扇的砾质沙地、阶地沙坡。

花果期 7~8月。

繁殖方式 种子繁殖。

用途 耐干旱、贫瘠，为防风固沙的良好材料。亦可饲用。

山岩黄耆 | ▶ 岩黄耆属
学名 *Hedysarum alpinum* L.

形态特征 多年生草本，高 50~120cm。根为直根系，主根深长，粗壮。茎多数，直立，具细条纹，无毛或上部枝条被疏柔毛，基部被多数无叶片的托叶所包围。叶长 8~12cm；托叶三角状披针形，棕褐色干膜质，合生至上部；小叶 9~17 枚，小叶片卵状长圆形或狭椭圆形，先端钝圆，具不明显短尖头，基部圆形或圆楔形，上面无毛，下面被灰白色贴伏短柔毛。总状花序腋生，长 16~24cm；总花梗和花序轴被短柔毛；花多数，较密集着生，稍下垂，时而偏向一侧；苞片钻状披针形，暗褐色干膜质；花萼钟状，被短柔毛；花冠紫红色。荚果 3~4 节，节荚椭圆形或倒卵形无毛，两侧扁平，具细网状脉纹。种子圆肾形，黄褐色。

生境 生于河谷草甸和泛滥地林下，沼泽化的针、阔叶林。

花果期 花期 7~8 月，果期 8~9 月。

繁殖方式 种子繁殖。

用途 可作饲料及蜜源植物。

红花锦鸡儿 | ▶ 锦鸡儿属
学名 *Caragana rosea* Turcz. ex Maxim.

别名 金雀儿、黄枝条

形态特征 直立灌木，高 0.4~1m。树皮绿褐色或灰褐色，小枝细长，具条棱，托叶在长枝者成细针刺。叶假掌状；小叶 4 枚，楔状倒卵形，先端圆钝或微凹，具刺尖，基部楔形，近革质，无毛。花冠黄色，常紫红色或全部淡红色，凋时变为红色，长 20~22mm；旗瓣长圆状倒卵形，先端凹入。荚果圆筒形，长 3~6cm，具渐尖头。

生境 生于山坡及沟谷。

花果期 花期 4~6 月，果期 6~7 月。

繁殖方式 种子繁殖。

用途 健脾、益肾、通经、利尿，主治虚损劳热、咳嗽、淋浊、阳痿、妇女血崩、白带、乳少、子宫脱垂。

柠条锦鸡儿 | ▶ **锦鸡儿属**
学名 *Caragana korshinskii* Kom.

别名 柠条、毛条、白柠条

形态特征 灌木，有时小乔木状，高 1~4m。老枝金黄色，有光泽。羽状复叶有 6~8 对小叶；托叶在长枝者硬化成针刺，宿存；小叶披针形或狭长圆形，有刺尖。花冠长 20~23mm。荚果扁，披针形，长 2~2.5cm，有时被疏柔毛。

生境 生于半固定和固定沙地。

花果期 花期 5 月，果期 6 月。

繁殖方式 种子繁殖。

用途 优良固沙植物和水土保持植物。亦为优良饲料。

树锦鸡儿 | ▶ **锦鸡儿属**
学名 *Caragana arborescens* Lam.

别名 蒙古锦鸡儿

形态特征 小乔木或大灌木，高 2~6m。老枝深灰色，平滑，稍有光泽，小枝有棱，幼时被柔毛，绿色或黄褐色。羽状复叶有 4~8 对小叶；托叶针刺状，长 5~10mm，长枝者脱落，极少宿存；小叶长圆状倒卵形、狭倒卵形或椭圆形，先端圆钝，具刺尖。花梗 2~5 簇生，每梗 1 花，关节在上部；苞片小，刚毛状；花冠黄色。荚果圆筒形，先端渐尖，无毛。

生境 生于林间、林缘。

花果期 花期 5~6 月，果期 8~9 月。

繁殖方式 种子繁殖。

用途 庭园观赏及绿化用。种子含油率 10%~14%，可做肥皂及油漆用。

小叶锦鸡儿 | ▶ 锦鸡儿属
学名 *Caragana microphylla* Lam.

别名 柠条、牛筋条、雪里洼

形态特征 落叶灌木，高 100~200 (300)cm。
老枝深灰色或黑绿色，嫩枝被毛，直立或弯
曲。羽状复叶有 5~10 对小叶；小叶倒卵形
或倒卵状长圆形，先端圆或钝，具短刺尖。
花单生叶腋；花萼钟形；花冠蝶形，黄色。
荚果圆筒形。

生境 生于草原及山坡草丛。

花果期 花期 5~6 月，果期 8~9 月。

繁殖方式 种子繁殖。

用途 为优良防风、固沙植物，北方广泛栽
培。果实可治咽喉肿痛等症，花可治头昏、
眩晕，根可治眩晕头痛、风湿痹痛、咳嗽痰
喘等症。

野火球 | ▶ 车轴草属
学名 *Trifolium lupinaster* L.

别名 野车轴草、红五叶

形态特征 多年生草本，高 30~60cm。根粗壮，发达，常多分叉。茎直立，单生，基部无叶，秃净，上部具分枝，被柔毛。掌状复叶，通常小叶 5 枚；托叶膜质，大部分抱茎呈鞘状，先端离生部分披针状三角形；小叶披针形至线状长圆形。头状花序着生顶端和上部叶腋，具花 20~35 朵；花冠淡红色至紫红色。荚果长圆形，长 6mm。种子阔卵形。

生境 生于山坡草地、沟边湿地。

花果期 花果期 6~10 月。

繁殖方式 种子繁殖。

用途 全草入药，可镇静安神、止咳止血，治心神不宁、心悸怔忡、失眠症、多梦、惊痫、癫狂、出血症、咳嗽。亦为优质饲料。还可作为观赏植物。

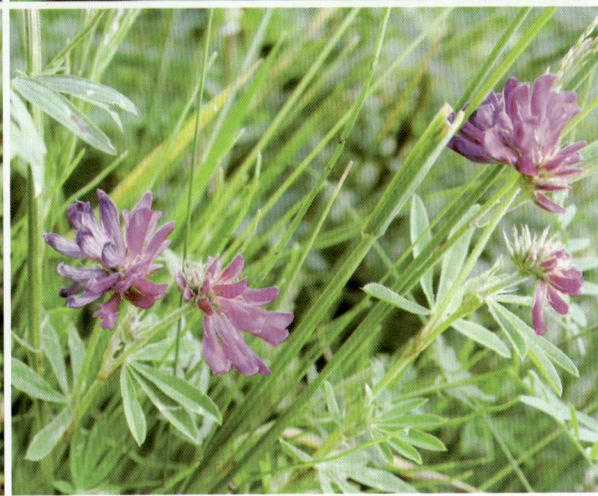

白花草木犀 | ▶ 草木犀属
学名 *Melilotus albus* Medic. ex Desr

别名 白香草木樨、白甜车轴草

形态特征 两年生草木本，有香气。羽状复叶；小叶椭圆形至倒卵状披针形。总状花序；子房无柄，披针形，含胚珠 3~4 个。荚果卵球形，灰棕色，无毛。种子灰黄色至褐色，平滑或具小疣状凸起。

生境 生于山坡草地及山谷湿地。

花果期 6~7 月。

繁殖方式 种子繁殖。

用途 全草入药，有清热利湿、消毒解肿作用，果实能治风火牙痛。亦为优良牧草。

草木犀 | ▶ 草木犀属
学名 *Melilotus officinalis* (L.) Pall.

别名 辟汗草、黄香草木犀

形态特征 二年生草本，高 40~100 (~250) cm。茎直立，粗壮，多分枝，具纵棱。羽状三出复叶；托叶镰状线形。总状花序长 6~15 (~20) cm，腋生，具花 30~70 朵，初时稠密，花开后渐疏松。荚果卵形。

生境 生于山坡、河岸、路旁、沙质草地及林缘。

花果期 花期 5~9 月，果期 6~10 月。

繁殖方式 种子繁殖。

用途 园林绿化。蜜源植物。主要作牧草。

花苜蓿 ▶ 苜蓿属
学名 *Medicago ruthenica* (L.) Trautv.

别名 扁豆子、苜蓿草、野苜蓿

形态特征 多年生直立草本,高 20~70 (~100) cm。主根较粗长。茎斜升、近乎卧或直立,多分枝,四棱形。具 3 小叶;托叶披针形。花序伞形,花小;萼钟状;花冠蝶形黄褐色,中央深红色至紫色条纹。荚果扁平,矩圆形。

生境 生于草原、沙地、田埂、渠边、河岸及砂砾质土壤的山坡旷野。

花果期 花期 6~9 月,果期 8~10 月。

繁殖方式 种子繁殖。

用途 具有清热解毒、止咳、止血的功效,可用于预防和治疗关节炎、痛风、肝炎、胆囊炎、肾结石、糖尿病、心脑血管、癌症等病征;将花苜蓿的种子研碎外敷,还可以用于治疗烫伤与蚊虫叮伤;此外,用花苜蓿治疗妇女绝经前综合征、贫血、水肿及消化不良症等疾病同样具有令人满意的效果。

天蓝苜蓿 | ▶ 苜蓿属
学名 *Medicago lupulina* L.

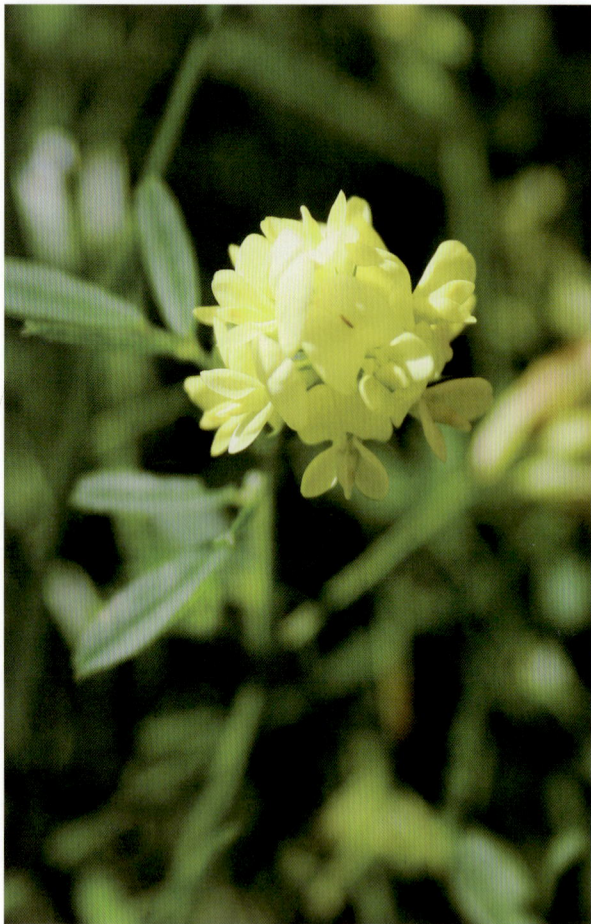

别名 天蓝

形态特征 一二年生或多年生草本，高 15~60cm，全株被柔毛或有腺毛。主根浅，须根发达。茎平卧或上升，多分枝，叶茂盛。羽状三出复叶；下部叶柄较长，长 1~2cm，上部叶柄比小叶短；小叶倒卵形、阔倒卵形或倒心形，先端多少截平或微凹，具细尖，基部楔形，边缘在上半部具不明显尖齿，两面均被毛。花序小头状，具花 10~20；总花梗细，挺直，比叶长，密被贴伏柔毛；苞片刺毛状，甚小；花长 2~2.2mm；萼钟形，密被毛；花冠黄色，旗瓣近圆形，顶端微凹，冀瓣和龙骨瓣近等长，均比旗瓣短。荚果肾形，表面具同心弧形脉纹，被稀疏毛，熟时变黑，有种子 1 粒。种子卵形，褐色，平滑。

生境 适于凉爽气候及水分良好土壤，但在各种条件下都有野生，常见于河岸、路边、田野及林缘。

花果期 花期 7~9 月，果期 8~10 月。

繁殖方式 种子繁殖。

用途 用作地被及饲料。

野苜蓿 | ▶ 苜蓿属
学名 *Medicago falcata* L.

别名 镰荚苜蓿、豆豆苗、连花生

形态特征 多年生草本，高可达 (20) 40~100 (~120)cm，全株被淡黄色绢毛。茎直立，圆柱形。小叶倒卵形至倒心形，先端钝圆或微凹，基部阔楔形。总状花序腋生，密被绢毛；苞片小；萼片钟形，萼齿披针状三角形。荚果扁平。种子肾形。

生境 生于沙质偏旱耕地、山坡、草原及河岸杂草丛。

花果期 6~8 月。

繁殖方式 种子、扦插繁殖。

用途 饲用价值高，被誉为"牧草之王"。入药有宽中下气、健脾补虚、利尿退黄、舒筋活络功效。

紫苜蓿 | ▶ 苜蓿属
学名 *Medicago sativa* L.

别名 紫花苜蓿、苜蓿

形态特征 多年生草本，高 30~100cm。茎直立或有时基部斜卧，多分枝，根系发达。叶为羽状复叶；小叶 3 枚，倒卵形、椭圆形或披针形，先端圆钝或戟形。总状花序腋生，花较密集，近头状；萼钟形，花萼有柔毛，萼齿窄披针形，急尖；花冠各色：淡黄、深蓝至暗紫色。荚果螺旋形，有疏毛，先端有喙，肾形，黄褐色。

生境 生于田边、路旁、旷野、草原、河岸及沟谷等地。

花果期 花期 5~7 月，果期 6~8 月。

繁殖方式 种子繁殖。

用途 药用、饲料。富含 5 种维生素、多种矿物质及类黄酮素、类胡萝卜素、酚型酸三种植物特有的营养素，具有抗氧化、防止胆固醇在动脉上沉积的作用。

广布野豌豆 ▶ 野豌豆属
学名 *Vicia cracca* L.

别名 草藤、山落豆秧

形态特征 多年生草本，高 40~150cm。根细长，多分枝。茎攀缘或蔓生，有棱，被柔毛。偶数羽状复叶，小叶 5~12 对互生，线形、长圆或披针状线形。总状花序与叶轴近等长，花多数；花冠紫色、蓝紫色或紫红色。荚果长圆形或长圆菱形，先端有喙。种子 3~6 粒，扁圆球形，种皮黑褐色。

生境 草甸、林缘、山坡、河滩草地及灌丛。

花果期 花果期 5~9 月。

繁殖方式 种子繁殖。

用途 为水土保持植物。全草为优良的绿肥饲料。可药用，活血平胃、明耳目、治疗疮。种子含淀粉，为早春蜜源植物。

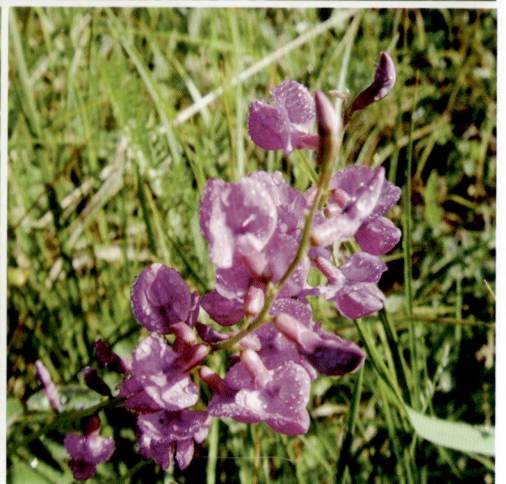

山野豌豆 ▶ 野豌豆属
学名 *Vicia amoena* Fisch. ex DC.

别名 落豆秧、豆豌豌

形态特征 多年生草本，高 30~100cm。植株被疏柔毛，稀近无毛。茎具棱，多分枝，细软，斜升或攀缘。偶数羽状复叶，长 5~12cm，几无柄，顶端卷须有 2~3 分枝；托叶半箭头形，边缘有 3~4 裂齿；小叶 4~7 对，互生或近对生，椭圆形至卵披针形。总状花序通常长于叶；花 10~20 (~30) 朵密集着生于花序轴上部；花冠红紫色、蓝紫色或蓝色，花期颜色多变。荚果长圆形，两端渐尖，无毛。种子 1~6 粒，圆形；种皮革质，深褐色，

具花斑；种脐内凹，黄褐色。

生境 生于海拔 80~7500m 的草甸、山坡、灌丛或杂木林中。

花果期 花期 4~6 月，果期 7~10 月。

繁殖方式 种子繁殖。

用途 为优良牧草。民间药用称透骨草，有祛湿、清热解毒之效，为疮洗剂。繁殖迅速，再生力强，是防风、固沙、水土保持及绿肥作物之一。其花期长，色彩艳丽，亦可作绿篱，用于荒山、园林绿化，建立人工草场。是早春蜜源植物。

歪头菜 | ▶ 野豌豆属
学名 *Vicia unijuga* A. Br.

别名 草豆、两叶豆苗、偏头草

形态特征 多年生草本，高 (15) 40~100 (~180) cm。根茎粗壮近木质，须根发达，表皮黑褐色。通常数茎丛生，具棱，疏被柔毛，老时渐脱落，茎基部表皮红褐色或紫褐红色。叶轴末端为细刺尖头；小叶 1 对，卵状披针形或近菱形，两面均疏被微柔毛。总状花序单一，稀有分枝呈圆锥状复总状花序，花冠蓝紫色、紫红色或淡蓝色。荚果扁、长圆形，无毛，表皮棕黄色，近革质，两端渐尖，先端具喙，成熟时腹背开裂，果瓣扭曲。种子 3~7，扁圆球形，直径 0.2~0.3cm，种皮黑褐色，革质，种脐长相当于种子周长的 1/4。

生境 生于山地、林缘、草地、沟边及灌丛。

花果期 花期 6~7 月，果期 8~9 月。

繁殖方式 种子繁殖。

用途 为优良牧草，嫩时亦可为蔬菜。全草入药，有补虚、调肝、理气、止痛等功效。生长旺盛，广布荒草坡，亦用于水土保持及绿肥。为早春蜜源植物。

大山黧豆 | ▶ 山黧豆属
学名 *Lathyrus davidii* Hance

别名 茳芒决明香豌豆、大豆花、大豌豆、豌豆花、野豌豆、山黧豆

形态特征 多年生草本，具块根，高 1~1.8m。茎粗壮，通常直径 5mm，圆柱状，具纵沟，直立或上升，无毛。托叶大，半箭形，全缘或下面稍有锯齿；叶轴末端具分枝的卷须；小叶 (2) 3~4 (~5) 对，通常为卵形，具细尖，基部宽楔形或楔形，全缘，具羽状脉。总状花序腋生，约与叶等长，有花 10 余朵；萼钟状，无毛，萼齿短小；花深黄色；子房线形，无毛。荚果线形，具长网纹。种子紫褐色，宽长圆形，光滑。

生境 生于海拔 1800m 以下的山坡、林缘、灌丛等地区。

花果期 花期 5~7 月，果期 8~9 月。

繁殖方式 种子繁殖。

用途 可做绿肥及饲料。

山黧豆 ▶ 山黧豆属
学名 *Lathyrus quinquenervius* (Miq.) Litv.

别名 五脉山黧豆

形态特征 多年生草本。根状茎横生。茎通常直立，单一，高 20~50cm，具棱及翅，有毛。偶数羽状复叶，叶轴末端具不分枝的卷须，下部叶卷须短，成针刺状。总状花序腋生，具 5~8 朵花；花紫蓝色或紫色，长 1.5~2cm。荚果线形。

生境 生于山坡、林缘、路旁、草甸等处。

花果期 花期 6~7 月，果期 8~9 月。

繁殖方式 种子繁殖。

用途 种子入药，有消炎镇痛功效。亦可饲用，为优良牧草。

豌豆 ▶ 豌豆属
学名 *Pisum sativum* L.

别名 麦豆、雪豆、毕豆

形态特征 一年生攀缘草本，高 0.5~2m。全株绿色，光滑无毛，被粉霜。叶具小叶 4~6 片；托叶比小叶大，叶状，心形，下缘具细牙齿；小叶卵圆形，全缘。花于叶腋单生或数朵排列为总状花序；花萼钟状，深 5 裂，裂片披针形；花冠颜色多样，随品种而异，但多为白色和紫色。荚果长椭圆形。

生境 喜冷冻湿润气候，耐寒，不耐热，对土壤要求不严，在排水良好的沙壤上或新垦地均可栽植。

花果期 花期 6~7 月，果期 7~9 月。

繁殖方式 种子繁殖。

用途 种子及嫩荚、嫩苗均可食用。种子含淀粉、油脂，可作药用，有强壮、利尿、止泻之效。茎叶能清凉解暑，并作绿肥、饲料或燃料。

多叶羽扇豆 ▶ 羽扇豆属
学名 *Lupinus polyphyllus* Lindl.

别名 鲁冰花

形态特征 多年生草本，高 50~100cm。茎直立，分枝成丛，全株无毛或上部被稀疏柔毛。掌状复叶，小叶倒卵形、倒披针形至匙形。总状花序长 15~40cm，花多而稠密，互生；花冠蓝色至堇青色。荚果长圆形，密被绢毛；有种子 4~8 粒。种子卵形，扁平，黄色，具棕色或红色斑纹，光滑。

生境 喜气候凉爽，阳光充足的地方，忌炎热，略耐阴，需肥沃、排水良好的沙质土壤，主根发达，须根少，不耐移植。

花果期 花期 6~8 月，果期 7~10 月。

繁殖方式 种子繁殖。

用途 茎可盆栽观赏、鲜切花和园林绿化，也可做绿肥。

牻牛儿苗科

草地老鹳草 ▶ 老鹳草属
学名 *Geranium pratense* L.

别名 草甸老观草、草甸老鹳草、红根草

形态特征 多年生草本，高 30~50cm。茎直立，向上分枝，枝上密被腺毛。叶基生和茎上对生，肾状圆形或上部叶五角状肾圆形，直径 2.5~6cm，7~9 深裂，裂片菱形或狭菱形，上部深羽裂或羽状缺刻，上面均被稀疏伏毛，背面常仅沿脉被短柔毛；基生叶和下部茎生叶有长柄，3~4 倍于叶片。雌雄同株，总花梗腋生或于茎顶集为聚伞花序，长于叶，密被倒向短柔毛和开展腺毛，生 2 花；花柄与总花梗相似，明显短于花，密被白色腺毛；萼片有同样的腺毛；花瓣 5，紫红色。蒴果。

生境 生于山地草甸和亚高山草甸。

花果期 花期 6~7 月，果期 7~9 月。

繁殖方式 种子繁殖。

用途 舒筋活络、止泻，用于痹症、肠炎、痢疾、泄泻。也供观赏。

粗根老鹳草 | ▶ 老鹳草属
学名 *Geranium dahuricum DC.*

别名 粗根老观草、灯笼花、块根老观苗

形态特征 多年生草本，高 20~60cm。根状茎短，斜生，下具一簇纺锤形粗根。茎直立，疏生伏毛，下部近无毛，亦有时全茎被长柔毛或基部具腺毛，假二叉状分枝。托叶披针形或卵形，叶片七角状肾圆形。雌雄同株，花序腋生或顶生；花序梗纤细；花冠淡紫色。种子黑褐色，具微凹小点。

生境 生于海拔 3500m 以下的山地草甸或亚高山草甸。

花果期 花期 7~8 月，果期 8~9 月。

繁殖方式 种子繁殖。

用途 根壮茎含鞣醇，可提取栲胶。

毛蕊老鹳草 | ▶ 老鹳草属
学名 *Geranium platyanthum Duthie*

形态特征 多年生草本，高 30~80cm。根状茎粗短。茎直立或斜生，向上分枝，有倒生白毛。叶基生和互生，肾状五角形，掌状 5 中裂或略深，裂片菱状卵形或楔状倒卵形，边缘有羽状缺刻或粗牙齿，上面有长伏毛，下面脉上疏生长糙毛；基生叶有长柄，密生长硬毛；茎生叶的柄短，顶部的无柄。雌雄同株，聚伞花序顶生或有时腋生；花柄长，有密腺毛；花瓣 5，淡紫红色。蒴果，有微毛。

生境 生长在山地林下、灌丛中或草甸。

花果期 花期 6~7 月，果期 8~9 月。

繁殖方式 种子繁殖。

用途 全草入药，疏风通络、强筋健骨。

少花老鹳草 | ▶ 老鹳草属
学名 *Geranium nepalense* Sweet var. *oliganthum* (Huang) Huang et L. R. Xu

形态特征 多年生草本，高 30~50cm。直根，多分枝，纤维状。茎多数，细弱，多分枝，仰卧。叶对生或偶为互生，叶片五角状肾形，茎部心形，掌状 5 深裂，裂片菱形或菱状卵形。总花梗腋生，长于叶，被倒向柔毛，每梗 2 花，少有 1 花；花瓣紫红色或淡紫红色，倒卵形。蒴果。

生境 生于低山林缘和杂草坡地。

花果期 花期 4~9 月，果期 5~10 月。

繁殖方式 种子、扦插繁殖。

用途 为优良观花植物，广泛用于园林绿化。

牻牛儿苗 | ▶ 牻牛儿苗属
学名 *Erodium stephanianum* Willd.

别名 太阳花

形态特征 多年生草本，高 15~50cm。茎多数，仰卧或蔓生，具节，被柔毛。叶对生，基生叶和茎下部叶具长柄，被柔毛，叶片卵形或三角状卵形，基部心形，二回羽状深裂，全缘或具疏齿，表面被疏伏毛，背面被疏柔毛。雌雄同株，伞形花序腋生，明显长于叶；总花梗被开展长柔毛和倒向短柔毛，每梗具 2~5 花；苞片狭披针形，分离；花瓣紫红色，先端圆形或微凹。蒴果，密被短糙毛。种子褐色，具斑点。

生境 生于干山坡、农田边、河滩地、草原凹地。

花果期 花期 6~8 月，果期 8~9 月。

繁殖方式 种子繁殖。

用途 药用、观赏。全草入药，祛风除湿、清热解毒。

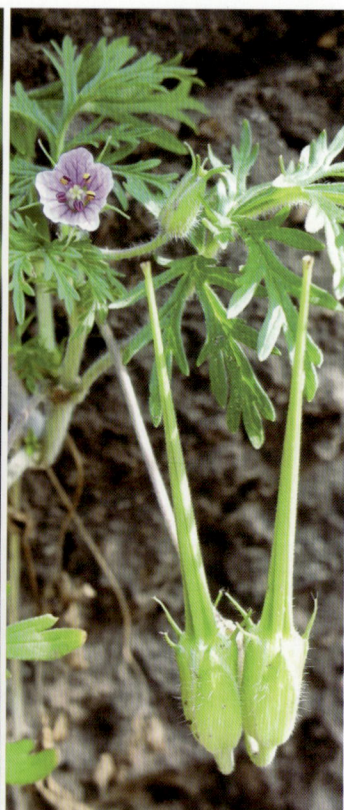

鼠掌老鹳草

▶ 鼠掌老鹳草属
学名 *Geranium sibiricum* L.

别名 风露草、鹌鹑嘴、鹌鹑鸟嘴

形态特征 一年生或多年生草本，高 30~70cm。茎细长，伏卧或上部斜向上，多分枝，略有倒生毛。基生叶及茎下部叶有长柄；茎上部叶 3~5 深裂，两面有疏伏毛，沿脉毛较密，具短柄，柄具倒生柔毛或伏毛，下部叶片肾状五角形，基部广心形，掌状 5 深裂，边缘羽状分裂或具齿状深缺刻。雌雄同株，总花梗生于叶腋，具 1 花或偶具 2 花；花瓣淡紫色或近白色，基部具短爪。蒴果，有微柔毛。种子肾状椭圆形，黑色。

生境 生于林缘、疏灌丛、河谷草甸。

花果期 花期 6~7 月，果期 8~9 月。

繁殖方式 种子繁殖。

用途 饲用。全草可入药，可治风湿、跌打损伤、神经痛等症。

蒺藜科

白刺 | ▶ 白刺属
学名 *Nitraria tangutorum* Bobr.

别名 沙樱桃、酸胖、唐古特白刺

形态特征 灌木，高 1~2m。多分枝，弯、平卧或开展；不孕枝先端刺针状，嫩枝白色。叶在嫩枝上 2~3 (4) 片簇生，宽倒披针形，全缘，稀先端齿裂。花排列较密集。核果卵形，有时椭圆形，熟时深红色，果汁玫瑰色。果核狭卵形，长 5~6mm，先端短渐尖。

生境 生于荒漠和半荒漠的湖盆沙地、河流阶地、山前平原积沙地、有风积沙的黏土地。

花果期 花期 5~6 月，果期 7~8 月。

繁殖方式 种子繁殖。

用途 果实可做饮料。枝、叶、果可做家畜饲料。果入药可治胃病。

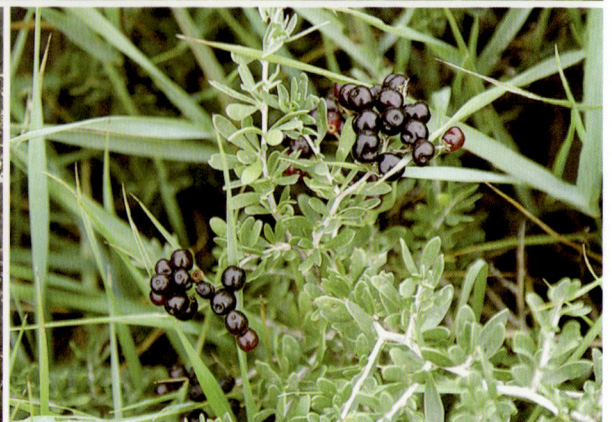

芸香科

白鲜 | ▶ 白鲜属
学名 *Dictamnus dasycarpus* Turcz.

别名 八股牛、山牡丹、白膻、白羊鲜、白藓皮、羊蹄草、地羊鲜、好汉拔、金雀儿椒、千斤拔、臭哄哄、大茴香、臭骨头

形态特征 多年生宿根草本，高 40~100cm。根斜生，肉质粗长，淡黄白色。茎直立，茎基部木质化，幼嫩部分密被长毛及水泡状凸起的油点。叶有小叶 9~13 片，小叶对生，无柄，位于顶端的 1 片具长柄，椭圆至长圆形，长 3~12cm，宽 1~5cm，生于叶轴上部的较大，叶缘有细锯齿，叶脉不甚明显，中脉被毛，成长叶的毛逐渐脱落；叶轴有甚狭窄的翼叶。总状花序长可达 30cm；花瓣白带淡紫红色或粉红带深紫红色脉纹，倒披针形，长 2~2.5cm，宽 5~8mm；萼片及花瓣均密生透明油点。蓇葖果成熟时沿腹缝线开裂为 5 个分果瓣，每分果瓣又深裂为 2 小瓣，瓣的顶角短尖，内果皮蜡黄色，有光泽，每分果瓣有种子 2~3 粒。种子阔卵形或近圆球形，长 3~4mm，厚约 3mm，光滑。

生境 生于丘陵土坡、平地灌木丛中或草地、疏林下，石灰岩山地亦常见。

花果期 花期 5 月，果期 8~9 月。

繁殖方式 块茎繁殖。

用途 根入药，味苦，性寒。祛风除湿、清热解毒、杀虫、止痒，治风湿性关节炎、外伤出血、荨麻疹等。可配植花境和作切花。

北芸香 ▶ 拟芸香属
学名 *Haplophyllum dauricum* (L.) G. Don.

形态特征 多年生宿根草本。茎的地下部分颇粗壮，木质，地上部分的茎枝甚多，密集成束状或松散。叶狭披针形至线形，两端尖，位于枝下部的叶片较小，通常倒披针形或倒卵形，灰绿色，厚纸质，几无叶柄。伞房状聚伞花序，顶生，通常多花，很少为 3 花的聚伞花序；花瓣 5 片，黄色。成熟果自顶部开裂，在果柄处分离而脱落，每分果瓣有 2 种子。种子肾形，褐黑色。

生境 生于低海拔山坡、草地或岩石旁。

花果期 花期 6~7 月，果期 8~9 月。

繁殖方式 播种繁殖。

用途 根茎的外皮灰黑色，有薄质栓皮层，内皮硫黄色，含淀粉粒样物质。木质部淡黄色，较松软，略有苦味。饲用植物，家畜乐食。

远志科

西伯利亚远志
▶ 远志属
学名 *Polygala sibirica* L.

别名 卵叶远志

形态特征 多年生草本。根直立或斜生，木质。茎丛生，通常直立，被短柔毛。叶互生，叶片纸质至亚革质。总状花序腋外生或假顶生，被短柔毛，具少数花；花瓣3，蓝紫色，侧瓣倒卵形，背面被柔毛，具流苏状鸡冠状附属物；雄蕊8，具缘毛。蒴果近倒心形，具狭翅及短缘毛。种子长圆形，黑色，密被白色柔毛。

生境 生于沙质土、石砾和石灰岩山地灌丛，林缘或草地。

花果期 花期4~7月，果期5~8月。

繁殖方式 种子繁殖。

用途 其根含有与远志 *P. tenuifolia* Willd. 相同的化学成分，可代替远志入药。

大戟科

大戟 ▶ 大戟属
学名 *Euphorbia pekinensis* Rupr.

别名 京大戟、湖北大戟

形态特征 多年生草本。根圆柱状，分枝或不分枝。茎单生或自基部多分枝，每个分枝上部又4~5分枝，高40~80 (90)cm。叶互生，常为椭圆形，少为披针形或披针状椭圆形，变异较大，先端尖或渐尖，基部渐狭或呈楔形、近圆形或近平截，边缘全缘；总苞叶4~7枚，长椭圆形，先端尖，基部近平截；伞幅4~7，长2~5cm；苞叶2枚，近圆形，先端具短尖头，基部平截或近平截。花序单生于二歧分枝顶端，无柄；总苞杯状，边缘4裂，裂片半圆形，边缘具不明显的缘毛；雄花多数，伸出总苞之外；雌花1枚，具较长的子房柄，花柱宿存且易脱落。蒴果球状，直径4.0~4.5mm，被稀疏的瘤状凸起，成熟时分裂为3个分果爿。种子长球状，暗褐色或微光亮，腹面具浅色条纹；种阜近盾状，无柄。

生境 生于山坡、灌丛、路旁、荒地、草丛、林缘和疏林内。

花果期 花期5~8月，果期6~9月。

繁殖方式 种子繁殖。

用途 根入药，逐水通便、消肿散结，主治水肿，并有通经之效。亦可作兽药用。有毒，宜慎用。

狼毒大戟 ▶ 大戟属
学名 *Euphorbia fischeriana* Steud.

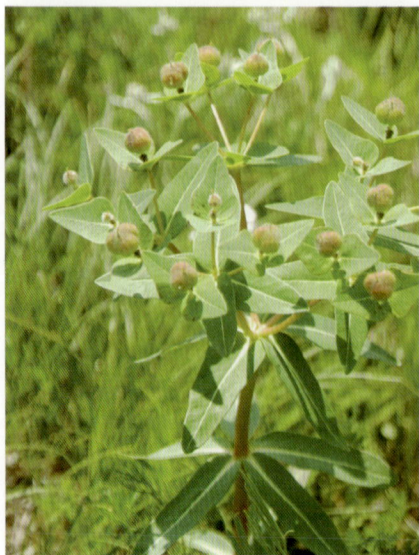

别名 狼毒疙瘩、猫眼睛、山红萝卜

形态特征 多年生草本，高15~45cm，全株含白色乳汁。茎单一直立。单叶无柄，下部叶鳞片状，中部叶轮生或互生，上部叶4~5片轮生，长圆形或长椭圆形。顶生多枝聚花序，总苞片5片，卵状披针形轮生，伞梗5个，顶端各有3片三角卵形的小总苞片；花单性，均无花被，同生于杯状总苞中。蒴果宽卵形。种子扁球状。

生境 生于较干燥的山坡、丘陵坡地，沙质草原和阳坡稀疏的松林下，是森林草原带的松栎树林下和草甸化草原群落中常见伴生种，草原带东部的沙质草原或山地丘陵也有伴生。

花果期 花期5~6月，果期6~7月。

繁殖方式 种子繁殖。

用途 根入药，主治结核类、疮瘘癣类等，有毒。

乳浆大戟 ▶ 大戟属
学名 *Euphorbia esula* L.

别名 猫眼草

形态特征 多年生草本，高 30~60cm，有白色乳液。茎单生或丛生，单生时自基部多分枝。不育枝常发自基部，较矮，有时发自叶腋。叶线形至卵形，变化极不稳定，无叶柄；不育枝叶常为松针状；总苞叶 3~5 枚，与茎生叶同型；伞幅 3~5，苞叶 2 枚，常为肾形，少为卵形或三角状卵形，基部近平截。花序单生于二歧分枝的顶端，基部无柄；总苞钟状，边缘 5 裂，裂片半圆形至三角形；雄花多枚，雌花 1 枚。蒴果三棱状球形，成熟时分裂为 3 个分果爿。

生境 生于路旁、杂草丛、山坡、林下、河沟边、荒山、沙丘及草地。

花果期 花期 4~5 月，果期 5~6 月。

繁殖方式 种子繁殖。

用途 绿化、药用。全草（猫眼草）入药，苦，凉，利尿消肿、拔毒止痒，用于四肢浮肿、小便淋痛不利、疟疾。外用于瘰疬、疮癣瘙痒。有毒。

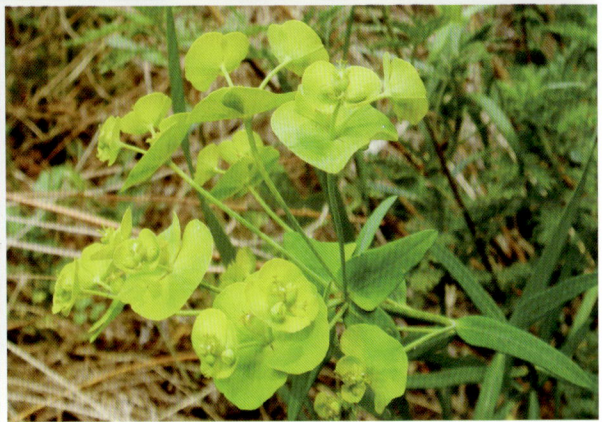

卫矛科

卫矛 ▶ 卫矛属
学名 *Euonymus alatus* (Thunb.) Sieb.

别名 鬼箭羽

形态特征 灌木，高 1~3m。小枝常具 2~4 列宽阔木栓翅。叶卵状椭圆形、窄长椭圆形，偶为倒卵形，长 2~8cm，宽 1~3cm，边缘具细锯齿，两面光滑无毛。聚伞花序 1~3 花；花白绿色，直径约 8mm，4 数；花瓣近圆形。蒴果。

生境 生于山坡、沟地边沿。

花果期 花期 5~6 月，果期 7~10 月。

繁殖方式 种子繁殖。

用途 药用植物，破血、通经、杀虫。亦广泛用于园林绿化。

凤仙花科

水金凤 | ▶ 凤仙花属
学名 *Impatiens noli-tangere* L.

别名 辉菜花

形态特征 一年生草本，高40~70cm。茎较粗壮，肉质，直立，上部多分枝，无毛，下部节常膨大，有多数纤维状根。叶互生；叶片卵形或卵状椭圆形，上面深绿色，下面灰绿色。总状花序，花黄色。蒴果线状圆柱形。种子多数，长圆球形，褐色，光滑。

生境 生于山坡林下、林缘草地或沟边。

花果期 7~9月。

繁殖方式 种子繁殖。

用途 极易成活，易栽培。用于园林绿化，古代即有栽培。

锦葵科

冬葵 ▶ 锦葵属
学名 *Malva crispa* L.

别名 皱叶锦葵

形态特征 一年生草本，高 1m。叶圆形，常 5~7 裂或角裂，基部心形，裂片三角状圆形，边缘具细锯齿，并极皱缩扭曲，两面无毛至疏被糙伏毛或星状毛，在脉上尤为明显。花小，白色，单生或几个簇生于叶腋，近无花梗至具极短梗。果扁球形。种子肾形。

生境 喜冷凉湿润气候，多生于排水良好、疏松肥沃的土壤。

花果期 6~9 月。

繁殖方式 种子繁殖

用途 为园林观赏佳品，地植与盆栽均宜。全株可入药，有利尿、催乳、润肠、通便功效。

野西瓜苗 ▶ 木槿属
学名 *Hibiscus trionum* L.

别名 香铃草、灯笼花、小秋葵

形态特征 一年生直立或平卧草本，茎柔软，被白色星状粗毛。叶二型，下部的叶圆形，不分裂，上部的叶掌状 3~5 深裂，中裂片较长，通常羽状全裂，上面疏被粗硬毛或无毛，下面疏被星状粗刺毛。花单生于叶腋，花淡黄色，内面基部紫色。蒴果长圆状球形，果皮薄，黑色。种子肾形，黑色，具腺状凸起。

生境 平原、山野、丘陵或田埂处处有。

花果期 7~10 月。

繁殖方式 种子繁殖。

用途 全草性甘、寒，清热解毒、祛风除湿、止咳、利尿，用于急性关节炎、感冒咳嗽、肠炎、痢疾；外用治烧烫伤、疮毒。种子性辛、平，润肺止咳、补肾，用于治肺结核咳嗽、肾虚头晕、耳鸣耳聋。

蜀葵 | ▶ 蜀葵属
学名 *Alcea rosea* L.

别名 一丈红、蜀季花、麻杆花

形态特征 二年生直立草本，高达 2m，茎枝密被刺毛。叶近圆心形，裂片三角形或圆形，上面疏被星状柔毛，粗糙，下面被星状长硬毛或绒毛。花腋生，单生或近簇生，排列成总状花序；花大，有红、紫、白、粉红、黄和黑紫等色，单瓣或重瓣；花瓣倒卵状三角形。果盘状，被短柔毛，分果爿近圆形，多数，背部厚达 1mm，具纵槽。

生境 耐寒，喜阳光，耐半阴，但忌涝。耐盐碱能力强，在含盐 0.6% 的土壤中仍能生长。

花果期 4~9 月。

繁殖方式 播种、分株、扦插繁殖。

用途 广泛栽培，供园林观赏用。嫩叶及花可食，茎皮含纤维可代麻用。全株入药，有清热、解毒、镇咳、利尿之功效，治吐血、血崩。根可作润滑药，用于黏膜炎症，起防护、缓解刺激的作用。花可用于提取花青素，为食品的着色剂。

藤黄科

黄海棠 | ▶ 金丝桃属
学名 *Hypericum ascyron* L.

别名 红旱莲、湖南连翘、水黄花、金丝连翘

形态特征 多年生草本，高 50~130cm，茎直立。叶对生，叶片卵状长圆形或卵状披针形。伞房状花序顶生，具多花，较大；花瓣金黄色。蒴果。

生境 生于山坡林下、林缘、灌丛间、草丛或草甸中、溪旁及河岸湿地等处。

花果期 花期 7~8 月，果期 8~9 月。

繁殖方式 种子繁殖。

用途 为坝上地区稀有珍贵野生花卉之一。全草可入药，有凉血止血、清热解毒作用。

董菜科

鸡腿董菜 ▷ 董菜属
学名 *Viola acuminata* Ledeb.

别名 鸡腿菜、胡森董菜、红铧头草

形态特征 多年生草本，通常无基生叶。根状茎较粗，垂直或倾斜，密生多条淡褐色根。茎直立，通常2~4条丛生，高10~40cm，无毛或上部被白色柔毛。叶片心形、卵状心形或卵形。花淡紫色或近白色，具长梗；花瓣有褐色腺点。蒴果椭圆形，无毛，通常有黄褐色腺点，先端渐尖。

生境 生于杂木林林下、林缘，灌丛、山坡草地或溪谷湿地等处。

花果期 5~9月。

繁殖方式 种子繁殖。

用途 嫩叶可食用。全草入药，性味淡、寒，清热解毒，排脓消肿，用于治肺热咳嗽、疮痈、跌打损伤。

早开堇菜 | ▶ 堇菜属
学名 *Viola prionantha* Bunge

别名 光瓣堇菜

形态特征 多年生草本，高3~10cm。无地上茎，根状茎垂直，短而较粗壮。根数条,带灰白色，粗而长。叶多数，均基生；叶片在花期呈长圆状卵形、卵状披针形或狭卵形。花大，紫堇色或淡紫色，喉部色淡并有紫色条纹。蒴果长椭圆形。种子多数，卵球形，深褐色常有棕色斑点。

生境 生于山坡草地、沟边、宅旁等向阳处。

花果期 4~9月。

繁殖方式 种子繁殖。

用途 全草入药，清热解毒、除脓消炎；捣烂外敷可排脓、消炎、生肌。为早春观赏植物，其花型较大，色艳丽。适应性广，抗逆性强，可作为地被，用于园林绿化。

紫花地丁 | ▶ 堇菜属
学名 *Viola philippica* Cav.

别名 辽堇菜、野堇菜、光瓣堇菜

形态特征 多年生草本，无地上茎。根状茎短，垂直，淡褐色，节密生。叶多数，基生，莲座状；叶片下部者通常较小，呈三角状卵形或狭卵形，上部者较长，呈长圆形、狭卵状披针形或长圆状卵形，边缘具较平的圆齿。花中等大，紫堇色或淡紫色，稀呈白色，喉部色较淡并带有紫色条纹；花瓣倒卵形或长圆状倒卵形。蒴果长圆形。种子卵球形。

生境 生于田间、荒地、山坡草丛、林缘或灌丛中。在庭园较湿润处常形成小群落。

花果期 4~9月。

繁殖方式 种子繁殖。

用途 全草供药用，能清热解毒，凉血消肿。嫩叶可作野菜。

瑞香科

狼毒

▶ 狼毒属
学名 *Stellera chamaejasme* L.

别名 断肠草、火柴头花、燕子花

形态特征 多年生草本。近年来由于牧草退化，狼毒大面积呈群落生长，成为草原优势种。狼毒根粗大，圆柱形。茎丛生，直立，高 20~45cm。叶长椭圆状披针形。顶生头状花序，花白色、黄色至带紫色。

生境 广布于坝上草原及山地草甸。

花果期 花期 4~6 月，果期 7~9 月。

繁殖方式 种子繁殖。

用途 狼毒根可入药，有散结逐水、止痛杀虫、祛痰消积等功效。

千屈菜科

千屈菜 | ▶ 千屈菜属
学名 *Lythrum salicaria* L.

别名 水枝柳、水枝锦

形态特征 多年生草本，茎直立，高 30~100cm。叶对生或轮生，披针形或阔披针形，叶全缘，无柄。雌雄同株，长顶生，多而小的花朵密簇生于叶状苞腋中；苞片阔披针形至三角状卵形；花瓣 6，红紫色或淡紫色。蒴果扁圆形。

生境 生于河岸、湖畔、溪沟边和潮湿草地。

花果期 花期 6~9 月，果期 7~10 月。

繁殖方式 播种、扦插、分株等方法繁殖。

用途 为药食兼用野生植物。其全草入药，治肠炎、痢疾、便血。嫩茎叶可作野菜食用。

柳叶菜科

柳兰 | ▶ 柳叶菜属
学名 *Chamerion angustifolium* (L.) Holub

别名 铁筷子、火烧兰、糯芋

形态特征 多年粗壮草本，直立，丛生。根状茎广泛匍匐于表土层，长达 2m，粗达 2cm，木质化，自茎基部生出强壮的越冬根出条。茎高 20~130cm，粗 2~10mm，不分枝或上部分枝，圆柱状，无毛，下部多少木质化，表皮撕裂状脱落。叶螺旋状互生，稀近基部对生，无柄，茎下部的近膜质，披针状长圆形至倒卵形，常枯萎，褐色；中上部的叶近革质，线状披针形或狭披针形，先端渐狭，基部钝圆或有时宽楔形，上面绿色或淡绿，两面无毛，边缘近全缘或稀疏浅小齿，稍微反卷，侧脉常不明显，近平展或稍上斜出至近边缘处网结。花序总状，直立，无毛；苞片下部的叶状，上部的很小，三角状披针形；花在芽时下垂，到开放时直立展开；萼片紫红色，长圆状披针形，先端渐狭渐尖，被灰白柔毛；

粉红至紫红色，稀白色，稍不等大，上面 2 枚较长大，倒卵形或狭倒卵形，全缘或先端具浅凹缺；花药长圆形，初期红色，开裂时变紫红色，产生带蓝色的花粉；柱头白色，深 4 裂，裂片长圆状披针形，上面密生小乳突。蒴果密被贴生的白灰色柔毛。种子狭倒卵状，先端短渐尖，具短喙，褐色，表面近光滑但具不规则的细网纹。种缨丰富，灰白色，不易脱落。

生境 生于我国北方海拔 500~3100m、西南海拔 2900~4700m 山区半开旷或开旷较湿润的草坡灌丛、火烧迹地、高山草甸、河滩、砾石坡。

花果期 花期 6~9 月，果期 8~10 月。

繁殖方式 种子繁殖。

用途 为理想的夏花植物，适宜做花境背景，也可用做插花。药用有消肿利水、下浮、润肠之功效。

月见草 | ▶ 月见草属
学名 *Oenothera biennis* L.

别名 待霄草、山芝麻、野芝麻、夜来香

形态特征 直立二年生粗状草本，基生莲座叶丛紧贴地面。茎高 50~200cm，不分枝或分枝，被曲柔毛与伸展长毛（毛的基部疱状），在茎枝上端常混生有腺毛。基生叶倒披针形，先端锐尖，基部楔形，边缘疏生不整齐的浅钝齿，侧脉每侧 12~15 条，两面被曲柔毛与长毛；茎生叶椭圆形至倒披针形，先端锐尖至短渐尖，基部楔形。花序穗状，不分枝，或在主序下面具次级侧生花序；苞片叶状，长大后椭圆状披针形；花蕾锥状长圆形，顶端具喙。蒴果锥状圆柱形，向上变狭，直立；绿色，毛被同子房，但渐变稀疏，具明显的棱。种子在果中呈水平状排列，暗褐色，棱形，具棱角，各面具不整齐洼点。

生境 常生于开旷荒坡路旁。耐旱耐贫瘠，黑土、沙土、黄土、幼林地、轻盐碱地、荒地、河滩地、山坡地均适合种植。

花果期 6~9 月。

繁殖方式 种子、扦插繁殖。

用途 本种花香美丽，常栽培观赏。花可提制芳香油，种子可榨油食用或药用，茎皮纤维可制绳。

五加科

刺五加 | ▶ 五加属
学名 *Eleutherococcus senticosus* (Rupr. et Maxim.) Maxim.

别名 一百针、老虎潦

形态特征 灌木，高 1~6m。分枝多，一二年生的通常密生刺，稀仅节上生刺或无刺。叶有小叶 5，稀 3；小叶片纸质，椭圆状倒卵形或长圆形，深绿色，边缘有锐利重锯齿。伞形花序单个顶生，或 2~6 个组成稀疏的圆锥花序，有花多数，花紫黄色；花瓣 5，卵形；花柱宿存。果实球形或卵球形，黑色。

生境 生于海拔数百米至 2000m 的森林或灌丛中。

花果期 花期 6~7 月，果期 8~10 月。

繁殖方式 种子繁殖。

用途 自古即被视为具有添精补髓及抗衰老作用的良药，根皮可代"五加皮"，供药用。种子可榨油，制肥皂。

伞形科

北柴胡 ▶ 柴胡属
学名 *Bupleurum chinense* DC.

别名 竹叶柴胡、硬苗柴胡、韭叶柴胡

形态特征 多年生草本,高50~85cm。主根较粗大,棕褐色,质坚硬。茎单一或数茎,表面有细纵槽纹,实心,上部多回分枝,微作"之"字形曲折。基生叶倒披针形或狭椭圆形,长4~7cm,早枯落;茎中部叶倒披针形或广线状披针形,长4~12cm,顶端渐尖或急尖,有短芒尖头,基部收缩成叶鞘抱茎;茎顶部叶同型,但更小。复伞形花序很多,花序梗细,常水平伸出,形成疏松的圆锥状;总苞片2~3,或无,甚小,狭披针形;小总苞片5,披针形;小伞直径4~6mm,花5~10;花直径1.2~1.8mm;花瓣鲜黄色,上部向内折,中肋隆起,小舌片矩圆形,顶端2浅裂。果广椭圆形,棕色,两侧略扁。

生境 生于向阳山坡路边、岸旁或草丛中。

花果期 花期9月,果期10月。

繁殖方式 种子繁殖。

用途 广泛使用的中药材。

大苞柴胡 ▶ 柴胡属
学名 *Bupleurum euphorbioides* Nakai

形态特征 一至二年生草本。茎高 (8) 12~60cm,绿色,有时带紫色。基生叶线形,长7~15cm,宽1~3mm,顶端渐尖,下部变狭成叶柄;茎生叶狭披针或线形,顶端渐尖,基部稍窄,无叶柄;茎上部叶披针形或卵形,顶端尾状长渐尖,下部扩大,基部常近心形抱茎,长2.5~9cm,最宽处8~14mm,顶端急尖,15~25脉;茎顶部的叶渐短而成卵形。伞形花序数个,直径2~11cm;小伞形花序直径6~15mm,有花16~24;花柄长1~2mm,较粗,有棱;花瓣外面带紫色;花柱基紫色,肥厚,超过子房。果广卵形,长3mm,宽2mm,紫棕色,顶端有紫色花柱基残余,棱细线状;油管每棱槽内3,少有4~5,合生面4。

生境 生于海拔1200~2500m的林缘及高山草原地带。

花果期 花期7~8月,果期8~9月。

繁殖方式 种子繁殖。

用途 入药,和解表里、疏肝、升阳,治寒热往来、胸满胁痛、口苦耳聋、头痛目眩、疟疾、下利脱肛、月经不调、子宫下垂。

黑柴胡 | ▶ 柴胡属
学名 *Bupleurum smithii* Wolff

别名 小五台柴胡、杨家坪柴胡

形态特征 多年生草本，高25~60cm，常丛生。根黑褐色，质松，多分枝。茎粗壮，有显著的纵槽纹，上部有时有少数短分枝。叶多，质较厚，基部叶丛生，狭长圆形或长圆状披针形或倒披针形，有小凸尖。复伞形花序；花瓣黄色，有时背面带淡紫红色。双悬果。

生境 生于海拔1300~2700m的山坡草地、山谷、山顶阴处。

花果期 花期7~8月，果期8~9月。

繁殖方式 种子繁殖。

用途 其根入药，主治外感发热、寒热往来、疟疾、肝郁肿痛乳胀、头痛头眩、月经不调，气虚下陷之脱肛、子宫脱垂、胃下垂等症。

红柴胡 | ▶ 柴胡属
学名 *Bupleurum scorzonerifolium* Willd.

别名 香柴胡、软柴胡、南柴胡

形态特征 多年生草本，高 30~60cm。主根发达，圆锥形，支根稀少，深红棕色。茎单一或 2~3，茎上部有多回分枝，略呈"之"字形弯曲，并成圆锥状。叶细线形，基生叶下部略收缩成叶柄；伞形花序自叶腋间抽出，花序多，直径 1.2~4cm，形成较疏松的圆锥花序；花瓣黄色。果广椭圆形，深褐色，棱浅褐色，粗钝凸出。

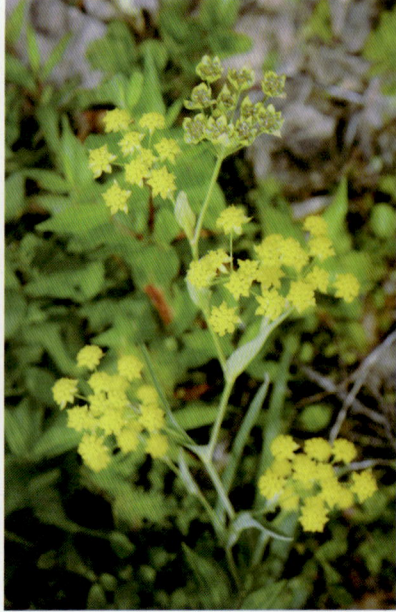

生境 生于海拔 160~2250m 的干燥的草原及向阳山坡上，灌木林边缘。

花果期 花期 7~8 月，果期 8~9 月。

繁殖方式 种子繁殖。

用途 低等饲料植物。根入药，能解表和里、升阳、疏肝解郁，主治感冒、寒热往来、肝炎、疟疾、胆囊炎等。

白芷 | ▶ 当归属
学名 *Angelica dahurica* (Fisch. ex Hoffm.) Benth. et Hook. f. ex Franch. et Sav.

别名 兴安白芷、河北独活

形态特征 多年生草本植物。茎直立，高 1~2m，上部分枝。基生叶及茎下部叶具长柄，叶片二至三回羽状全裂，裂片披针形；中上部叶简化，叶柄全部膨大成叶鞘。大型复伞形花序，直径达 11~20cm，密集多数小伞形花序；花瓣白色。双悬果。

生境 常生于林下，林缘，溪旁、灌丛及山谷草地。

花果期 花期 7~8 月，果期 8~9 月。

繁殖方式 种子繁殖。

用途 根可入药，药名"白芷"，有祛风散湿、发汗解毒、排脓生肌及止痛作用。

短毛独活 | ▶独活属
学名 *Heracleum moellendorffii* Hance

别名 东北牛防风

形态特征 多年生草本植物。茎叶粗大，全体有柔毛，茎高达 1~2m，分枝多。三回羽状复叶，小叶 3~5 枚，掌状深裂。复伞形花序，花大如盘；花瓣白色。

生境 生于阴坡山沟旁、林缘或草甸子。

花果期 花期 7 月，果期 8~10 月。

繁殖方式 种子繁殖。

用途 根可入药，有祛风湿、解毒镇痛功效。

刺果峨参 | ▶ 峨参属
学名 *Anthriscus nemorosa* (M. Bieb.) Spreng.

形态特征 二年生或多年生草本，高 50~120cm。茎圆筒形，有沟纹、粗壮、中空、光滑或下部有短柔毛，上部分枝互生、对生或轮生。叶片轮廓呈阔三角形，二至三回羽状分裂。复伞形花序顶生；总苞片缺或 1 枚，无毛；花瓣白色。双悬果。

生境 生于山坡草丛及林下。

花果期 6~8 月。

繁殖方式 种子繁殖。

用途 有补中益气、祛痰止咳、消肿止痛作用。

防风 | ▶ 防风属
学名 *Saposhnikovia divaricata* (Turcz.) Schischk.

别名 关防风、北防风

形态特征 多年生草本，高 30~80cm。茎单生，自基部分枝较多，斜上升，与主茎近于等长，有细棱。叶片卵形或长圆形，二回或近于三回羽状分裂。复伞形花序多数，生于茎和分枝；花瓣倒卵形，白色，长约 1.5mm，无毛，先端微凹，具内折小舌片。双悬果狭圆形或椭圆形。

生境 生于草原、丘陵、多砾石山坡。

花果期 花期 8~9 月，果期 9~10 月。

繁殖方式 种子繁殖。

用途 可制药，有祛风解表、胜湿止痛、解痉等功效。

辽藁本 ▶ 藁本属
学名 *Ligusticum jeholense* (Nakai et Kitagawa) Nakai et Kitagawa

别名 热河藁本

形态特征 多年生草本，高30~80cm。根圆锥形，分叉。茎直立，圆柱形，中空，具纵条纹，常带紫色，上部分枝。叶片宽卵形，二至三回三出羽状全裂，羽片4~5对。复伞形花序顶生或侧生，直径3~7cm；伞幅8~10，长2~3cm；花瓣白色，长圆状倒卵形。分生果背腹扁压，椭圆形，背棱凸起，侧棱具狭翅。

生境 生于海拔1100~2500m的林下、草甸及沟边等阴湿处。

花果期 花期6~7月，果期9~10月。

繁殖方式 根茎、种子繁殖。

用途 根茎入药，可治风寒感冒头痛、偏头痛、风湿痹痛、肢节疼痛等症。

岩茴香 ▶ 藁本属
学名 *Ligusticum tachiroei* (Franch. et Sav.) Hiroe et Constance

别名 细叶藁本、桂花三七、柏子三七

形态特征 多年生草本，高15~30cm。根茎粗短，根常分叉。茎单一或数枝簇生，较纤细，上部分枝。叶片卵形，三回羽状全裂。复伞形花序，直径2~4cm；总苞片2~4枚，线状披针形。分生果，卵状长圆形。

生境 生于海拔1600~2800m河岸湿地、石砾荒原及岩石缝内。

花果期 花期7~8月，果期8~9月。

繁殖方式 种子繁殖。

用途 有疏风发表、行气止痛、活血调经功效，主治伤风感冒、头痛、胸痛、脘胀痛、风湿痹痛、月经不调、崩漏、跌打伤肿等症。

葛缕子 | ▶ 葛缕子属
学名 *Carum carvi* L.

形态特征 多年生草本。根圆柱形，表皮棕褐色。茎通常单生，高 30~70cm。叶片长圆状披针形，二至三回羽状分裂。小伞形花序有花 5~15 朵；花瓣白色，或淡红色，花柄不等长。果实长卵形。

生境 生于河滩草丛、林下或高山草甸。

花果期 花期 6~8 月，果期 7~10 月。

繁殖方式 种子繁殖。

用途 有舒缓胀气、帮助消化、促进组织再生作用。亦为较好观花植物。

棱子芹 | ▶ 棱子芹属
学名 *Pleurospermum uralense* Hoffmann

别名 乌拉尔棱子芹

形态特征 多年生草本，高 1~2m。根粗壮，有分枝，直径 2~3cm。茎分枝或不分枝，中空，表面有细条棱，初有粗糙毛，后近于无毛。基生叶或茎下部的叶有较长的柄；叶片轮廓宽卵状三角形，长 15~30cm，三出式二回羽状全裂，边缘有缺刻状牙齿；茎上部的叶有短柄。顶生复伞形花序大，直径 10~20cm；总苞片多数，脱落；伞幅 20~60，不等长；侧生复伞形花序较小，直径 4~7cm；伞幅 10~15，小总苞片 6~9，线状披针形，全缘或分裂；花多数，白色。果实卵形，果棱狭翅状，边缘有小钝齿，表面密生水泡状微凸起。

生境 生于林中或山谷溪流边。

花果期 花期 7 月，果期 8 月。

繁殖方式 种子繁殖。

用途 清热解毒，主治药物或食物中毒、发烧、梅毒。

蛇床 ▶ 蛇床属
学名 *Cnidium monnieri* (L.) Cuss.

别名 蛇床子

形态特征 一年生草本,高 10~60cm。茎直立,有分枝,表面有深条棱,粗糙。叶互生,二至三回羽状全裂,最终裂片线状披针形,先端尖锐。复伞形花序顶生或腋生,花白色;花柱向下反曲。分生果长圆状,果棱具翅。

生境 生于田边、路旁、草地及河边湿地。

花果期 花期 4~7 月,果期 6~10 月。

繁殖方式 种子繁殖。

用途 药用植物,主治阴部湿痒、湿疹、寒湿带下、湿痹腰痛、肾虚阳痿、宫冷不孕。

密花岩风 ▶ 岩风属
学名 *Libanotis condensata* (L.) Crantz

别名 山胡萝卜、胡芹菜

形态特征 多年生草本,高 20~90cm。根茎粗,密覆棕色枯鞘纤维。茎通常单一,圆柱形。叶片长圆形,二至三回羽状全裂,顶端渐尖或锐尖。复伞形花序顶生,总苞片 6~10 枚,线形,白色,有毛;小伞形花序有花 15~20 朵,花瓣白色,长圆形或倒卵状长圆形。分生果椭圆形。

生境 多生于海拔 1400~2400m 山坡草地、路旁及林中。

花果期 花期 7~8 月,果期 9 月。

繁殖方式 播种繁殖。

用途 有活血行气作用,主治气血凝滞所致心腹、肢体疼痛等症。

山茱萸科

红瑞木 | ▶ 梾木属
学名 *Cornus alba* L.

别名 凉子木、红瑞山茱萸

形态特征 灌木，高达3m，树皮紫红色。幼枝有淡白色短柔毛，后即秃净而被蜡状白粉，老枝红白色。叶对生，纸质，椭圆形，稀卵圆形，边缘全缘或波状反卷。伞房状聚伞花序顶生，花小，白色或淡黄白色；花柱宿存。核果长圆形，微扁；果梗细圆柱形。核棱形。

生境 生于海拔600~1700m（在甘肃可高达2700m）的杂木林或针阔叶混交林中，性强健，喜光、耐寒，喜湿润土壤，也耐旱。

花果期 花期6~7月，果期8~10月。

繁殖方式 种子、扦插、压条繁殖。

用途 秋叶鲜红，小果洁白，落叶后枝干红艳如珊瑚，是少有的观茎植物，也是良好的切枝材料。制药，有清热解毒、止痢、止血的功效。

杜鹃花科

迎红杜鹃 | ▶ 杜鹃花属
学名 *Rhododendron mucronulatum* Turcz.

别名 迎山红、尖叶杜鹃

形态特征 落叶灌木，高 1~2m，分枝多。幼枝细长，疏生鳞片。叶片质薄，椭圆形或椭圆状披针形。花序腋生枝顶或假顶生，1~3 朵花，先叶开放，伞形着生；花冠宽漏斗状，淡红紫色，外面被短柔毛。蒴果长圆形。

生境 生于山地灌丛中。

花果期 花期 4~6 月，果期 5~7 月。

繁殖方式 种子繁殖。

用途 叶可药用，解表、化痰、止咳、平喘，用于感冒头痛、咳嗽、哮喘、支气管炎。植株枝叶盛茂、萌发力强，耐修剪，是良好的园林绿化植物。

照山白 ▶ 杜鹃花属

学名 *Rhododendron micranthum* Turcz.

别名 照白杜鹃、达里、万斤、白镜子

形态特征 常绿灌木，高可达 2.5m，茎灰棕褐色。枝条细瘦，幼枝被鳞片及细柔毛。叶近革质，倒披针形、长圆状椭圆形至披针形，外面被鳞片，被缘毛。总状花序顶生，有花 10~28 朵，花密集；花序轴长 1~2.6cm；花梗长 0.8~2cm，密被鳞片；花小，花冠钟状，乳白色。蒴果长圆形，被疏鳞片。

生境 生于海拔 1000~3000m 的山坡灌丛、山谷、峭壁及石岩上。

花果期 花期 5~6 月，果期 8~10 月。

繁殖方式 种子繁殖。

用途 本种有剧毒，幼叶更毒，牲畜误食，易中毒死亡。枝叶可入药，有祛风、通络、调经止痛、化痰止咳之效。可作为园林绿化植物。

鹿蹄草科

红花鹿蹄草 | ▶ 鹿蹄草属
学名 *Pyrola asarifolia* Michx. subsp. *incarnata* (DC.) E. Haber et H. Takahashi

形态特征 常绿草本状小半灌木，高 15~30cm。根茎细长，横生，斜升，有分枝。叶 3~7，基生，薄革质，稍有光泽，近圆形或圆卵形或卵状椭圆形，先端圆钝，基部近圆形或圆楔形，边缘近全缘或有不明显的浅齿，两面有时带紫色，脉稍隆起；叶柄有时紫色。花莛常带紫色，有褐色的鳞片状叶，较大，狭长圆形或长圆状卵形，先端急尖或短尖头；总状花序，花倾斜，稍下垂；花冠广开，碗形，紫红色；花梗腋间有膜质苞片，披针形，先端渐尖；萼片三角状宽披针形；花瓣倒圆卵形；雄蕊 10，花丝无毛，花药有小角，成熟为紫色；花柱倾斜，上部向上弯曲，顶端有环状凸起，伸出花冠，柱头 5 圆裂。蒴果扁球形带紫红色。

生境 生于海拔 1000~2500m 的针叶林、针阔叶混交林或阔叶林下，性喜阴湿，森林一经采伐，则很难正常生长发育。

花果期 花期 6~7 月，果期 8~9 月。

繁殖方式 种子繁殖。

用途 全草供药用，有祛风湿、强筋骨、解毒、止血等功效。亦可用于园林地被绿化。

报春花科

粉报春 | ▶报春花属
学名 *Primula farinosa* L.

别名 粉叶报春、黄报春、长白山报春

形态特征 多年生草本，具极短的根状茎和多数须根。叶多数，形成较密的莲座丛；叶片矩圆状倒卵形、窄椭圆形或矩圆状披针形，下面被青白色或黄色粉。花莛稍纤细，高 3~15cm，无毛，近顶端通常被青白色粉；伞形花序顶生，通常多花；花冠淡紫红色，冠筒口周围黄色，冠筒长 5~6mm，冠檐直径 8~10mm；裂片楔状倒卵形，先端 2 深裂。蒴果筒状，长于花萼。

生境 生于低湿草地、沼泽化草甸和沟谷灌丛中。

花果期 5~7 月。

繁殖方式 种子繁殖。

用途 观赏类植物。全草可入药，消肿愈疮、解毒，用于疔痈，创伤。

胭脂花 | ▶ 报春花属
学名 *Primula maximoviczii* Regel

别名 报春花

形态特征 多年生草本。叶基生，莲座形；叶倒卵状椭圆形、狭椭圆形至倒披针形，基部渐狭窄。花莛粗壮，直立，高25~50cm；有1~3轮伞形花序，每轮有花6~10（20）朵；花冠暗红色，裂片长圆形，全缘，通常反折。蒴果稍长于花萼。

生境 生于林下和林缘湿润处，垂直分布上限可达海拔2900m。

花果期 花期5~6月，果期7月。

繁殖方式 种子繁殖。

用途 花型美观，颜色鲜艳，极佳的观赏类植物。

白花点地梅 | ▶ 点地梅属
学名 *Androsace incana* Lam.

别名 长毛点地梅

形态特征 多年生草本，全株密被绢毛。根茎蔓延，纵横交叉成网状。茎直立或匍匐束生于茎节上，形成半球状莲座丛。叶片披针形。伞形花序，花1~3 (4) 朵生于花莛端；花冠白色或淡黄色。蒴果长圆形。

生境 生于山顶和向阳山坡。

花果期 花期5~6月，果期7月。

繁殖方式 种子、根茎繁殖。

用途 宜作地被植物或岩石园材料。全草入药，有清凉解毒、消肿止痛之效，可治咽喉疼痛。

长叶点地梅 | ▶ 点地梅属
学名 *Androsace longifolia* Turcz.

别名 矮葶点地梅

形态特征 多年生草本。当年生莲座状叶丛叠生于老叶丛上，无节间；叶同型，线形或线状披针形，灰绿色，下部带黄褐色，先端锐尖并延伸成小尖头，两面无毛。花莛极短或长达1cm，藏于叶丛中，被柔毛；伞形花序4~7 (10) 花；花冠白色或带粉红色，直径7~8mm，筒部短于花萼，裂片倒卵状椭圆形，近全缘或先端微凹。蒴果近球形，约与宿存花萼近等长。

生境 生于多石砾的山坡、岗顶和砾石质草原。

花果期 5~7月。

繁殖方式 种子繁殖。

用途 全草入药，除湿利尿。

北京假报春 | ▶ 假报春花属
学名 *Cortusa mattoioli* L. ssp. *pekinensis* (Al. Richt.) Kitag.

别名 河北假报春

形态特征 多年生草本。叶基生，叶片轮廓肾状圆形或近圆形，掌状 7~11 裂，裂深达叶片的 1/3 或有时近达中部，裂片通常长圆形，边缘有不规整的粗牙齿，顶端 3 齿较深，常呈 3 浅裂状。花冠漏斗状钟形，紫红色。蒴果圆筒形。

生境 生于亚高山草甸、溪边、林缘和灌丛。

花果期 花期 6 月，果期 7~8 月。

繁殖方式 种子繁殖。

用途 可引种做观赏花卉。

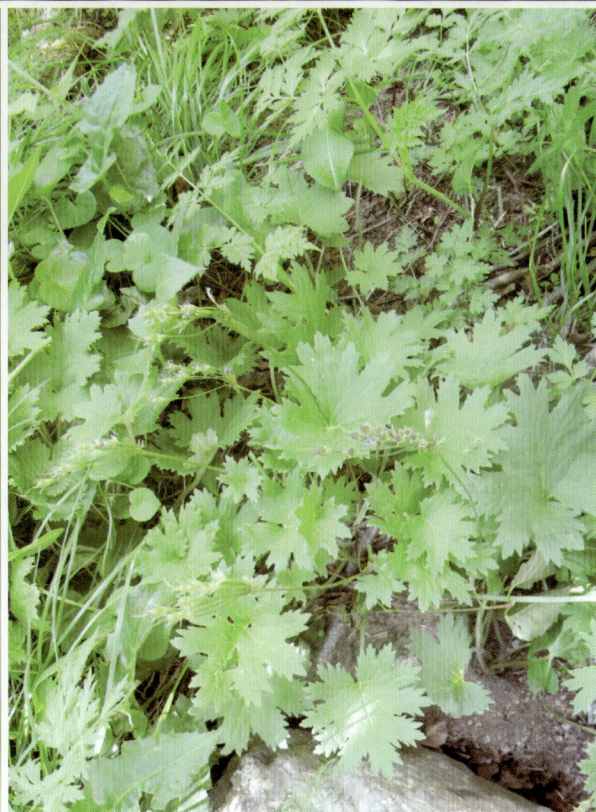

仙客来 | ▶ 仙客来属
学名 *Cyclamen persicum* Mill.

别名 兔耳花、一品冠

形态特征 多年生草本植物。块茎扁球形，直径通常 4~5cm，具木栓质的表皮，棕褐色，顶部稍扁平。叶和花葶同时自块茎顶部抽出；叶片心状卵圆形，先端稍锐尖，边缘有细圆齿，质地稍厚，上面深绿色，常有浅色的斑纹；花葶高 15~20cm，果时不卷缩；花萼通常分裂达基部，裂片三角形或长圆状三角形，全缘；花冠白色或玫瑰红色，喉部深紫色，筒部近半球形，裂片长圆状披针形，稍锐尖，基部无耳，比筒部长 3.5~5 倍，剧烈反折。

生境 喜凉爽、湿润及阳光充足的环境。生长和花芽分化的适温为 15~20℃，湿度 70%~75%；栽培中冬季室温不得低于 10℃，夏季气温达 30℃以上时进入休眠。要求疏松、肥沃、富含腐殖质，排水良好的微酸性沙壤土。

花果期 10 月至翌年 4 月。

繁殖方式 主要是播种繁殖，也可以用分割球茎的方法进行繁殖。

用途 适宜于盆栽观赏，为重要的室内盆花，广泛栽培。对空气中的有毒气体二氧化硫有较强的抵抗能力。

白花丹科

二色补血草 ▶ 补血草属
学名 *Limonium bicolor* (Bag.) Kuntze

别名 苍蝇架、苍蝇花、蝇子架、二色矾松、二色匙叶草、干枝梅

形态特征 多年生草本，高 20~50cm，全株（除萼外）无毛。叶基生，偶可花序轴下部 1~3 节上有叶，花期叶常存在，匙形至长圆状匙形，先端通常圆或钝，基部渐狭成平扁的柄。花序圆锥状；花序轴单生，通常有 3~4 棱角，有时具沟槽；不育枝少，位于分枝下部或单生于分叉处；穗状花序有柄至无柄，排列在花序分枝的上部至顶端；外苞长圆状宽卵形（草质部呈卵形或长圆形），裂片宽短而先端通常圆，偶可有一易落的软尖，间生裂片明显，脉不达于裂片顶缘（向上变为无色），沿脉被微柔毛或变无毛；花冠黄色。

生境 主要生于平原地区，也见于山坡下部、丘陵和海滨，喜生于含盐的钙质土上或沙地。

花果期 花期 5（下旬）~7 月，果期 6~8 月。

繁殖方式 种子繁殖。

用途 为碱地拓荒植物。全草药用，可补血、散瘀、益脾、健胃、治月经不调。宜作干花观赏。

黄花补血草 ▶ 补血草属
学名 *Limonium aureum* (L.) Hill

别名 黄花矶松、金匙叶草、黄花苍蝇架、黄里子白、干活草、石花子、金佛花、金色补血草

形态特征 多年生草本，高 4~35cm，全株（除萼外）无毛。茎基往往被有残存的叶柄和红褐色芽鳞。叶基生（偶而花序轴下部 1~2 节上也有叶），常早凋，通常长圆状匙形至倒披针形，先端圆或钝，有时急尖，下部渐狭成平扁的柄。花序圆锥状，花序轴 2 至多数，绿色，密被疣状凸起（有时仅上部嫩枝具疣），由下部作数回叉状分枝，往往呈"之"字形曲折，下部的多数分枝成为不育枝，末级的不育枝短而常略弯；穗状花序位于上部分枝顶端，由 3~5（7）个小穗组成；外苞宽卵形，先端钝或急尖；萼漏斗状，萼筒基部偏斜，全部沿脉和脉间密被长毛，萼檐金黄色（干后有时变橙黄色），裂片正三角形，脉伸出裂片先端成一芒尖或短尖，沿脉常疏被微柔毛，间生裂片常不明显；花冠橙黄色。

生境 见于平原和山坡下部，生于土质含盐的砾石滩、黄土坡和沙土地上。

花果期 花期 6~8 月，果期 7~8 月。

繁殖方式 种子繁殖。

用途 花萼和根为民间草药，主治妇女月经不调、鼻衄、带下。

木犀科

北京丁香 | ▶丁香属
学名 *Syringa reticulata* (Blume) H. Hara subsp. *pekinensis* (Rupr.) P. S. Green et M. C. Chang

别名 臭多罗

形态特征 落叶大灌木或小乔木，高 2~5m，可达 10m。小枝带红褐色，细长。叶片纸质，卵形、宽卵形至近圆形。花序由 1 对或 2 至多对侧芽抽生，长 5~20cm；花冠白色，呈辐状。果长椭圆形至披针形，光滑，稀疏生皮孔。

生境 生于海拔 600~2400m 的山坡灌丛、疏林、密林或沟边，山谷或沟边林下。

花果期 花期 5~8 月，果期 8~10 月。

繁殖方式 种子繁殖。

用途 枝叶茂盛，可作庭院景观树和行道树。是北方园林中优良观赏花木植物。

红丁香
▶丁香属
学名 *Syringa villosa* Vahl.

别名 香多罗、沙树

形态特征 灌木，高达4m。枝直立，粗壮，小枝淡灰棕色，具皮孔。叶片卵形、椭圆状卵形。圆锥花序直立，由顶芽抽生，长圆形或塔形，长5~13（~17）cm，花芳香；花冠淡紫红色、粉红色至白色。果长圆形，先端凸尖，皮孔不明显。

生境 生于海拔1200~2200m的山坡灌丛或沟边、河旁。

花果期 花期5~6月，果期9月。

繁殖方式 种子繁殖。

用途 红丁香芳香、花序硕大，花色优雅，姿态秀丽，用作庭院、街道绿化的观赏类植物。

欧洲丁香 ▶丁香属
学名 *Syringa vulgaris* L.

别名 洋丁香

形态特征 灌木或小乔木，高 3~7m。树皮灰褐色。小枝棕褐色，略带四棱形，疏生皮孔。叶片卵形、宽卵形或长卵形，长 3~13cm，宽 2~9cm，先端渐尖，基部截形、宽楔形或心形；叶柄长 1~3cm。圆锥花序近直立，由侧芽抽生，宽塔形至狭塔形，或近圆柱形，长 10~20cm，花芳香；花冠紫色或淡紫色，直径约 1cm，花冠管细弱，近圆柱形。果倒卵状椭圆形、卵形至长椭圆形，长 1~2cm，先端渐尖或骤凸，光滑。

生境 华北各省普遍栽培，东北、西北以及江苏各地也有栽培。

花果期 花期 4~5 月，果期 6~7 月。

繁殖方式 种子繁殖。

用途 观赏类植物，用作庭院、街道绿化。

紫丁香 ▶丁香属
学名 *Syringa oblata* Lindl.

别名 丁香、华北紫丁香

形态特征 灌木或小乔木，高可达 5m。小枝黄褐色。叶片革质，卵圆形至肾形。圆锥花序直立，由侧芽抽生，近球形或长圆形；花冠紫色，花冠管圆柱形。果倒卵状椭圆形。

生境 生于海拔 300~2400m 的山坡丛林、山沟溪边、山谷路旁。

花果期 花期 4~5 月，果期 6~10 月。

繁殖方式 播种、扦插、压条或嫁接、分株繁殖。

用途 是中国特有的名贵花木。植株丰满秀丽，枝叶茂密，芳香四溢，是庭园、街道园林绿化栽种的著名花木。叶可入药，有清热燥湿作用。

连翘 | ▶ 连翘属
学名 *Forsythia suspensa* (Thunb.) Vahl.

别名 黄花条、青翘、黄奇丹

形态特征 落叶灌木，高 3m。枝干丛生，小枝黄色，开展或下垂，中空。叶对生，单叶或 3 裂至三出复叶，卵形或椭圆状卵形，缘具齿。花单生或 2 至数朵着生于叶腋，雌雄同株，先于叶开放；花冠黄色；花萼绿色。果卵球形、卵状椭圆形，先端喙状渐尖，表面疏生皮孔。

生境 生于海拔 250~2200m 的山坡灌丛、林下或草丛中。

花果期 花期 3~4 月，果期 7~9 月。

繁殖方式 扦插、播种、分株繁殖。

用途 早春先叶开花，花开香气淡艳，满枝金黄，艳丽可爱，是早春优良观花灌木，可作园林绿化观赏植物。果实入药，具清热解毒作用。

龙胆科

扁蕾 | ▶ 扁蕾属
学名 *Gentianopsis barbata* (Froel.) Ma

别名　剪帮龙胆

形态特征　一年生或二年生草本，高 8~40cm。茎直立，有分枝，具 4 纵棱。叶对生，基生叶匙形或线状披针形，先端圆形；茎生叶狭披针形至线形，先端渐尖；基生叶较小，早枯萎。花单生，具长梗；花萼筒状钟形，具 4 棱，萼筒具裂片，内对裂片卵状披针形，先端尾尖，外对裂片条状披针形，比内裂片长；花冠蓝色或淡蓝色，管状钟形，4 裂，裂片椭圆形，下部两侧有短的细条裂齿；蜜腺 4，着生于花冠管近基部；雄蕊 4，着生于花冠管中部。蒴果狭矩圆形，具柄。种子椭圆形，密被小瘤状凸起。

生境　生于海拔 700~4400m 的山坡草地、林下、灌丛、沟边或沙丘边缘。

花果期　7~9 月。

繁殖方式　种子繁殖。

用途　清热解毒。用于急性黄疸型肝炎、高血压、急性肾盂肾炎、疮疖肿毒。

花锚 | ▶ 花锚属
学名 *Halenia corniculata* (L.) Cornaz

别名 西伯利亚花锚

形态特征 一年生草本，直立，高20~70cm。根具分枝、黄色或褐色。茎近四棱形，具细条棱，从基部起分枝。基生叶倒卵形或椭圆形，先端圆或钝尖，基部楔形、渐狭呈宽扁的叶柄，通常早枯萎；茎生叶椭圆状披针形或卵形，先端渐尖，基部宽楔形或近圆形，全缘，有时粗糙密生乳突，叶片上面幼时常密生乳突，后脱落，叶脉3条，在下面沿脉疏生短硬毛，无柄或具极短而宽扁的叶柄，两边疏被短硬毛。聚伞花序顶生和腋生；花萼裂片狭三角状披针形；先端渐尖，具1脉，两边及脉粗糙，被短硬毛；花冠黄色、钟形，冠筒长4~5mm，裂片卵形或椭圆形，先端具小尖头；雄蕊内藏，花药近圆形；子房纺锤形，无花柱，柱头2裂，外卷。蒴果卵圆形，淡褐色，顶端2瓣开裂。种子褐色，椭圆形或近圆形。

生境 生于海拔200~1750m的山坡草地、林下及林缘。

花果期 7~9月。

繁殖方式 种子繁殖。

用途 全草入药，有清热利湿、平肝利胆之功效。亦可用于园林观赏。

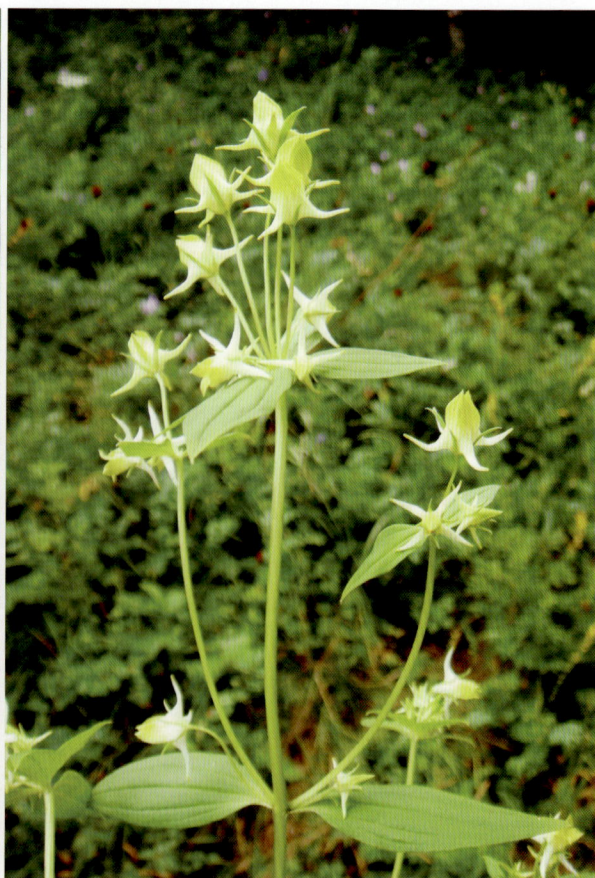

达乌里秦艽 | ▶ 龙胆属
学名 *Gentiana dahurica* Fisch.

别名 达乌里龙胆、达弗里亚龙胆、小叶秦艽、小秦艽、蓟芥

形态特征 多年生草本，高10~25cm，全株光滑无毛，基部被枯存的纤维状叶鞘包裹。须根多条，向左扭结成一个圆锥形的根。枝多数丛生，斜升，黄绿色或紫红色，近圆形，光滑。莲座丛叶披针形或线状椭圆形，先端渐尖，基部渐狭，边缘粗糙，叶脉在两面均明显，并在下面凸起，叶柄宽，扁平，膜质；茎生叶少数，线伏披针形至线形，先端渐尖，基部渐狭，边缘粗糙，叶脉1~3条，在两面均明显，中脉在下面凸起，叶柄宽。聚伞花序顶生及腋生，排列成疏松的花序；花梗斜伸，黄绿色或紫红色，极不等长；花冠深蓝色，有时喉部具多数黄色斑点，筒形或漏斗形，裂片卵形或卵状椭圆形，先端钝，全缘，褶整齐，三角形或卵形，全缘或边缘啮蚀形；雄蕊着生于冠筒中下部，整齐，花丝线状钻形；子房无柄，披针形或线形，先端渐尖，花柱线形，柱头2裂。蒴果内藏，无柄，狭椭圆形。种子淡褐色，有光泽，矩圆形，表面有细网纹。

生境 生于海拔870~4500m的田边、路旁、河滩、湖边沙地、水沟边、向阳山坡及干草原等地。

花果期 7~9月。

繁殖方式 种子繁殖。

用途 为极佳观赏植物。也是著名中草药，可散风除湿、清热利尿、舒筋止痛。

假水生龙胆 | ▶ 龙胆属
学名 *Gentiana pseudoaquatica* Kusnez.

形态特征 一年生草本，高 3~5cm。茎紫红色，密被乳突，自基部多分枝。叶先端钝圆，外反，边缘软骨质，具极细乳突，两面光滑。花多数单生于小枝顶端，花梗紫红色或黄绿色。蒴果外裸，倒卵状矩圆形。种子褐色，椭圆形，表面具明显细网纹。

生境 生于河滩、水沟边、山坡草地及林下。

花果期 4~8 月。

繁殖方式 种子繁殖。

用途 适宜用做花坛、花境或盆栽观赏。

秦艽 ▶ 龙胆属

学名 *Gentiana macrophylla* Pall.

别名 秦乣、大叶龙胆、大叶秦艽

形态特征 多年生草本，高 30~60cm，全株光滑无毛。须根多条，扭结或黏结成一个圆柱形的根。枝少数丛生，直立或斜升，黄绿色或有时上部带紫红色，近圆形。莲座丛叶卵状椭圆形或狭椭圆形，先端钝或急尖，基部渐狭，边缘平滑，叶脉 5~7 条，在两面均明显，叶柄宽，包被于枯存的纤维状叶鞘中；茎生叶椭圆状披针形或狭椭圆形，先端钝或急尖，基部钝，边缘平滑，叶脉 3~5 条，在两面均明显，并在下面凸起。花多数，无花梗，簇生枝顶呈头状或腋生作轮状；花萼筒膜质，黄绿色或有时带紫色；花冠筒部黄绿色，冠澹蓝色或蓝紫色，壶形，裂片卵形或卵圆形，先端钝或钝圆，全缘，褶整齐，三角形或截形，全缘；雄蕊着生于冠筒中下部，整齐，花丝线状钻形；子房无柄，椭圆状披针形或狭椭圆形，花柱线形，柱头 2 裂，裂片矩圆形。蒴果内藏或先端外露，卵状椭圆形。种子红褐色，有光泽，矩圆形，表面具细网纹。

生境 生于海拔 400~2400m 的河滩、路旁、水沟边、山坡草地、草甸、林下及林缘。

花果期 7~10 月。

繁殖方式 种子繁殖。

用途 有极高药用价值，是治疗风湿关节痛、结核病、潮热、黄疸等症的主药之一。

辐状肋柱花 ▶ 肋柱花属
学名 *Lomatogonium rotatum*

别名 辐花侧蕊、肋柱花

形态特征 一年生草本，高3~30cm。茎紫色，自下部多分枝，枝细弱，斜升。基生叶早落，具短柄，莲座状，叶片匙形，基部狭缩成柄；茎生叶无柄，披针形、椭圆形至卵状椭圆形。聚伞花序；花冠蓝色，裂片椭圆形或卵状椭圆形。蒴果无柄，圆柱形。种子褐色，近圆形。

生境 生于山坡草地、灌丛草甸、河滩草地、高山草甸。

花果期 8~9月。

繁殖方式 种子繁殖。

用途 有清热利湿作用，可用于治疗黄疸型肝炎，头痛发热等症。

红直獐牙菜 ▶ 獐牙菜属
学名 *Swertia erythrosticta* Maxim.

别名 红直当药

形态特征 多年生草本，高20~50cm，具根茎。茎直立，常带紫色，中空，近圆形，具明显的条棱，不分枝。基生叶在花期枯萎，凋落；茎生叶对生，多对，具柄，叶片矩圆形、卵状椭圆形至卵形，叶柄扁平，下部连合成筒状抱茎，愈向茎上部叶愈小，至最上部叶无柄，苞叶状。雌雄同株，圆锥状复聚伞花序；花梗常弯垂；花冠绿色或黄绿色，具红褐色斑点，裂片矩圆形或卵状矩圆形。

生境 分布在海拔1500~4300m的河滩、干草原、高山草甸及疏林下。

花果期 8~10月。

繁殖方式 种子、分株繁殖。

用途 药用类植物。全株入药，清热解毒、健胃杀虫。

萝藦科

地梢瓜 | ▶ 地梢瓜属
学名 *Cynanchum thesioides* (Freyn) K. Schum.

别名 地梢花、女青

形态特征 直立半灌木。地下茎单轴横生。茎自基部多分枝。叶对生或近对生，线形，长 3~5cm，宽 2~5mm，叶背中脉隆起。伞形聚伞花序腋生；花萼外面被柔毛；花冠绿白色；副花冠杯状，裂片三角状披针形，渐尖，高过药隔的膜片。蓇葖果纺锤形，先端渐尖，中部膨大，长 5~6cm，直径 2cm。种子扁平，暗褐色，长 8mm；种毛白色绢质，长 2cm。

生境 生于海拔 200~2000m 的山坡、沙丘或干旱山谷、荒地、田边等处。主要生长在沙质土和沙砾质土壤上，在沙壤土上也可生长。

花果期 花期 5~8 月，果期 8~10 月。

繁殖方式 种子繁殖。

用途 饲用。药用类植物，补肺气、清热降火、生津止渴、消炎止痛。

鹅绒藤 | ▶ 鹅绒藤属
学名 *Cynanchum chinense* R. Br.

别名 祖子花

形态特征 缠绕草本，全株被短柔毛。主根圆柱状，长约 20cm，直径约 5mm，干后灰黄色。叶对生，薄纸质，宽三角状心形，顶端锐尖，基部心形，叶面深绿色，叶背苍白色，两面均被短柔毛，脉上较密，侧脉约 10 对，在叶背略为隆起。伞形聚伞花序腋生，两歧，着花约 20 朵；花萼外面被柔毛；花冠白色，裂片长圆状披针形，副花冠二形，杯状，上端裂成 10 个丝状体，分为两轮，外轮约与花冠裂片等长，内轮略短；花粉块每室 1 个，下垂；花柱头略为凸起，顶端 2 裂。蓇葖果双生或仅有 1 个发育，细圆柱状，向端部渐尖。种子长圆形；种毛白色绢质。

生境 生于海拔 500m 以下的山坡向阳灌木丛中或路旁、河畔、田埂边。

花果期 花期 6~8 月，果期 8~10 月。

繁殖方式 种子繁殖。

用途 药用类植物，清热解毒、消积健胃、利水消肿。

华北白前 | ▶ 鹅绒藤属
学名 *Cynanchum mongolicum* (Maxim.) Hemsl.

别名 牛心朴子

形态特征 多年生直立草本，高达 50cm。根须状。茎被有单列柔毛及幼嫩部分有微毛外，余皆无毛，单茎或略有分枝。叶对生，薄纸质，卵状披针形，顶端渐尖，基部宽楔形；侧脉约 4 对，在边缘网结，有时有边毛；叶柄顶端腺体成群。伞形聚伞花序腋生，比叶为短，着花不到 10 朵；花萼 5 深裂，内面基部有小腺体 5 个；花冠紫红色，裂片卵状长圆形；花粉块每室 1 个，下垂；副花冠肉质、裂片龙骨状，在花药基部贴生；柱头圆形，略为凸起。蓇葖果双生，狭披针形，向端部长渐尖，基部紧窄，外果皮有细直纹。种子黄褐色，扁平，长圆形；种毛白色绢质。

生境 生长地以山岭旷野为多。

花果期 花期 5~7 月，果期 6~8 月。

繁殖方式 种子繁殖。

用途 活血、止痛、解毒，用于关节痛、牙痛秃疮。

紫花杯冠藤 | ▶ 鹅绒藤属
学名 *Cynanchum purpureum* (Pall.) K. Schum.

别名 紫花白前

形态特征 多年生草本。茎被疏长柔毛，干后中空。叶对生，集生于分枝顶端，线形或线状披针形，两面被疏长柔毛；聚伞花序伞状，半圆形；总花梗、花梗均被疏长柔毛；花冠无毛，紫红色，裂片披针形。

生境 生于山地林中和山坡灌丛。

花果期 花期 6~7 月，果期 7~8 月。

繁殖方式 种子繁殖。

用途 为优良观花植物，是坝上较为稀有的野生花卉之一。

杠柳 | ▶ 杠柳属
学名 *Periploca sepium* Bunge

别名 北五加皮、羊奶子、山五加皮、羊角条、羊角叶、臭加皮、香加皮、狭叶萝藦、立柳、阴柳、钻墙柳

形态特征 落叶蔓性灌木，高可达 1.5m。主根圆柱状，外皮灰棕色，内皮浅黄色。具乳汁，除花外全株无毛。茎皮灰褐色。小枝常对生，有细条纹，具皮孔。叶卵状长圆形，顶端渐尖，基部楔形，叶面深绿色，叶背浅绿色，中脉在叶面扁平，在叶背微凸起，侧脉纤细。聚伞花序腋生，着花数朵；花序梗和花梗柔弱；花萼裂片卵圆形，顶端钝，花萼内部基部有 10 个小腺体；花冠紫红色，辐状，外面无毛；副花冠环状，10 裂，其中 5 裂延伸丝状被短柔毛，顶端向内弯；雄蕊着生在副花冠内面并与其合生，花药彼此粘连并包围柱头，背面被长柔毛；心皮离生，无毛，每心皮有胚珠多个，柱头盘状凸起。蓇葖果圆柱状，无毛，具纵沟纹。种子长圆形，黑褐色，顶端白色绢质种毛。

生境 生于平原或低山丘的林缘、沟坡、河边沙质地或地埂等处。

花果期 花期 5~6 月，果期 7~9 月。

繁殖方式 分株、扦插、种子繁殖。

用途 药用，具祛风湿、壮筋骨、强心、镇静、抗炎等功效。抗旱性强、根系发达，是优良的水土保持树种，能够防风固沙，具有较高生态价值。

旋花科

打碗花 | ▶ 打碗花属
学名 *Calystegia hederacea* Wall. ex Roxb.

别名 燕覆子、兔耳草、狗耳苗、小旋花、扶子苗、旋花苦蔓

形态特征 一年生草本，全体不被毛，植株通常矮小，高 8~30（~40）cm，常自基部分枝。茎细，平卧，有细棱。基部叶片长圆形，上部叶片 3 裂。花腋生，单一；花冠淡紫色或淡红色，钟状，冠檐近截形或微裂。蒴果卵球形，长约 1cm，宿存萼片与之近等长或稍短。种子黑褐色，长 4~5mm，表面有小疣。

生境 从平原至高海拔地区都有生长，农田、荒地、路旁常见。

花果期 花期 7~9 月，果期 8~10 月。

繁殖方式 种子繁殖。

用途 叶可作蔬菜食用。根茎及花入药，治妇女月经不调、赤白带下。

藤长苗 | ▶ 打碗花属
学名 *Calystegia pellita* (Ledeb.) G. Don.

别名 打碗花、狗儿秧、狗藤花

形态特征 多年生草本。茎缠绕或下部直立，密被灰白色或黄褐色长柔毛。叶长圆形或长圆状线形，基部圆形、截形或呈戟形，全缘。花腋生，单一；花冠漏斗状，淡红色。蒴果。

生境 喜生于山坡草丛及田间路边。

花果期 花期 6~8 月，果期 8~9 月。

繁殖方式 种子繁殖。

用途 多呈小片群落生于田边道旁，枝条婉柔，花形绮丽，为优良观花植物。可栽培供观赏。

牵牛花 | ▶ 牵牛属
学名 *Ipomoea nil* (L.) Roth.

别名 喇叭花、筋角拉子、勤娘子

形态特征 一年生缠绕草本。植株被毛，茎叶处有短毛，柔软而细密。叶片宽大，呈现圆形或卵形，深浅不一；叶面有微硬疏松的柔毛。花腋生，花序梗长短不一；苞片叶状或线形；花冠为漏斗形态，蓝紫色或紫红色，大都朝开午谢。蒴果近球形。

生境 生于海拔 100~200（~1600）m 的山坡灌丛、干燥河谷路边、园边宅旁或山地路边。

花果期 6~10 月。

繁殖方式 播种繁殖。

用途 除栽培供观赏外，种子为常用中药，有泻水利尿、逐痰、杀虫的功效。

金灯藤 | ▶ 菟丝子属
学名 *Cuscuta japonica* Choisy

别名 日本菟丝子

形态特征 一年生寄生缠绕草本。茎较粗壮，黄色，肉质，常带深红色小疣点，缠绕于其他树木上。叶退化为三角形小鳞片。小花多数，密集成短穗状花序；花冠钟状，质稍厚，橘红色或黄白色，长3~5mm，顶端5浅裂，裂片卵状三角形。蒴果。

生境 生于田边、荒地、灌丛中，寄生于草本或灌木上。

花果期 花期8月，果期9月。

繁殖方式 种子繁殖。

用途 种子药用，具清热、凉血、利水、解毒功效。

旋花 ▶ 旋花属
学名 *Calystegia sepium* (L.) R. Br.

别名 喇叭花

形态特征 多年生草本。茎缠绕或平卧。叶形多变，三角状卵形或卵形、宽卵形，顶端渐尖或锐尖，基部戟形或心形、全缘或基部稍伸展为具 2~3 个大齿缺的裂片。花单生于叶腋；花冠漏斗状，淡红色、白色或紫色。蒴果球形。

生境 生于山坡林缘草甸、农田、平原、荒地及路旁。

花果期 花期 6~8 月，果期 8~9 月。

繁殖方式 种子繁殖。

用途 为优良观花植物。花可入药，味甘、微苦、性温。

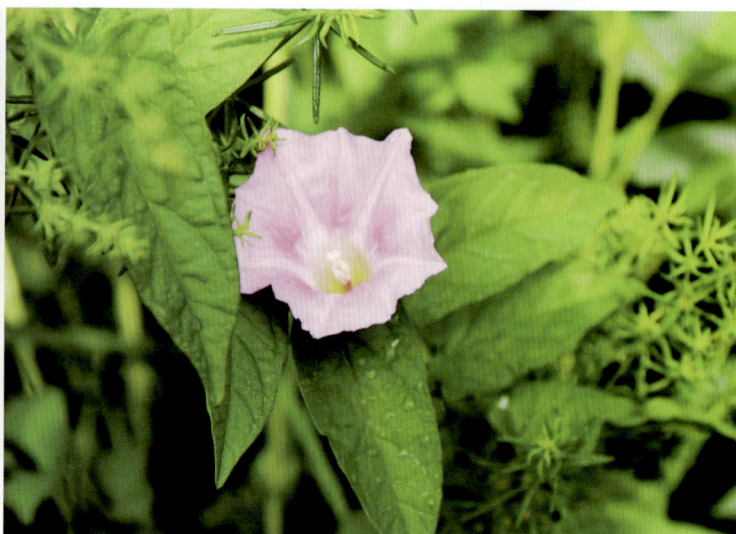

田旋花 ▶ 旋花属
学名 *Convolvulus arvensis* L.

别名 小旋花、中国旋花、箭叶旋花

形态特征 多年生草质藤本。根状茎横生。茎平卧或缠绕，有棱。叶片戟形或箭形，全缘或 3 裂。花 1~3 朵腋生；花冠漏斗形，粉红色、白色，长约 2cm。蒴果球形或圆锥状。种子椭圆形。

生境 生于耕地、荒坡草地、村边路旁。

花果期 花期 6~8 月，果期 7~9 月。

繁殖方式 根茎、种子繁殖。

用途 有祛风止痒、止痛作用，主治风湿痹痛、牙痛、神经性皮炎等症。亦可饲用。

花葱科

花葱 ▶ 花葱属
学名 *Polemonium coeruleum* L.

别名 鱼翅菜、手参、电灯花

形态特征 多年生草本，根匍匐，圆柱状，多纤维状须根。茎直立，高 0.5~1m，无毛或被疏柔毛。羽状复叶互生，小叶互生，长卵形至披针形，全缘。聚伞圆锥花序顶生或上部叶腋生；花冠紫蓝色，钟状。蒴果卵形。种子褐色，纺锤形；种皮具有膨胀性的黏液细胞，干后膜质似种子有翅。

生境 山坡草丛、山谷疏林下、山坡路边灌丛或溪流附近湿处，在东北各地多生于草甸或草原。

花果期 花期 6~8 月，果期 7~9 月。

繁殖方式 播种、分株繁殖。

用途 适宜花坛、花境、林缘及草坪中栽种，或作切花使用。也可药用。

针叶天蓝绣球

▶ 天蓝绣球属
学名 *Phlox subulata* L.

别名 丛生福禄考

形态特征 多年生常绿耐寒宿根草本。老茎半木质化，高10~15cm。枝叶密集，匍地生长。叶针状，簇生，革质，叶与花同时开放。花有紫红色、白色、粉红色等。

生境 生于肥沃、湿润、排水良好的土壤。

花果期 4~9月。

繁殖方式 扦插、分株、种子繁殖。

用途 常用于花坛、地被等园林绿化。

紫草科

钝萼附地菜 | ▶ 附地菜属
学名 *Trigonotis amblyosepala* Nakai et Kitag.

形态特征 一年生或二年生草本。茎多条丛生，斜升或铺散，高7~40cm，基部多分枝。基生叶密集，铺散，有长柄，叶片通常匙形或狭椭圆形。总状花序，生于茎及小枝顶端；花冠蓝色，裂片宽倒卵形。小坚果4个，直立，斜三棱锥状四面体形。

生境 生于山坡草地、林缘、灌丛或田间、荒野。

花果期 6~7月。

繁殖方式 种子繁殖。

用途 全草入药，有清热、消炎、止痛功效。

附地菜 ▶ 附地菜属
学名 *Trigonotis peduncularis* (Trev.) Benth. ex Baker et Moore

别名 地胡椒、鸡肠草、伏地菜

形态特征 一年生或二年生草本，高 5~30cm。茎通常多条丛生，稀单一，密集，铺散，基部多分枝，被短糙伏毛。基生叶呈莲座状，有叶柄，叶片匙形，茎上部叶长圆形或椭圆形，无叶柄或具短柄。花序生茎顶，通常占全茎的 1/2~4/5；花冠淡蓝色或粉色。小坚果 4，斜三棱锥状四面体形，具短柄，向一侧弯曲。

生境 生于平原、丘陵草地、林缘、田间及荒地。

花果期 花期 4~6 月，果期 7~9 月。

繁殖方式 种子繁殖。

用途 全草入药，能温中健胃、消肿止痛、止血。嫩叶可供食用。花美观，可用以点缀花园。

鹤虱 ▶ 鹤虱属
学名 *Lappula myosotis* V. Wolf

别名 蓝花蒿、赖毛子

形态特征 一年生或二年生草本。全株被白色短糙毛，茎直立，高 30~60cm。基生叶椭圆匙形，茎生叶较短狭。总状花序顶生；花冠淡蓝色，钟状。小坚果。

生境 广布于坝上干草原及河床沙地或山地草丛中。

花果期 6~9 月。

繁殖方式 种子繁殖。

用途 植物的干燥成熟果实入药，用于蛔虫病、蛲虫病、绦虫病、虫积腹痛、小儿疳积。

勿忘草 | ▶ 勿忘草属
学名 *Myosotis silvatica* Ehrh. ex Hoffm.

别名 勿忘我、翅茎补血草

形态特征 多年生草本植物。全株有毛，茎直立，高 20~45cm。叶狭倒披针形，基生叶和茎下部叶有柄。花序在花期短，花后伸长，蓝色。小坚果卵形。

生境 生于山地林缘或林下、山坡或山谷草地等处。

花果期 花期 6~7 月，果期 7~8 月。

繁殖方式 种子繁殖。

用途 其花洁莹幽香，灿如繁星，是优良的观花植物。

马鞭草科

荆条 ▶ 牡荆属
学名 *Vitex negundo* L. var. *heterophylla* (Franch.) Rehd.

别名 牡荆、黄荆柴、黄金子

形态特征 落叶灌木或小乔木，高 1~5m，小枝四棱。叶对生，具长柄，掌状复叶，小叶 5，少有 3；小叶椭圆状卵形，长 2~10cm，先端锐尖，缘具切裂状锯齿，浅裂以至深裂，背面灰白色，密被柔毛。雌雄同株，聚伞花序组成圆锥花序式，长 10~27cm；花萼钟状，具 5 齿裂，宿存；花冠蓝紫色，二唇形；雄蕊 4，二强，雄蕊和花柱稍外伸。核果，球形或倒卵形。

生境 生于山坡路旁。

花果期 花期 6~8 月，果期 7~10 月。

繁殖方式 播种、分株繁殖。

用途 绿化、饲料、入药及编织材料。

柳叶马鞭草 ▶ 马鞭草属
学名 *Verbena bonariensis*

别名 南美马鞭草、长茎马鞭草

形态特征 多年生草本。株高 1 ~ 1.5m。茎为正方形。全株有纤毛。叶十字对生，初期叶为椭圆形，边缘略有缺刻，花茎抽高后的叶转为细长型如柳叶状，边缘仍有尖缺刻。聚伞花序，小筒状花着生于花茎顶部，紫红色或淡紫色。

生境 耐旱，喜生于排水良好的土壤。

花果期 5~9 月。

繁殖方式 播种、扦插及切根、分株繁殖。

用途 用于疏林下、植物园和别墅区的景观布置。

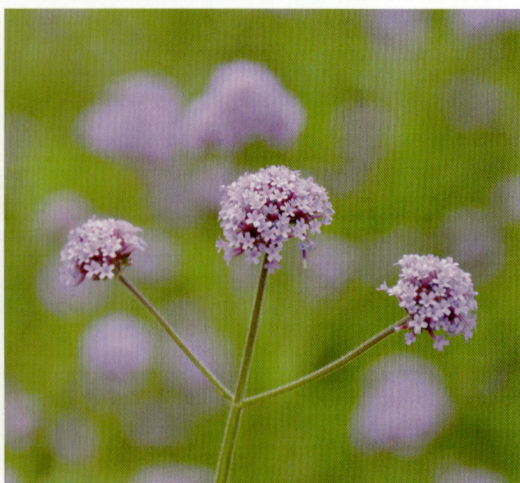

唇形科

水棘针 ▶ 水棘针属
学名 *Amethystea caerulea* L.

别名 土荆芥、细叶山紫苏

形态特征 一年生草本，高 0.3~1m，呈金字塔形分枝，基部有时木质化。茎四棱形，紫色、灰紫黑色或紫绿色，被疏柔毛或微柔毛，以节上较多。叶片纸质或近膜质，三角形或近卵形，3 深裂，稀不裂或 5 裂，裂片披针形，边缘具粗锯齿或重锯齿。花序为由松散具长梗的聚伞花序所组成的圆锥花序；苞叶与茎叶同型，变小；小苞片微小，线形，长约 1mm，具缘毛；花萼钟形，外面被乳头状凸起及腺毛，萼齿 5，近整齐，三角形，果时花萼增大；花冠蓝色或紫蓝色，冠筒内藏或略长于花萼，外面无毛，冠檐二唇形，外面被腺毛。小坚果倒卵状三棱形，背面具网状皱纹，腹面具棱，两侧平滑，合生面大，高达果长 1/2 以上。

生境 生于海拔 200~3400m 的田边旷野、河岸沙地、开阔路边及溪旁。

花果期 花期 8~9 月，果期 9~10 月。

繁殖方式 播种繁殖。

用途 入药，可代荆芥。

白苞筋骨草 | ▶ 筋骨草属
学名 *Ajuga lupulina* Maxim.

别名 甜格缩缩草

形态特征 多年生直立草本，高 18~35cm，被白色长柔毛。叶柄具狭翅，基部抱茎，边缘具缘毛；叶片纸质，披针状长圆形。穗状聚伞花序由多数轮伞花序组成；苞叶大，向上渐小，白黄或绿紫色，卵形或阔卵形；花萼钟状或略呈漏斗状；花冠白、白绿或白黄色，具紫色斑纹，狭漏斗状。小坚果倒卵状三棱形。

生境 生于河滩沙地、高山草地或陡坡石缝中，海拔通常 1900~3200m，少有在 1300m 以下或 3500m 以上。

花果期 花期 7~9 月，果期 8~10 月。

繁殖方式 种子繁殖。

用途 全草入药，主治痨伤咳嗽、吐血气痛、跌损瘀凝、面神经麻痹、梅毒炭疽。

筋骨草 ▶ 筋骨草属
学名 *Ajuga ciliata* Bunge

别名 崩血草、苦草、苦地胆

形态特征 多年生草本，根部膨大，直立，无匍匐茎。茎高25~40cm，四棱形，基部略木质化，紫红色或绿紫色，通常无毛，幼嫩部分被灰白色长柔毛。叶片纸质，卵状椭圆形至狭椭圆形。穗状聚伞花序顶生，一般长5~10cm，由多数轮伞花序密聚排列组成；苞叶大，叶状，有时呈紫红色，卵形；花萼漏斗状钟形；花冠紫色，具蓝色条纹。小坚果长圆状或卵状三棱形。

生境 生于海拔340~1800m的山谷溪旁、阴湿的草地上，林下湿润处及路旁草丛中。

花果期 花期4~8月，果期7~9月。

繁殖方式 种子繁殖。

用途 全草入药，治肺热咯血、跌打损伤、扁桃腺炎、咽喉炎等症。

并头黄芩 ▶ 黄芩属
学名 *Scutellaria scordifolia* Fisch. ex Schrank.

别名 头巾草、山麻子

形态特征 根茎斜行或近直伸，节上生须根。茎直立，高12~36cm，四棱形，不分枝。叶片三角状狭卵形、三角状卵形或披针形，对生。花冠蓝紫色，外面被短柔毛。小坚果黑色，椭圆形，具瘤状凸起，腹面近基部具果脐。

生境 生于海拔2100m以下的草地或湿草甸。

花果期 花期6~8月，果期8~9月。

繁殖方式 种子繁殖。

用途 清热解毒、泻热利尿，用于各种热毒病症。

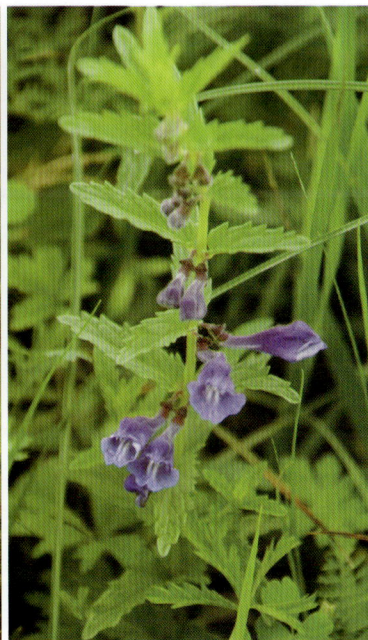

黄芩 | ▶ 黄芩属
学名 *Scutellaria baicalensis* Georgi

别名 香水水草

形态特征 多年生草本。根茎肥厚，肉质，径达2cm，伸长而分枝。茎基部伏地，上升，高（15）30~120cm。叶坚纸质，披针形至线状披针形，顶端钝，基部圆形，全缘。花序在茎及枝上顶生，总状，长7~15cm，常再于茎顶聚成圆锥花序；花冠紫、紫红至蓝色，长2.3~3cm，外面密被具腺短柔毛，内面在囊状膨大处被短柔毛；冠筒近基部明显膝曲。小坚果卵球形，黑褐色，具瘤，腹面近基部具果脐。

生境 生于向阳草坡地、休荒地上。

花果期 花期7~8月，果期8~9月。

繁殖方式 种子繁殖。

用途 根茎为清凉性解热消炎药，对上呼吸道感染，急性胃肠炎等均有功效，少量服用有苦补健胃的作用。黄芩制剂、黄芩酊可治疗植物性神经的动脉硬化性高血压，以及神经系统的机能障碍，可消除高血压的头痛、失眠、心部苦闷等症；外用有抗生作用，如对白喉杆菌、伤寒菌、霍乱、溶血链球菌A型，葡萄球菌均有不同程度的抑止效用。又据载，根对防治棉铃虫、梨象鼻虫、天幕毛虫、苹果巢虫均有效。此外茎秆可提制芳香油，亦可代茶用而称为芩茶。

京黄芩

▶ 黄芩属
学名 *Scutellaria pekinensis* Maxim.

别名 筋骨草、丹参

形态特征 一年生草本。根茎细长。茎高 24~40cm，直立，四棱形，疏被上曲的白色小柔毛，以茎上部者较密。叶草质，卵圆形或三角状卵圆形，长 1.4~4.7cm，先端锐尖至钝，有时圆形，基部截形、截状楔形至近圆形，边缘具浅而钝的 2~10 对牙齿，两面疏被伏贴的小柔毛。花对生，排列成顶生、长 4.5~11.5cm 的总状花序，花长约 2.5mm，与序轴密被上曲的白色小柔毛；花冠蓝紫色，长 1.7~1.8cm，外被具腺小柔毛，内面无毛，冠筒前方基部略膝曲状，冠檐二唇形，上唇盔状，内凹，顶端微缺，下唇中裂片宽卵圆形，两侧中部微内缢，顶端微缺，两侧裂片卵圆形；雄蕊 4，二强；子房光滑，无毛。成熟小坚果栗色或黑栗色，卵形。

生境 生于海拔 600~1800m 的石坡、潮湿谷地或林下。

花果期 花期 6~8 月，果期 7~10 月。

繁殖方式 种子繁殖。

用途 清热解毒，用于跌打损伤。

藿香 ▶ 藿香属
学名 *Agastache rugosa* (Fisch. et Mey) O. Ktze.

别名 合香、山茴香、香荆芥花、山薄荷、排香草

形态特征 多年生草本，高 0.5~1.5m。茎直立，四棱形，在上部具能育的分枝。叶心状卵形至长圆状披针形，向上渐小，先端尾状长渐尖，基部心形，稀截形，边缘具粗齿，纸质。轮伞花序多花，在主茎或侧枝上组成顶生密集的圆筒形穗状花序；轮伞花序具短梗，被腺微柔毛；花萼管状倒圆锥形，多少染成浅紫色或紫红色，喉部微斜，萼齿三角状披针形；花冠淡紫蓝色，外被微柔毛，冠檐二唇形，上唇直伸，先端微缺，下唇3裂；雄蕊伸出花冠，花丝细，扁平，无毛；花柱与雄蕊近等长，丝状，先端相等的2裂。成熟小坚果卵状长圆形，长约1.8mm，腹面具棱，先端具短硬毛，褐色。

生境 广泛分布，常见栽培。

花果期 花期6~9月，果期9~11月。

繁殖方式 种子繁殖。

用途 全草入药，有止呕吐、治霍乱腹痛、驱逐肠胃充气、清暑等效。果可作香料。叶及茎均富含挥发性芳香油，有浓郁的香味，为芳香油原料。

多裂叶荆芥 | ▶ 荆芥属
学名 *Nepeta multifida* L.

别名 荆芥穗

形态特征 多年生草本。根茎木质，由其上发出多数萌株。茎高可达40cm，半木质化，上部四棱形，基部圆柱形，有时上部的侧枝发育，并有花序。叶卵形，羽状深裂或分裂，有时浅裂至近全缘。花序为由多数轮伞花序组成的顶生穗状花序，长6~12cm，连续，很少间断；苞片叶状，深裂或全缘，下部的较大，长约10mm，上部的渐变小，卵形，先端骤尖，变紫色；花萼紫色，基部黄色，外被稀疏的短柔毛；花冠蓝紫色，干后变淡黄色，长约8mm，外被交错的柔毛。雄蕊4，花药浅紫色；花柱与前对雄蕊等长，先端近相等的2裂，柱头略粗，带紫色。小坚果扁长圆形，腹部略具棱，长约1.6mm，褐色，平滑，基部渐狭。

生境 生于海拔1300~2000m的松林林缘、山坡草丛中或湿润的草原上。

花果期 花期7~9月，果期在9月以后。

繁殖方式 种子繁殖。

用途 全株含芳香油，油透明淡黄色，味清香，适于制香皂用。

香青兰 | ▶ 青兰属
学名 *Dracocephalum moldavica* L.

别名 摩眼子、山薄荷、蓝秋花

形态特征 一年生草本。茎数个，直立或渐升，常在中部以下具分枝，不明显四棱形。基生叶卵状三角形，中部以上叶披针形至条状披针形，叶缘具三角形牙齿或疏锯齿，有时基部的牙齿成小裂片状，分裂较深，常具长刺。轮伞花序4花，生于茎或分枝上部；苞片长圆形，每侧具2~3小齿，齿具长刺；花冠淡蓝紫色，冠檐二唇形。小坚果长圆形。

生境 生于海拔220~1600m的干燥山地、山谷、河滩多石处。

花果期 6~8月。

繁殖方式 种子繁殖。

用途 全株含芳香油。清胃肝热、止血、愈合伤口，主治胃肝热、胃出血、食物中毒。

毛建草 | ▶ 青兰属
学名 *Dracocephalum rupestre* Hance

别名 岩青兰、毛尖

形态特征 多年生草本。茎多数，不分枝，渐升，长 15~42cm，四棱形，被短柔毛。基出叶多数，三角状卵形，具长柄，边缘具圆锯齿，两面疏被柔毛；茎中部叶具明显的叶柄，叶柄通常长过叶片，有时较叶片稍短，叶片似基出叶；花序处之叶变小，具鞘状短柄。轮伞花序密集，通常成头状，稀疏离而长达9cm，成穗状，此时茎的节数常增加，腋多具花轮甚至个别的有分枝花序；花具短梗；花冠紫蓝色，外面被短毛，下唇中裂片较小，无深色斑点及白长柔毛。

生境 生于海拔 650~2400m 的高山草原、草坡或疏林下阳处。

花果期 7~9 月。

繁殖方式 种子繁殖。

用途 全草具香气，可代茶用，故河北、山西一带土名"毛尖"。花紫蓝而大，可供观赏。

糙苏 | ▶ 糙苏属
学名 *Phlomis umbrosa* Turcz.

别名 续断、常山、白莶

形态特征 多年生草本。茎高 50~150cm，多分枝，四棱形，具浅槽。叶对生，近圆形、圆卵形至卵状长圆形。轮伞花序通常 4~8 花，多数，生于主茎及分枝上；苞片线状钻形；花冠通常粉红色，下唇较深色，常具红色斑点。小坚果无毛。

生境 生于海拔 200~3200m 的疏林下或草坡上。

花果期 花期 6~9 月，果期 9 月。

繁殖方式 种子繁殖。

用途 民间用根入药，性苦辛、微温，有消肿、生肌、续筋、接骨之功，兼补肝、肾，强腰膝，又有安胎之效。

串铃草 | ▶ 糙苏属
学名 *Phlomis mongolica* Turcz.

别名 毛尖茶、野洋芋

形态特征 多年生草本。茎高 40~70cm，不分枝或具少数分枝。基生叶卵状三角形至三角状披针形，茎生叶同形，通常较小；苞叶三角形或卵状披针形，下部的远超出花序。轮伞花序多花密集，彼此分离；花冠紫色，冠檐二唇形，外面被星状短柔毛，背部被具节长柔毛，边缘流苏状，自内面被髯毛。小坚果顶端被毛。

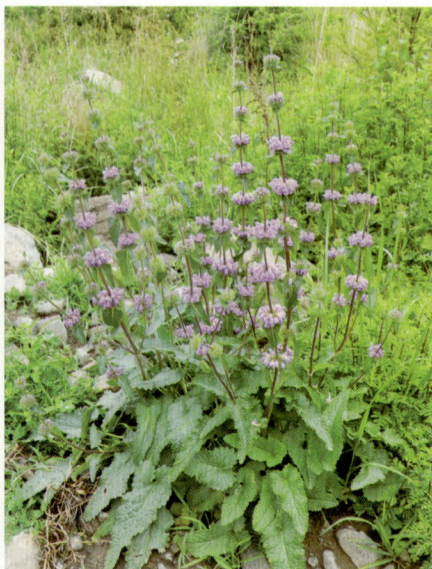

生境 生于海拔 770~2200m 的山坡草地上。

花果期 花期 5~9 月，果期 7~10 月。

繁殖方式 种子繁殖。

用途 本种为有毒植物，可入药，祛风除湿、活血止痛，主风湿性关节炎、感冒、跌打损伤、体虚发热。花美丽，可供观赏。

大叶糙苏 | ▶ 糙苏属
学名 *Phlomis maximowiczii* Regel

别名 山苏子、丁黄草、苏木帐子

形态特征 多年生草本，高 80~100cm。茎直立，上部具分枝，四棱型。基生叶阔卵形，下部茎生叶形状相同，变小，上部的茎叶更小。轮伞花序多花，彼此分离；花萼管状，上部略扩展；花冠粉红色，冠筒外面在上部背面被白色疏柔毛，余部无毛，内面具斜向间断的毛环，冠檐二唇形；子房裂片先端被短柔毛。

生境 生于林缘或河岸。

花果期 7~9 月。

繁殖方式 种子繁殖。

用途 果可榨油，含油量 20%~34%。根为民间草药，能清热消肿，治疗疮疖。

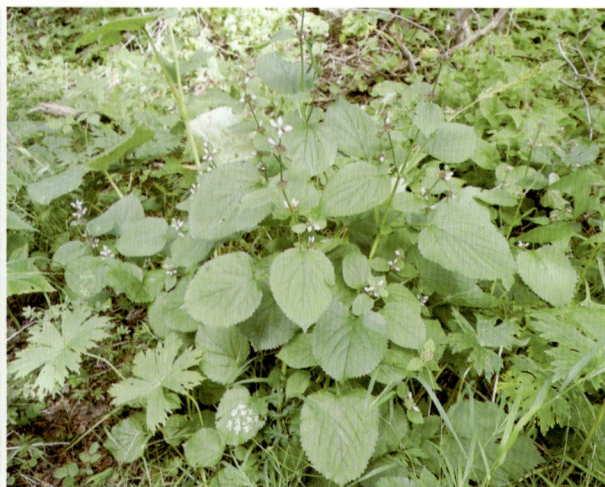

细叶益母草

▶ 益母草属
学名 *Leonurus sibiricus* L.

别名 四美草、风葫芦草

形态特征 一年生或二年生直立草本。茎高 20~80cm，有短而贴生的糙伏毛。茎最下部的叶早落，茎中部叶轮廓为卵形，掌状三全裂，裂片再分裂成条状小裂片，花序上的苞叶明显三全裂，中裂片复三裂，小裂片均线形，宽 1~2mm。轮伞花序腋生，多花，花时轮廓圆形，径 3~3.5cm，下有刺状苞片；花萼筒状钟形；花冠粉红至紫红。小坚果矩圆状三棱形。

生境 生于石质及沙质草地上及松林中，海拔可达 1500m。

花果期 花期 7~9 月，果期 9 月。

繁殖方式 种子繁殖。

用途 药用，可活血、祛瘀、调经、消水，主治月经不调、胎漏难产、胞衣不下、产后血晕、瘀血腹痛、痈肿疮疡。亦可作绿化类植物。

华水苏 ▎▶ 水苏属
学名 *Stachys chinensis* Bunge

别名 水苏

形态特征 多年生草本，高约 60cm。茎单一，不分枝，或常于基部分枝。茎叶长圆状披针形，先端钝，基部近圆形，边缘具锯齿状圆齿。轮伞花序，通常 6 花；小苞片刺状，微小；花梗极短或近于无。小坚果卵圆状三棱形，褐色。

生境 生于海拔 1000m 左右水沟旁及沙地。

花果期 花期 6~8 月，果期 7~9 月。

繁殖方式 种子繁殖。

用途 全草可入药，主治感冒咽痛；花入药，可治痢疾。

水苏 ▎▶ 水苏属
学名 *Stachys japonica* Miq.

别名 鸡苏、望江青、天芝麻

形态特征 多年生草本，高 20~ 80cm，有在节上生须根的根茎。茎单一，直立。茎叶长圆状宽披针形，先端微急尖，基部圆形至微心形，边缘为圆齿状锯齿，上面绿色，下面灰绿色。轮伞花序 6~8 朵花，下部花远离，上部花密集组成长 5~13cm 的穗状花序；花冠粉红或淡红紫色。小坚果卵珠状，棕褐色。

生境 生于水沟、河岸等湿地。

花果期 花期 5~7 月，果期 7 月。

繁殖方式 种子繁殖。

用途 全草或根入药，可治百日咳、扁桃体炎、咽喉炎、痢疾等症。

鼠尾草 | ▶ 鼠尾草属
学名 *Salvia japonica* Thunb.

别名 勤、山陵翘、乌草、水青、秋丹参、消炎草

形态特征 一年生草本。须根密集。茎直立，高 40~60cm，钝四棱形，具沟，沿棱上被疏长柔毛或近无毛。茎下部叶为二回羽状复叶，茎上部叶为一回羽状复叶，具短柄。轮伞花序 2~6 花，组成伸长的总状花序或分枝组成总状圆锥花序，花序顶生；苞片及小苞片披针形，全缘，先端渐尖，基部楔形，两面无毛；花冠淡红、淡紫、淡蓝至白色，长约 12mm，外面密被长柔毛，内面离基部 2.5~4mm 有斜生的疏柔毛环，冠筒直伸，冠檐二唇形。能育雄蕊 2，外伸；花柱外伸，先端不相等 2 裂，前裂片较长。小坚果椭圆形，长约 1.7mm，褐色，光滑。

生境 生于海拔 220~1100m 的山坡、路旁、荫蔽草丛，水边及林荫下。

花果期 6~9 月。

繁殖方式 播种、扦插繁殖。

用途 园林观赏。也常作厨房用香草或医疗用药草。

百里香 ▶ 百里香属
学名 *Thymus mongolicus* Ronn.

别名 地薑、千里香、地椒叶、地角花

形态特征 半灌木。茎多数，匍匐或上升。不育枝从茎的末端或基部生出，匍匐或上升，被短柔毛；花枝高（1.5）2~10cm，基部有脱落的先出叶。叶为卵圆形，长 4~10mm，宽 2~4.5mm，先端钝或稍锐尖，基部楔形或渐狭，全缘或稀有 1~2 对小锯齿，两面无毛，侧脉 2~3 对，在下面微凸起，腺点多少有些明显；叶柄明显；苞叶与叶同型。花序头状，多花或少花，花具短梗。花萼管状钟形或狭钟形，下唇较上唇长或与上唇近相等，上唇齿短，齿不超过上唇全长 1/3，三角形，具缘毛或无毛；花冠紫红、紫或淡紫、粉红色，长 6.5~8mm，被疏短柔毛，冠筒伸长，长 4~5mm，向上稍增大。小坚果近圆形或卵圆形，压扁状，光滑。

生境 生于海拔 1100~3600m 的多石山地、斜坡、山谷、山沟、路旁及杂草丛中。

花果期 6~8 月。

繁殖方式 繁殖、分株繁殖。

用途 园林、生态绿化地被植物。药用有祛风、止痛功能。也作为香料食用。

地椒 ▶ 百里香属
学名 *Thymus quinquecostatus* Celak.

别名 五脉叶、百里香、地香、花椒堆

形态特征 半灌木。茎斜上升或近水平伸展。不育枝从茎基部或直接从根茎长出，通常比花枝少；花枝多数，彼此靠近，高 3~15cm，从茎上或茎的基部长出，直立或上升，具有多数节间。叶长圆状椭圆形或长圆状披针形，长 7~13mm，稀长达 2cm，先端钝或锐尖，全缘，边外卷，两面无毛。花序头状或稍伸长成长圆状的头状花序；花梗长达 4mm，密被向下弯曲的短柔毛；花萼管状钟形，长 5~6mm，上唇稍长或近等于下唇；花冠长 6.5~7mm，冠筒比花萼短。

生境 生于海拔 600~2000 (~3500) m 的山坡石砾地或草地、河岸沙地、沙滩、石隙、石山、石墙上。

花果期 花期 6~8 月，果期 9 月。

繁殖方式 种子、分株繁殖。

用途 祛风解表、行气止痛，用于感冒、头痛、牙痛、腹胀冷痛。

薄荷 | ▶ 薄荷属
学名 *Mentha canadensis* L.

别名 野薄荷

形态特征 多年生草本。茎直立,下部数节具纤细的须根及水平匍匐根状茎,锐四棱形,具四槽,多分枝。叶片长圆状披针形、披针形、椭圆形或卵状披针形,对生。轮伞花序腋生,轮廓球形;花萼管状钟形;花冠淡紫。小坚果卵珠形,黄褐色,具小腺窝。

生境 生于水旁潮湿地,海拔可达 3500m。

花果期 花期 7~9 月,果期 10 月。

繁殖方式 种子繁殖。

用途 是中国常用中药,全草可入药,治感冒发热喉痛、头痛、目赤痛、肌肉疼痛、皮肤风疹搔痒、麻疹不透等症,此外对痈、疽、疥、癣、漆疮亦有效。幼嫩茎尖可作菜食。

留兰香 | ▶ 薄荷属
学名 *Mentha spicata* L.

别名 绿薄荷、香花菜、青薄荷、土薄荷

形态特征 多年生草本,高 40~130cm。茎直立,无毛或近于无毛,绿色,钝四棱形,具槽及条纹,不育枝紧贴地生。叶无柄或近于无柄,卵状长圆形或长圆状披针形,边缘具尖锐而不规则的锯齿,草质,上面绿色,下面灰绿色。轮伞花序生于茎及分枝顶端,呈长 4~10cm、间断但向上密集的圆柱形穗状花序;小苞片线形,长过于花萼;花萼钟形,萼齿 5,三角状披针形;花冠淡紫色,冠檐具 4 裂片,裂片近等大,上裂片微凹;子房褐色,无毛。

生境 喜湿润、喜光,适宜弱酸性土壤。

花果期 花期 7~9 月,果期 9~10 月。

繁殖方式 种子繁殖。

用途 植株含芳香油,其油称留兰香油或绿薄荷油,主用于糖果、牙膏用香料,亦供医药用。叶、嫩枝或全草亦入药,治感冒发热、咳嗽、虚劳咳嗽、伤风感冒、头痛、咽痛、神经性头痛、胃肠胀气、跌打瘀痛、目赤辣痛、鼻衄、乌疗、全身麻木及小儿疮疖。嫩枝、叶常作调味香料食用。

海州香薷 | ▶ 香薷属
学名 *Elsholtzia splendens* Nakai

别名 臭兰香

形态特征 直立草本。茎直立，黄紫色，高 30~50cm。叶卵状三角形、卵状长圆形至长圆状披针形或披针形，叶柄在茎中部，苞片近圆形或宽卵圆形。穗状花序顶生，多偏于一侧；花冠玫瑰红紫色。小坚果长圆形。

生境 生于山坡路旁或草丛。

花果期 7~8 月。

繁殖方式 种子繁殖。

用途 全草入药，性辛、微温，用于发表解暑、散湿行水，主治夏月乘凉饮冷伤暑、头痛、发热、恶寒、无汗、腹痛、吐泻等症。

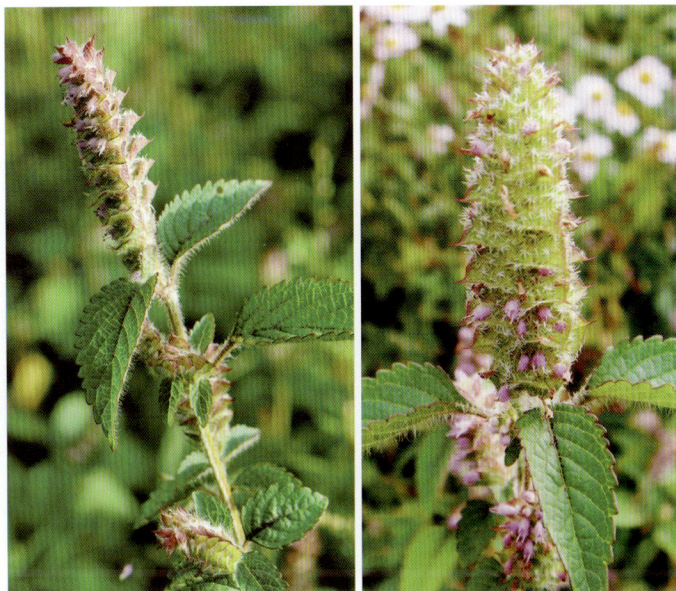

密花香薷 | ▶ 香薷属
学名 *Elsholtzia densa* Benth.

别名 咳嗽草、野紫苏、萼果香薷

形态特征 多年生草本，密生须根。茎高 20~60cm，茎直立，自基部多分枝，分枝细长，茎及枝均四棱形，具槽。叶长圆状披针形至椭圆形。轮伞花序多花密集，组成 2~6cm 长的穗状花序；花萼钟形；花冠淡紫色。小坚果。

生境 生于海拔 1100~4100m 高山草甸、林缘、林下、河边及山坡荒地。

花果期 7~8 月。

繁殖方式 种子繁殖。

用途 为秋季重要蜜源植物之一。全草入药，有治疗夏季感冒、发热无汗、中暑、急性胃炎功效。

木香薷 ▎▶ 香薷属
学名 *Elsholtzia staumtoni* Benth

别名 柴荆芥、香荆芥、山菁（荆）芥

形态特征 直立半灌木。茎高 7~17cm，上部多分枝，小枝被微柔毛。叶片披针形至椭圆状披针形，两面脉上被微柔毛，下面密布凹腺点。轮伞花序排列成顶生，疏散，近偏于一侧，长 7~13cm 的假穗状花序；苞片及小苞片披针形或条状披针形；花萼钟状，萼齿卵状披针形。花冠玫瑰紫色，长约 9mm，花冠筒内有斜向毛环，上唇直立，顶端微凹，下唇 3 裂，中裂片近圆形。小坚果椭圆形，无毛。

生境 生于海拔 700~1600m 的谷地溪边或河川沿岸，草坡及石山上。

花果期 7~10 月。

繁殖方式 种子繁殖。

用途 为中草药中常见解表药，具发汗解表、祛暑化湿、利尿清肿功能。园林用途潜力巨大。

香薷 | ▶ 香薷属
学名 *Elsholtzia ciliate* (Thunb.) Hyland.

别名 山苏子

形态特征 直立草本。茎高 30~50cm，通常自中部以上分枝，钝四棱形，被倒向疏柔毛，下部常脱落。叶片卵形或椭圆状披针形，长 3~9cm，疏被小硬毛，下面满布橙色腺点。轮伞花序多花，组成偏向一侧、顶生的假穗状花序，后者长 2~7cm，花序轴被疏柔毛；苞片宽卵圆形，多半褪色，顶端针芒状，具睫毛；花萼钟状，三角形。小坚果矩圆形。

生境 生于路旁、山坡、荒地、林内、河岸，海拔达 3400m。

花果期 花期 7~10 月，果期 10 月至翌年 1 月。

繁殖方式 种子繁殖。

用途 药用、观赏。全草入药，治急性肠胃炎、腹痛吐泻、夏秋阳暑、头痛发热、恶寒无汗、霍乱、水肿、鼻衄、口臭等症。嫩叶尚可喂猪。

蓝萼香茶菜 ▶ 香茶菜属

学名 *Rabdosia japonica* (Burm. f.) Hara var. *glaucocalyx* (Maxim.) Hara

别名 山苏子

形态特征 多年生草本。根茎木质，粗大，向下有细长的侧根。茎直立，高 0.4~1.5m，钝四棱形，多分枝，分枝具花序。茎叶对生，卵形或阔卵形，边缘有粗大具硬尖头的钝锯齿，坚纸质，上面暗绿色，下面淡绿色。圆锥花序在茎及枝上顶生，疏松而开展，由具（3）5~7 花的聚伞花序组成，聚伞花序具梗；花萼开花时钟形，外密被灰白毛茸，果时花萼管状钟形，脉纹明显，略弯曲；花冠淡紫、紫蓝至蓝色，上唇具深色斑点，冠檐二唇形，上唇反折，先端具 4 圆裂，下唇阔卵圆形，内凹。成熟小坚果卵状三棱形，长 1.5mm，黄褐色，无毛，顶端具疣状凸起。

生境 生于山坡、谷地、路旁、灌木丛中，海拔可达 2100m。

花果期 花期 7~8 月，果期 9~10 月。

繁殖方式 种子繁殖。

用途 药用，有健胃及抑菌功效。

茄 科

天仙子 ▶ 天仙子属
学名 *Hyoscyamus niger* L.

别名 莨菪

形态特征 二年生草本，高达 1m。茎生叶卵形或三角形卵形，基部半抱茎，边缘羽状浅裂或深裂。花冠聚集于苞状叶腋中，呈蝎尾式总状花序；花萼筒状钟形；花绿黄色，有紫色脉纹。蒴果。

生境 常生于山坡、路旁、住宅区及河岸沙地。

花果期 花期 6~7 月，果期 8~9 月。

繁殖方式 种子繁殖。

用途 全草可入药，为麻醉镇痛剂。

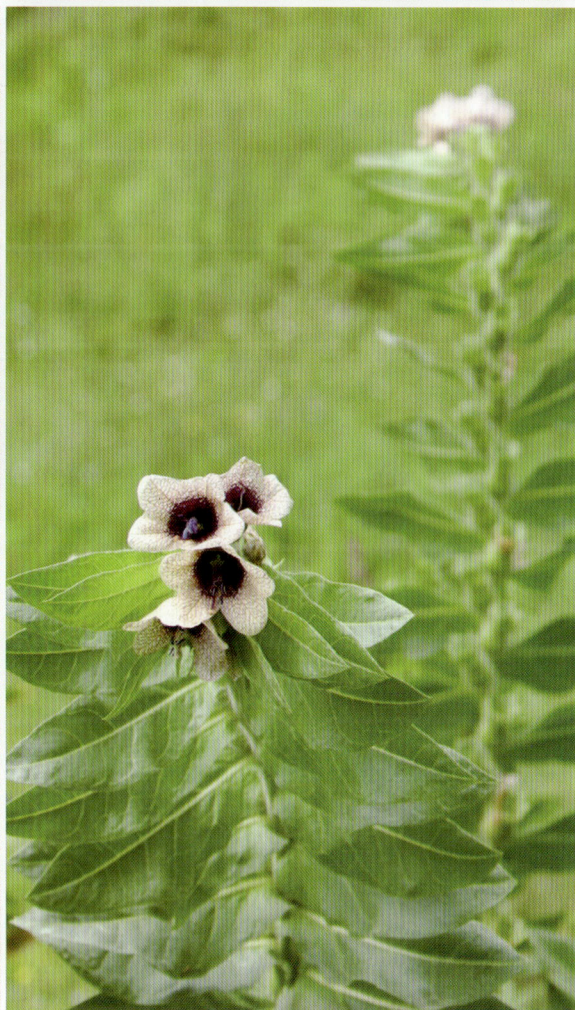

玄参科

草本威灵仙 | ▶ 腹水草属
学名 *Veronicastrum sibiricum* (L.) Pennell

别名 轮叶婆婆纳

形态特征 多年生草本。根状茎横走，长达 13cm。叶 4~6 枚轮生于茎上，矩圆形至宽条形，边缘有锐锯齿。花序顶生，长尾状；花冠紫色。蒴果。

生境 喜生于山坡灌木丛及林缘草丛中。

花果期 6~9 月。

繁殖方式 种子繁殖。

用途 全草可入药，有祛风除湿、解毒消肿、止痛止血功效。

疗齿草 | ▶ 疗齿草属
学名 *Odontites vulgaris* Moench

别名 齿叶草

形态特征 一年生草本，高 20~60cm，全体被贴伏而倒生的白色细硬毛。茎常在中上部分枝，上部四棱形。叶无柄，披针形至条状披针形，边缘疏生锯齿。穗状花序顶生；苞片下部的叶状；花萼长 4~7mm，果期多少增大，裂片狭三角形；花冠紫色、紫红色或淡红色，长 8~10mm，外被白色柔毛。蒴果长 4~7mm，上部被细刚毛。种子椭圆形，长约 1.5mm。

生境 多见于海拔 2000m 以下的湿草地。

花果期 花期 7~8 月，果期 8~9 月。

繁殖方式 播种、扦插繁殖。

用途 清热燥湿、凉血止痛，用治湿热所至的多种病症。有毒，慎用。

柳穿鱼 | ▶ 柳穿鱼属
学名 *Linaria vulgaris* Mill.

别名 欧洲柳穿鱼

形态特征 多年生草本植物。茎直立，常在上部分枝，高20~80cm。叶互生，下部轮生，线形或披针状线形。总状花序顶生，花多数，二唇形；花冠黄色，有距。蒴果卵球形。

生境 喜生于山坡湿草地、多沙草原及田野路边。

花果期 花期6~9月，果期8~10月。

繁殖方式 播种、扦插繁殖。

用途 花端雅艳丽，造型优美，整个花序犹如一群金鱼穿梭于柳林之中，故名"柳穿鱼"，是极佳的观花植物。性味，甘微苦，寒，有清热解毒、散瘀消肿作用，全草可治风湿性心脏病。

返顾马先蒿 | ▶ 马先蒿属
学名 *Pedicularis resupinata* L.

形态特征 多年生草本，高 30~70cm。根多数丛生，细长而纤维状。茎常单出，上部多分枝，粗壮而中空，多方形有棱。叶密生，互生，卵形至长圆状披针形；叶柄短。总状花序；花单生于茎枝顶端的叶腋中；花冠淡紫红色，唇状，自基部向右扭旋，呈回顾状，故名"返顾"马先蒿。蒴果斜长圆状披针形。

生境 生长于湿润草地及林缘。

花果期 花期 6~8 月，果期 7~9 月。

繁殖方式 种子繁殖。

用途 用于治疗风湿关节疼痛、小便不畅、妇女白带、疥疮等症。

红色马先蒿 | ▶ 马先蒿属
学名 *Pedicularis rubens* Steph.

形态特征 多年生草本，干时不变黑或稍稍变黑，高可逾 30cm，但有时逾 10cm 亦能开花。叶大部基生，有长柄；叶片狭长圆形至长圆状披针形，长可达 10cm 以上，二至三回全裂。花序总状，长可达 10cm 以上；苞片叶状，开裂较简单，多为一回羽状；萼长达 13mm，外面密生长白毛；花冠红色，长约 27mm，盔约与管等长，下部伸直，中部以上多少镰形弓曲，额圆形；花丝着生处有微毛，1 对上部亦有疏毛。

生境 生于山地草原中。

花果期 6~9 月。

繁殖方式 种子繁殖。

红纹马先蒿 | ▶ 马先蒿属
学名 *Pedicularis striata* Pall.

别名 黄花马先蒿

形态特征 多年生草本植物，高达 1m，直立。叶互生，叶片披针形，羽状深裂至全裂。穗状花序；花冠黄色，具绛红色脉纹，顶部盔作镰形弯曲。蒴果。

生境 生长于山坡林缘草甸及疏林中。

花果期 花期 6~7 月，果期 7~8 月。

繁殖方式 种子繁殖。

用途 全草作蒙药用，能利水涩精，主治水肿、遗精、耳鸣、口干舌燥、痈肿等症。

轮叶马先蒿 | ▶ 马先蒿属
学名 *Pedicularis verticillata* L.

形态特征 多年生草本，高 15~35cm。主根多纺锤形，一般短细。茎直立，在当年生植株中常单条，多年生常自根茎成丛发出，多达 7 条以上。茎生叶 4 枚轮生，线状披针形，羽状深裂至全裂。总状花序顶生，密集；花冠紫红色，二唇形。蒴果。

生境 生于海拔 2000m 左右亚高山湿草甸。

花果期 花期 6~8 月，果期 7~9 月。

繁殖方式 种子繁殖。

用途 为优良观花植物，也是坝上较为珍贵的野生花卉之一。适合盆栽观赏，亦可植于花坛、花境边缘。

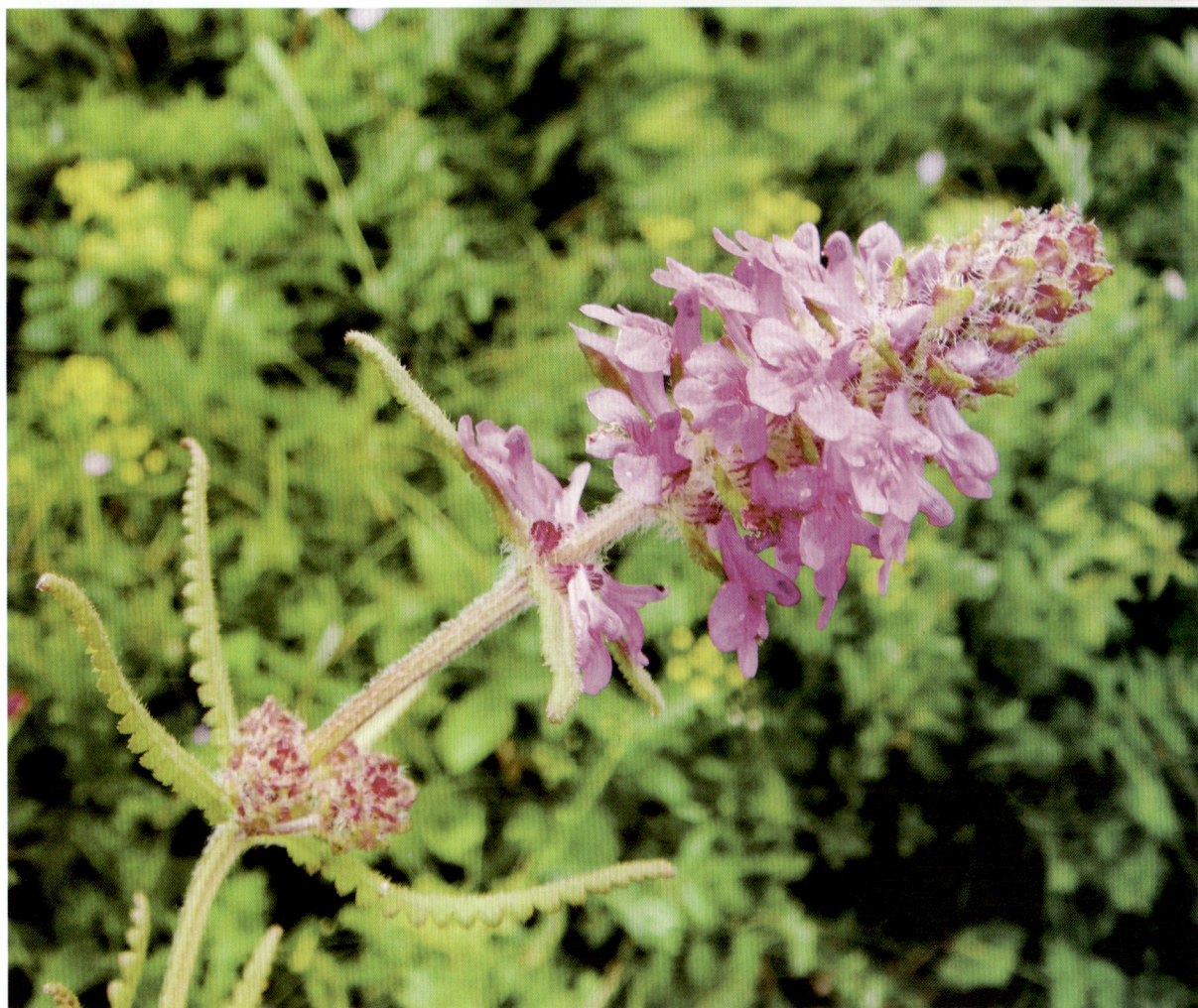

穗花马先蒿 | ▶ 马先蒿属
学名 *Pedicularis spicata* Pall.

形态特征 一年生草本植物。茎高 30~45cm，多分枝。茎轮生叶 4 枚，长圆状披针形，羽状浅裂至深裂，边缘有锯齿与尖刺。穗状花序顶生；花冠紫红色，轮生于叶腋间。蒴果。

生境 喜生于海拔 1500m 以上山地草原及干草原上。

花果期 花期 7~9 月，果期 8~10 月。

繁殖方式 种子繁殖。

用途 花形独特，花色艳丽，灿若彩霞，为优良观花植物。花可入药，有清热利尿作用。

塔氏马先蒿

▶ 马先蒿属
学名 *Pedicularis tatarinowii* Maxim.

别名 华北马先蒿

形态特征 一年生草本，高可达50cm，干时不变黑色，常多少木质化。茎单条或自根茎发出多条，直立或侧茎多少弯曲或倾卧上升，中上部多分枝。叶下部者早枯，中上部者有短柄，叶片一般长2~3.5cm，羽状全裂，裂片5~10对。花序生于茎枝之端，下部花轮有间断；花冠堇紫色，管在顶部向前膝曲，略长于萼齿，下唇长于盔，侧裂大，中裂较小，卵状圆形。蒴果长达16mm，宽达7.5mm。种皮灰白色疏松，有清晰的网纹。

生境 生于海拔2000~2300m的高山上。

花果期 7~9月。

繁殖方式 种子繁殖。

用途 园林观赏。

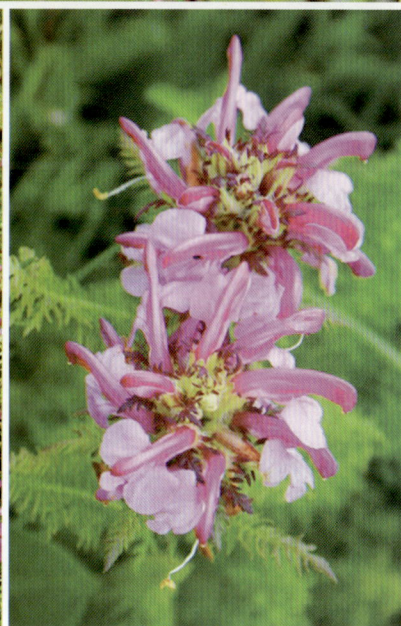

中国马先蒿 | ▶ 马先蒿属
学名 *Pedicularis chinensis* Maxim.

形态特征 一年生草本。高可达 30cm，干时不变黑。茎单出或多条，直立或弯曲上升或甚至倾卧，有深沟纹，有成行的毛或几光滑，有时上部偶有分枝。叶基出与茎生，叶片披针状长圆形至线状长圆形，羽状浅裂至半裂。花序常占植株的大部分，有时近基处叶腋中亦有花；萼管状；花冠黄色。蒴果长圆状披针形。

生境 生于海拔 1700~2900m 的高山草地中。

花果期 7~10 月。

繁殖方式 种子繁殖。

用途 园林观赏。亦可药用。

大婆婆纳 | ▶ 婆婆纳属
学名 *Veronica dahurica* Stev.

别名 灯笼草、灯笼婆婆纳

形态特征 茎单生或数支丛生，直立，高可达 1m。不分枝或稀少上部分枝，通常相当地被多细胞腺毛或柔毛。叶对生,在茎节上有一个环连接叶柄基部；叶片卵形、卵状披针形或披针形，边缘具深刻的粗钝齿，常夹有重锯齿，基部羽状深裂过半。总状花序长穗状，单生或因茎上部分枝而复出；花冠白色或粉色，长 8mm，筒部占 1/3 长，檐部裂片开展，卵圆形至长卵形；雄蕊略伸出；花柱长近 1cm。蒴果与萼近等长。

生境 生于草地、沙丘及疏林下。

花果期 花期 7~8 月，果期 8~9 月。

繁殖方式 种子繁殖。

用途 园林观赏、药用。祛风除湿、壮腰、截疟。

细叶穗花 | ▶ 穗花属
学名 *Pseudolysimachion linariifolium* (Pall. ex Link) T. Yamaz.

别名 细叶婆婆纳、水蔓菁

形态特征 多年生草本，高 30~80cm。叶全互生或下部对生，条形至条状长椭圆形。总状花序长穗状；花冠淡蓝紫色，少白色。蒴果。

生境 喜生于山坡草地及灌丛间。

花果期 6~9 月。

繁殖方式 种子繁殖。

用途 全草入药，主治风湿性腰痛、流行性感冒等症。

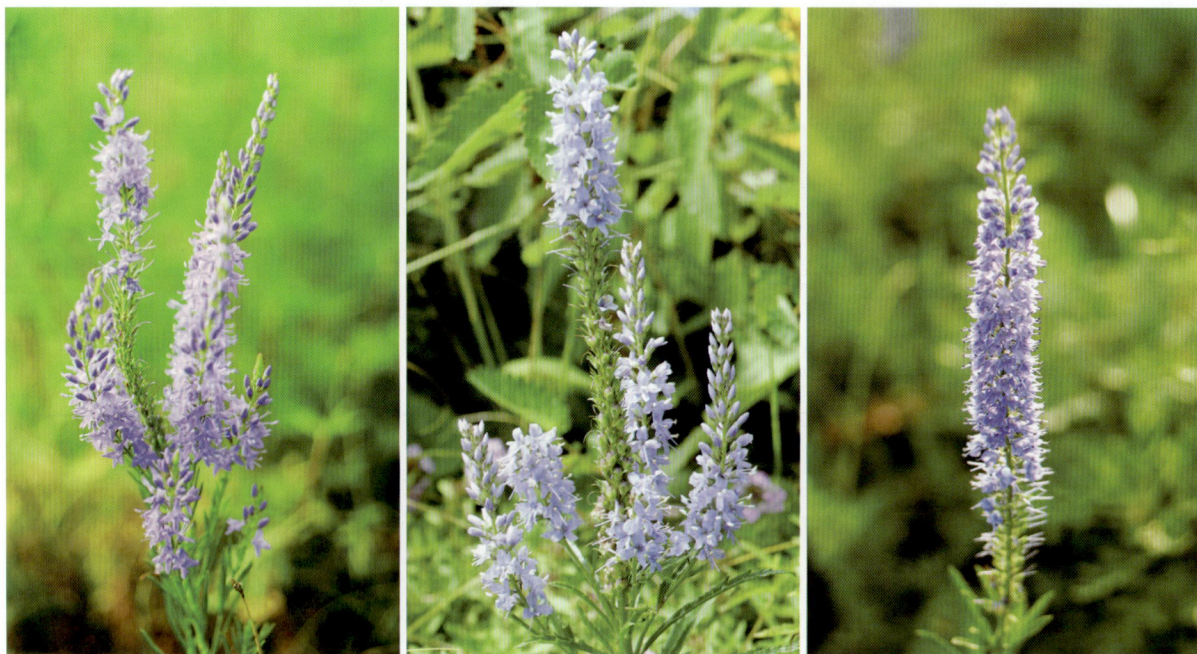

小米草 | ▶ 小米草属
学名 *Euphrasia pectinata* Ten.

别名 芒小米草、药用小米草

形态特征 一年生草本。茎高 10~30cm，不分枝或下部分枝，被白色柔毛。叶对生，宽卵形，边缘具 2~5 对锯齿。穗状花序顶生；苞片叶状；花萼管状，花冠二唇形，白色或淡紫色；花药棕色。蒴果长矩圆状。种子白色。

生境 生于阴坡草地、灌丛。

花果期 7~8 月。

繁殖方式 种子繁殖。

用途 有清热解毒、利尿作用，主治口渴、头痛、肺热咳嗽、咽喉肿痛等症。亦可饲用。

达乌里芯芭 | ▶ 芯芭属
学名 *Cymbaria dahurica* L.

别名 芯芭、大黄花

形态特征 多年生草本，高6~23cm。茎多条自根茎分枝顶部发出，成丛。叶对生，无柄，线形至线状披针形，全缘或偶有稍稍分裂。总状花序顶生，花少数，每茎约1~4朵，单生于苞腋；花冠黄色，长30~45mm，二唇形，外被白色柔毛，内面有腺点，上唇二裂，下唇三裂。蒴果革质，长卵圆形。种子卵形，一面较扁平，一面微圆凸，而略带三棱形，周围有狭翅一环。

生境 生于海拔620~1100m的干山坡与砂砾草原上。

花果期 花期6~8月，果期7~9月。

繁殖方式 种子繁殖。

用途 为中等放牧型牧草。全草可入药，能祛风湿、利尿、止血。

阴行草 | ▶ 阴行草属
学名 *Siphonostegia chinensis* Benth.

别名 刘寄奴、土茵陈、芝麻蒿、鬼麻油

形态特征 一年生草本，高30~80cm。叶对生，叶片二回羽状全裂，裂片狭线形。花对生于茎枝上部，成稀疏总状花序；花冠二唇形，上唇微带紫色，下唇黄色。蒴果。

生境 生于海拔800~3400m的山坡、草地。

花果期 花期7~8月，果期7~9月，

繁殖方式 种子繁殖。

用途 有清热利湿、凉血止血、祛瘀止痛作用，主治黄疸型肝炎、胆囊炎、小便不利、尿血、产后淤血腹痛等症。

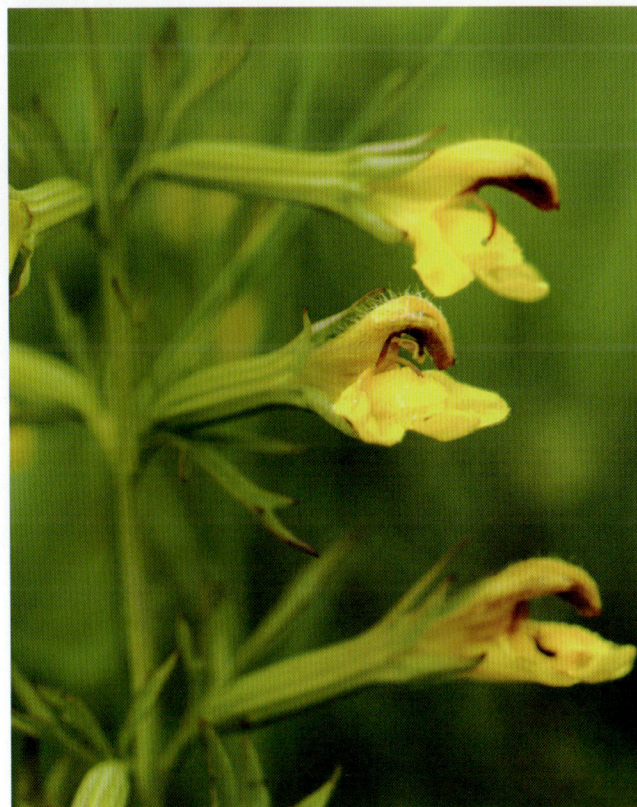

紫葳科

角蒿 | ▶ 角蒿属
学名 *Incarvillea sinensis* Lam.

别名 羊角草、萝蒿

形态特征 一年生至多年生草本。具分枝茎，高达 80cm。叶为二至三回羽状细裂；花淡玫瑰或粉红色，有时带紫色，钟状漏斗形。蒴果淡绿色，细圆柱形，顶端尾状渐尖。

生境 广布于低山坡草丛、河滩及路边田野。

花果期 花期 5~9 月，果期 9~10 月。

繁殖方式 种子繁殖。

用途 中药味辛、苦，活血止痛、解毒。蒙药味苦、微甘，止咳、止痛、润肠、通便。

列当科

黄花列当 ▶ 列当属
学名 *Orobanche pycnostachya* Hance

别名 独根草

形态特征 叶卵状披针形或披针形，干后黄褐色，连同苞片、花萼裂片和花冠裂片外面及边缘密被腺毛。花序穗状，圆柱形；花冠黄色，筒中部稍弯曲，在花丝着生处稍上方缢缩，向上稍增大；上唇2浅裂，偶见顶端微凹，下唇长于上唇，3裂，中裂片常较大，全部裂片近圆形，边缘波状或具不规则的小圆齿状牙齿；雄蕊4枚，花丝基部稍膨大并疏被腺毛，向上渐变无毛，花药长卵形，缝线被长柔毛；子房长圆状椭圆形，花柱稍粗壮，疏被腺毛，柱头2浅裂。蒴果长圆形，干后深褐色。种子多数，干后黑褐色，长圆形，表面具网状纹饰，网眼底部具蜂巢状凹点。

生境 生于海拔250~2500m的沙丘、山坡、草地。主要寄生于蒿属植物的根上。

花果期 花期4~6月，果期6~8月。

繁殖方式 寄生。

用途 全草入药，具有补肾助阳、强筋骨功能。

茜草科

北方拉拉藤 | ▶ 拉拉藤属
学名 *Galium boreale* L.

别名 砧草

形态特征 多年生直立草本,高20~65cm。茎有4棱角,无毛或有极短的毛。叶纸质或薄革质,4轮生,狭披针形或线状披针形,长1~3cm,顶端钝或稍尖,基部楔形或近圆形,边缘常稍反卷,两面无毛,边缘有微毛;基出脉3条,在下面常凸起,在上面常凹陷;无柄或具极短的柄。聚伞花序顶生和生于上部叶腋,常在枝顶结成圆锥花序,密花;花冠白色或淡黄色,直径3~4mm,辐状,花冠裂片卵状披针形。果小,直径1~2mm,果爿单生或双生,密被白色稍弯的糙硬毛。

生境 生于海拔750~3900m山坡、沟旁、草地的草丛、灌丛或林下。

花果期 花期5~8月,果期6~10月。

繁殖方式 种子繁殖。

用途 止咳祛痰、祛湿止痛,用治湿热内蕴之风湿疼,癌症。

蓬子菜 | ▶ 拉拉藤属
学名 *Galium verum* L.

别名 老鼠针、柳绒蒿、鸡肠草

形态特征 多年生近直立草本，基部稍木质，高
25~45cm。茎有 4 角棱，被短柔毛或秕糠状毛。
叶纸质，6~10 轮生，线形，无柄。雌雄同株，聚
伞花序顶生和腋生，较大，多花，通常在枝顶结
成带叶的长可达 15cm、宽可达 12cm 的圆锥花序；
花小，稠密；花冠黄色，直径约 3mm，花冠裂片
卵形或长圆形。果小，果爿双生，近球状。

生境 生于海拔 40~4000m 的山地、河滩、旷野、
沟边、草地、灌丛或林下。

花果期 花期 4~8 月，果期 5~10 月。

繁殖方式 种子繁殖。

用途 茎可提取绛红色染料。全草入药，能活血
去瘀、解毒止痒、利尿通经。

纤细拉拉藤 | ▶ 拉拉藤属
学名 *Galium tenuissimum* M. Bieb.

形态特征 一年生草本,高 30~50cm。茎直立,柔弱,常倒向地,粗糙,无毛,具 4 角棱,分枝常叉开。叶纸质,每轮 4~8 片,线形,长常约 1cm,顶端渐尖或短尖,茎部渐狭,沿边缘和在下面沿脉常具向上的刺毛,1 脉,具短柄或近无柄。聚伞花序腋生,大,疏松,纤弱,少花,分枝多;花冠淡黄色,辐状,直径 1.5~2mm,花冠裂片 4。果小,长约 1mm,直径约 1.25mm,无毛,果爿双生或单生。

生境 生于山地阳坡。

花果期 花果期夏秋 6~9 月。

繁殖方式 种子繁殖。

猪殃殃 | ▶ 拉拉藤属
学名 *Galium aparine* L. var. *btenerum* (Gren. et Gpdr.) Rchb.

别名 拉拉藤、爬拉殃、八仙草

形态特征 蔓生或攀缘状草本，植株矮小柔弱，多枝。茎有4棱角，棱上、叶缘、叶脉上均有倒生的小刺毛。叶纸质或近膜质，6~8片轮生，稀4~5片，带状倒披针形或长圆状倒披针形，顶端有针状凸尖头，基部渐狭，两面常有紧贴的刺状毛，常菱软状，干时常卷缩，1脉，近无柄。雌雄同株，聚伞花序顶生和腋生，较小，常单花；花冠黄绿色或白色，辐状，花冠裂片长圆形镊合状排列。果干燥，近球状。

生境 生于海拔20~4600m的山坡、河滩、旷野、沟边、草地、灌丛或林下。

花果期 花期3~7月，果期4~11月。

繁殖方式 种子繁殖。

用途 全草药用，清热解毒、消肿止痛、利尿、止瘀，治淋浊、尿血、跌打损伤、疖肿、中耳炎等。

茜草 | ▶ 茜草属
学名 *Rubia cordifolia* L.

别名 血茜草、血见愁、活血丹、土丹参

形态特征 草质攀缘藤木，长通常1.5~3.5m。根状茎和其节上的须根均红色。茎数至多条，从根状茎的节上发出，细长，方柱形，有4棱，棱上生倒生皮刺，中部以上多分枝。叶通常4片轮生，纸质，披针形或长圆状披针形，长0.7~3.5cm，顶端渐尖，有时钝尖，基部心形，边缘有齿状皮刺，两面粗糙。聚伞花序腋生和顶生，多回分枝，有花10余朵至数十朵；花冠淡黄色，干时淡褐色，盛开时花冠檐部直径约3~3.5mm。果球形，直径通常4~5mm，成熟时橘黄色。

生境 生于疏林、林缘、灌丛或草地上。

花果期 花期8~9月，果期10~11月。

繁殖方式 种子繁殖。

用途 可作植物染料。不可入药。

车前科

车前 | ▶ 车前属
学名 *Plantago asiatica* L.

别名 车轮草

形态特征 二年生或多年生草本。根茎短，稍粗。叶基生呈莲座状，平卧、斜展或直立；叶片薄纸质或纸质，宽卵形至宽椭圆形，长4~12cm，宽2.5~6.5cm，先端钝圆至急尖，边缘波状、全缘或中部以下有锯齿、牙齿或裂齿，两面疏生短柔毛。花序3~10个，直立或弓曲上升；花序梗长5~30cm；穗状花序细圆柱状，长3~40cm，紧密或稀疏，下部常间断；苞片狭卵状三角形或三角状披针形；花具短梗；花冠白色，无毛；雄蕊着生于冠筒内面近基部，与花柱明显外伸。蒴果纺锤状卵形、卵球形或圆锥状卵形，长3~4.5mm，于基部上方周裂。

生境 生于海拔3~3200m的草地、沟边、河岸湿地、田边、路旁或村边空旷处。分布几遍全国，但以北方为多。

花果期 花期4~8月，果期6~9月。

繁殖方式 种子繁殖。

用途 清热利尿、凉血、解毒，主治热结膀胱、小便不利、淋浊带下、暑湿泻痢、衄血、尿血、肝热目赤、咽喉肿痛、痈肿疮毒。

桔梗科

紫斑风铃草 | ▶ 风铃草属
学名 *Campanula puncatata* Lam.

别名 灯笼花、吊钟花

形态特征 多年生草本，全体被刚毛，具细长而横走的根状茎。茎直立，粗壮，高 20~100cm，通常在上部分枝。基生叶具长柄，叶片心状卵形；茎生叶下部的有带翅的长柄，上部的无柄，三角状卵形至披针形，边缘有不整齐钝齿。花顶生于主茎及分枝顶端，下垂；花冠白色，带紫斑，筒状钟形。蒴果半球状倒锥形，脉很明显。

生境 生于山地林中、灌丛及草地中。

花果期 花期 6~9 月，果期 9~10 月。

繁殖方式 种子繁殖。

用途 全草入药，性味苦、凉。清热解毒、止痛，用于咽喉炎、头痛等症。

桔梗 ▶ 桔梗属
学名 *Platycodon grandiflorus* (Jacq.) A. DC.

别名 铃当花

形态特征 多年生草本，有白色乳汁。茎高20~120cm，通常无毛，偶密被短毛，不分枝，极少上部分枝。叶全部轮生，部分轮生至全部互生，无柄或有极短的柄，叶片卵形，卵状椭圆形至披针形，基部宽楔形至圆钝，顶端急尖，边缘具细锯齿。花单朵顶生，或数朵集成假总状花序，或有花序分枝而集成圆锥花序；花萼筒部半圆球状或圆球状倒锥形，被白粉，裂片三角形，或狭三角形，有时齿状；花冠大，长1.5~4.0cm，蓝色或紫色。蒴果球状、球状倒圆锥形或倒卵状，长1~2.5cm，直径约1cm。

生境 生于海拔2000m以下的阳处草丛、灌丛中，少生于林下。

花果期 7~10月。

繁殖方式 种子繁殖。

用途 根药用，含桔梗皂甙，有止咳、祛痰、消炎（治肋膜炎）等效。

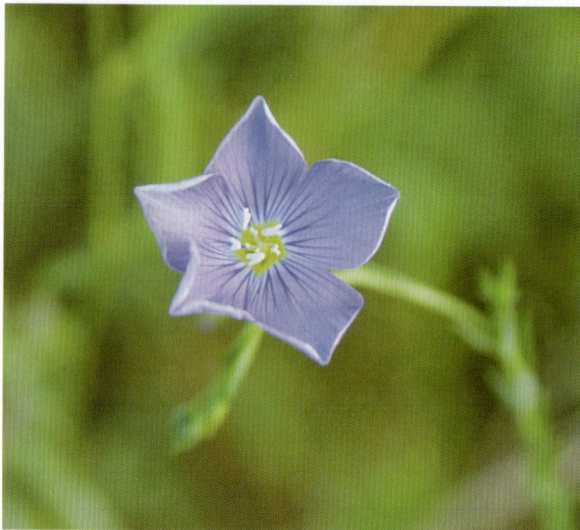

北方沙参 ▶ 沙参属
学名 *Adenophora borealis* Hong et Zhao Ye-zhi

形态特征 多年生草本。根胡萝卜状，不分枝。植株直立，茎生叶披针形至长卵形，中下部叶轮生，上部叶互生。圆锥花序；花萼全缘或具齿；花冠常紫色或蓝色；花丝下部扩大成片状；花药细长；子房下位，胚珠多数。种子椭圆状。

生境 生于海拔1400~2000m的山坡草地。

花期 花期7~8月，果期9~10月。

繁殖方式 种子繁殖。

用途 为极佳观花植物。入药有养阴清热、润肺化痰、益胃生津作用。

长柱沙参 | ▶ 沙参属
学名 *Adenophora stenanthina* (Ledeb.) Kitagawa

形态特征 多年生草本。茎常数枝丛生，高 30~80cm。基生叶心形，茎生叶从丝条状到宽椭圆形或卵形。花序无分枝，假总状花序或圆锥花序；花萼无毛，裂片钻状三角形至钻形；花冠近于筒状或筒状钟形，浅蓝色、蓝色、蓝紫色、紫色；花柱长 2~2.2mm。蒴果椭圆形。

生境 生于山地草甸草原。

花果期 花期 7~9 月，果期 9~10 月。

繁殖方式 种子繁殖。

用途 为优良观花植物。药用有养阴清热、润肺化痰、益胃生津功效。

轮叶沙参 | ▶ 沙参属
学名 *Adenophora tetraphylla* (Thunb.) Fisch.

别名 南沙参、四叶沙参

形态特征 多年生草本。茎高大，可达 1.5m，不分枝，无毛，少有毛。茎生叶 3~6 枚轮生，叶片卵圆形至条状披针形，边缘有锯齿，两面疏生短柔毛。花序狭圆锥状，花序分枝大多轮生，花蓝色或蓝紫色。蒴果球状圆锥形或卵圆状圆锥形。种子黄棕色。

生境 生于草地和灌丛中。

花果期 7~9 月。

繁殖方式 种子繁殖。

用途 可用于治疗肺热咳嗽、咳痰稠黄、虚劳久咳、咽干舌燥、津伤口渴等。

石沙参 | ▶ 沙参属
学名 *Adenophora polyantha* Nakai

形态特征 多年生草本。根胡萝卜状。茎高可达 1m。基生叶片心状肾形；茎生叶完全无柄，卵形至披针形。花序常不分枝而成假总状花序，或有短的分枝而组成狭圆锥花序；花冠紫色或深蓝色，钟状。蒴果卵状椭圆形。种子黄棕色，稍扁。

生境 生于海拔 2000m 以下开阔草坡或灌丛边。

花果期 花期 7~8 月，果期 9~10 月。

繁殖方式 种子繁殖。

用途 有养阴清热，润肺化痰功效，主治阴虚久咳、痨嗽痰血、燥咳痰少、虚热喉痹等症。

细叶沙参 | ▶ 沙参属
学名 *Adenophora paniculata* Nannf.

别名 紫沙参

形态特征 多年生草本。茎高大，无毛或被长硬毛，绿色或紫色，不分枝。基生叶心形，边缘有不规则锯齿；茎生叶条形至卵状椭圆形，全缘或有锯齿。常为圆锥花序，由多个花序分枝组成；花梗粗壮；花冠淡蓝紫色，筒状钟形。蒴果。

生境 生于海拔 1300m 以上阴坡林下或山沟较湿处。

花果期 花期 6~9 月，果期 8~10 月。

繁殖方式 种子繁殖。

用途 具滋补、祛寒热、清肺止咳作用，可治疗心脾痛、头痛、妇女白带等症。

展枝沙参 | ▶ 沙参属
学名 *Adenophora divaricata* Franch. et Sav.

形态特征 多年生草本。根胡萝卜状。茎直立，无毛或有疏柔毛。叶片菱状卵形或狭卵形至菱状圆形，叶边缘具锐锯齿。圆锥花序塔形；分枝与花轴成钝角开展，花序中部以上分枝互生，花下垂；花冠蓝紫色，钟形，常下垂。

生境 生于林下、灌丛和草地。

花果期 花期 7~8 月，果期 10 月。

繁殖方式 种子繁殖。

用途 有养阴清热、润肺化痰、益胃生津作用，主治阴虚久咳、痨嗽痰血、燥咳痰少、虚热喉痹等症。

忍冬科

鸡树条荚蒾 | ▶ 荚蒾属
学名 *Viburnum opulus* L. var. *sargentii* (Koehne) Takeda

别名 天目琼花

形态特征 落叶灌木，高 1.5~4m；树皮暗灰褐色，小枝褐色至赤褐色，具明显条棱。叶浓绿色，单叶对生，卵形至阔卵圆形，通常浅 3 裂，边缘具不整齐的大齿，上面黄绿色，无毛，下面淡绿色，脉腋有茸毛。伞形聚伞花序顶生，紧密多花，由 6~8 小伞房花序组成，能孕花在中央，外围有不孕的辐射花；花冠杯状，辐状开展，乳白色，5 裂，直径 5mm；花药紫色；不孕性花白色，直径 1.5~2.5cm，深 5 裂。核果球形，鲜红色，有臭味经久不落。

生境 生于山坡、林缘及杂木林中。

花果期 花期 5~6 月，果期 8~9 月。

繁殖方式 种子繁殖。

用途 药用，可祛风通络、活血消肿。亦可用于风景林、公园、庭院、路旁、草坪上、水边及建筑物北侧。

接骨木 | ▶ 接骨木属
学名 *Sambucus williamsii* Hance

别名 木蒴藋、续骨草、九节风

形态特征 落叶灌木或小乔木，高 5~6m。老枝淡红褐色，具明显的长椭圆形皮孔，髓部淡褐色。羽状复叶有小叶 2~3 对，有时仅 1 对或多达 5 对，侧生小叶片卵圆形、狭椭圆形至倒矩圆状披针形，边缘具不整齐锯齿。花与叶同出，圆锥形聚伞花序顶生，长 5~11cm，宽 4~14cm，具总花梗，花序分枝多成直角开展；花冠蕾时带粉红色，开后白色或淡黄色。果实红色，极少蓝紫黑色，卵圆形或近圆形。

生境 生于海拔 540~1600m 的山坡、灌丛、沟边、路旁、宅边等地。

花果期 花期 4~5 月，果熟期 9~10 月。

繁殖方式 种子繁殖。

用途 茎枝用于祛风、利湿、活血、止痛，叶用于活血、行瘀、止痛，花用于发汗、利尿。

'红王子' 锦带 | ▶ 锦带花属
学名 *Weigela florida* 'Red Prince'

形态特征 落叶灌木，高 1.5~2m。花自 4 月陆续开到 9 月，枝条开展成拱形。聚伞花序生于叶腋或枝顶；花冠漏斗状钟形，鲜红色，着花繁茂，艳丽而醒目。叶椭圆形。嫩枝淡红色（杭州地区为绿色），老枝灰褐色。

生境 喜光、耐寒、畏水涝，喜肥沃、湿润、排水良好的土壤。

花果期 5~7 月。

繁殖方式 播种、扦插、分株或压条繁殖。

用途 华北地区主要的早春花灌木，适宜庭院墙隅、湖畔群植，也可点缀假山、坡地。

六道木 | ▶ 六道木属
学名 *Abelia biflora* Turcz.

别名 六条木

形态特征 落叶灌木，高 1~3m。叶矩圆形至矩圆状披针形，全缘或中部以上羽状浅裂而具 1~4 对粗齿。花单生于小枝上叶腋，无总花梗；花冠白色、淡黄色或带浅红色，狭漏斗形或高脚碟形，4 裂，裂片圆形。果实具硬毛，冠以 4 枚宿存而略增大的萼裂片。种子圆柱形，具肉质胚乳。

生境 生于海拔 1000~2000m 的山坡灌丛、林下及沟边。

花果期 早春开花，8~9 月结果。

繁殖方式 种子繁殖。

用途 水土保持树种，或园林中栽植应用。

华西忍冬 | ▶ 忍冬属
学名 *Lonicera webbiana* Wall. ex DC.

别名 裂叶忍冬

形态特征 落叶灌木，高达 3 (~4) m。幼枝常秃净或散生红色腺，老枝具深色圆形小凸起。叶纸质，卵状椭圆形至卵状披针形，长 4~9 (~18) cm，顶端渐尖或长渐尖，基部圆、微心形或宽楔形，边缘常不规则波状起伏或有浅圆裂，有睫毛，两面有疏或密的糙毛及疏腺。花冠紫红色或绛红色，很少白色或由白变黄色，长 1cm 左右，唇形，外面有疏短柔毛和腺毛或无毛，筒甚短，基部较细，具浅囊，向上突然扩张，上唇直立，具圆裂，下唇比上唇长 1/3，反曲。果实先红色后转黑色，圆形，直径约 1cm。种子椭圆形，长 5~6mm，有细凹点。

生境 生于海拔 1800~4000m 的针阔叶混交林、山坡灌丛中或草坡上，

花果期 花期 5~6 月，果熟期 8 月中旬至 9 月。

繁殖方式 种子繁殖。

用途 药用，可活血调经，主治月经不调。

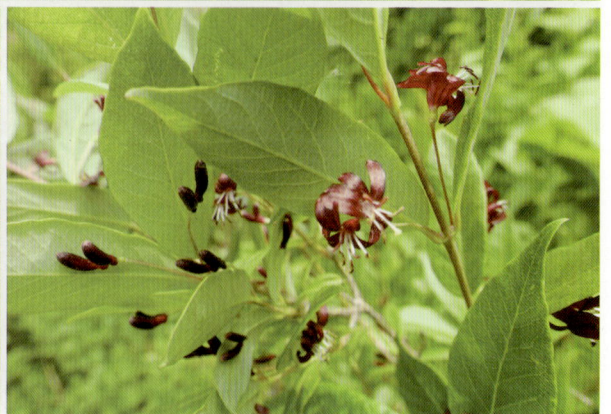

金花忍冬 | ▶ 忍冬属
学名 *Lonicera chrysantha* Turcz.

别名 黄花忍冬

形态特征 落叶灌木，高达 4m。叶菱状卵形，全缘。花冠二唇形，黄色。浆果红色。

生境 生于海拔 250~2000m 的沟谷、林下或林缘灌丛中。

花果期 花期 5~6 月，果期 7~9 月。

繁殖方式 种子繁殖。

用途 为早春开花植物，花姿艳丽，香气袭人，果如玛瑙，晶莹红润，观花、观果俱佳。

金银忍冬 | ▶ 忍冬属
学名 *Lonicera maackii* (Rupr.) Maxim.

别名 金银木

形态特征 落叶灌木，高达 6m。茎干直径达 10cm。叶纸质，形状变化较大，通常卵状椭圆形至卵状披针形，稀矩圆状披针形或倒卵状矩圆形，更少菱状矩圆形或圆卵形。花芳香，生于幼枝叶腋；花冠先白色后变黄色，长 (1~) 2cm，唇形。果实暗红色，圆形。种子具蜂窝状微小浅凹点。

生境 生于林中或林缘溪流附近的灌木丛中，海拔达 1800m（云南和西藏达 3000m）。

花果期 花期 5~6 月，果期 8~10 月。

繁殖方式 扦插、播种繁殖。

用途 花果并美，具有较高的观赏价值。全株可药用，具有提高免疫力、解热、抗炎等功效。

忍冬 | ▶ 忍冬属
学名 *Lonicera japonica* Thunb.

别名 金银花、金银藤

形态特征 半常绿缠绕藤本。茎皮条状剥落，小枝中空，幼枝暗红色。叶卵形至矩圆状卵形，稀倒卵形，长3~5 (~9.5) cm，全缘。花冠二唇形，长3~4cm，上唇具4裂片，下唇狭长而反卷；初开白色，后变黄色；雄蕊和花柱伸出花冠外。浆果球形，蓝黑色。

生境 适应性强，喜光、稍耐阴，耐寒、耐旱和水湿，对土壤要求不严，以湿润、肥沃、深厚的沙壤土生长最好。

花果期 花期4~6月，果期10~11月。

繁殖方式 播种、扦插、压条、分株繁殖。

用途 花入药，清热解毒、消炎。

唐古特忍冬 | ▶ 忍冬属
学名 *Lonicera tangutica* Maxim.

别名 四川忍冬、五台金银花、五台忍冬

形态特征 落叶灌木，高达3m。幼枝有时带紫红色，小枝灰黑色或灰褐色，纤细，无毛。叶纸质，倒卵形至倒披针形或宽椭圆形至矩圆形，顶端钝圆或有小凸尖，基部楔形，长0.5~2.8cm，无毛，下面绿白色。总花梗生于幼枝基部叶腋，长2~5 (~20) mm；相邻两萼筒2/3至全部合生，长1.5~2mm，无毛；花冠白色、淡黄绿色或黄色，有时带紫红色，筒状或筒状漏斗形，长8~13mm，基部一侧具囊或稍肿大，裂片卵形或圆卵形，长1.5~2.5mm。果实红色，圆形，直径5~6mm。种子淡褐色，矩圆形，长约3mm。

生境 生于海拔2150~3800m的山坡或山顶的冷杉或云杉林中和林缘及灌丛中。

花果期 花期4~6月，果期6~8月。

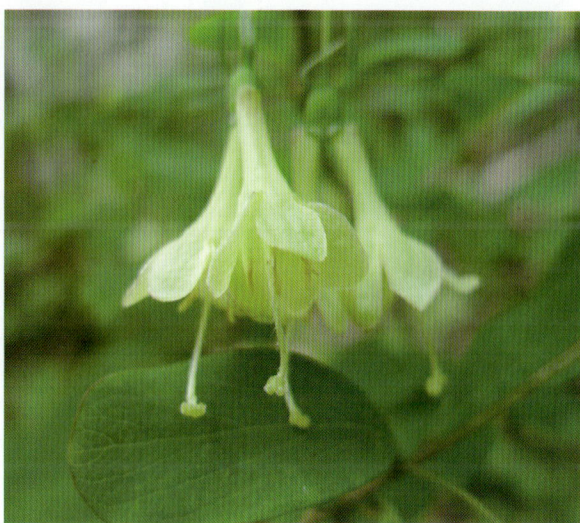

繁殖方式 播种繁殖。

用途 根及根皮用于子痈。枝条(去皮)用于气滞、疮疖、痈肿。花蕾清热解毒，截疟。

紫花忍冬 | ▶ 忍冬属
学名 *Lonicera maximowiczii* (Rupr.) Regel

别名 紫枝忍冬、麦氏忍冬

形态特征 落叶灌木，高达 2m。幼枝紫褐色，有疏柔毛，后变为无毛。叶纸质，卵形至卵状矩圆形或卵状披针形，顶端尖至渐尖，基部圆形。花成对生于叶腋；花冠紫红色，唇形。果实红色，卵圆形，顶锐尖。种子淡黄褐色，矩圆形。

生境 生于海拔 800~1800m 林中或林缘。

花果期 花期 6~7 月，果期 8~9 月。

繁殖方式 种子、扦插、压条繁殖。

用途 适宜在小庭园、草坪边缘、道路两侧和假山前后作为点缀。

川续断科

川续断 | ▶ 川续断属
学名 *Dipsacus asper* Wallich ex C. B. Clarke

别名 川续断然、刺芹儿

形态特征 多年生草本，高达2m。主根1条或在根茎上生出数条，圆柱形，黄褐色，稍肉质。茎中空，具6~8条棱，棱上疏生下弯、粗短的硬刺。基生叶稀疏丛生，叶片琴状羽裂，茎生叶在茎之中下部为羽状深裂；基生叶和下部的茎生叶具长柄，向上叶柄渐短，上部叶披针形，不裂或基部3裂。头状花序球形，直径2~3cm；总花梗长达55cm；总苞片5~7枚，叶状，披针形或线形，被硬毛；小苞片倒卵形，具长3~4mm的喙尖，喙尖两侧密生刺毛或稀疏刺毛，稀被短毛；小总苞四棱倒卵柱状，每个侧面具两条纵沟；花冠淡黄色或白色，花冠管长9~11mm，顶端4裂。瘦果长倒卵状。

生境 生于沟边、草丛、林缘和田野路旁。

花果期 花期7~9月，果期9~11月。

繁殖方式 种子繁殖。

用途 根入药，有行血消肿、生肌止痛、续筋接骨、补肝肾、强腰膝、安胎的功效。

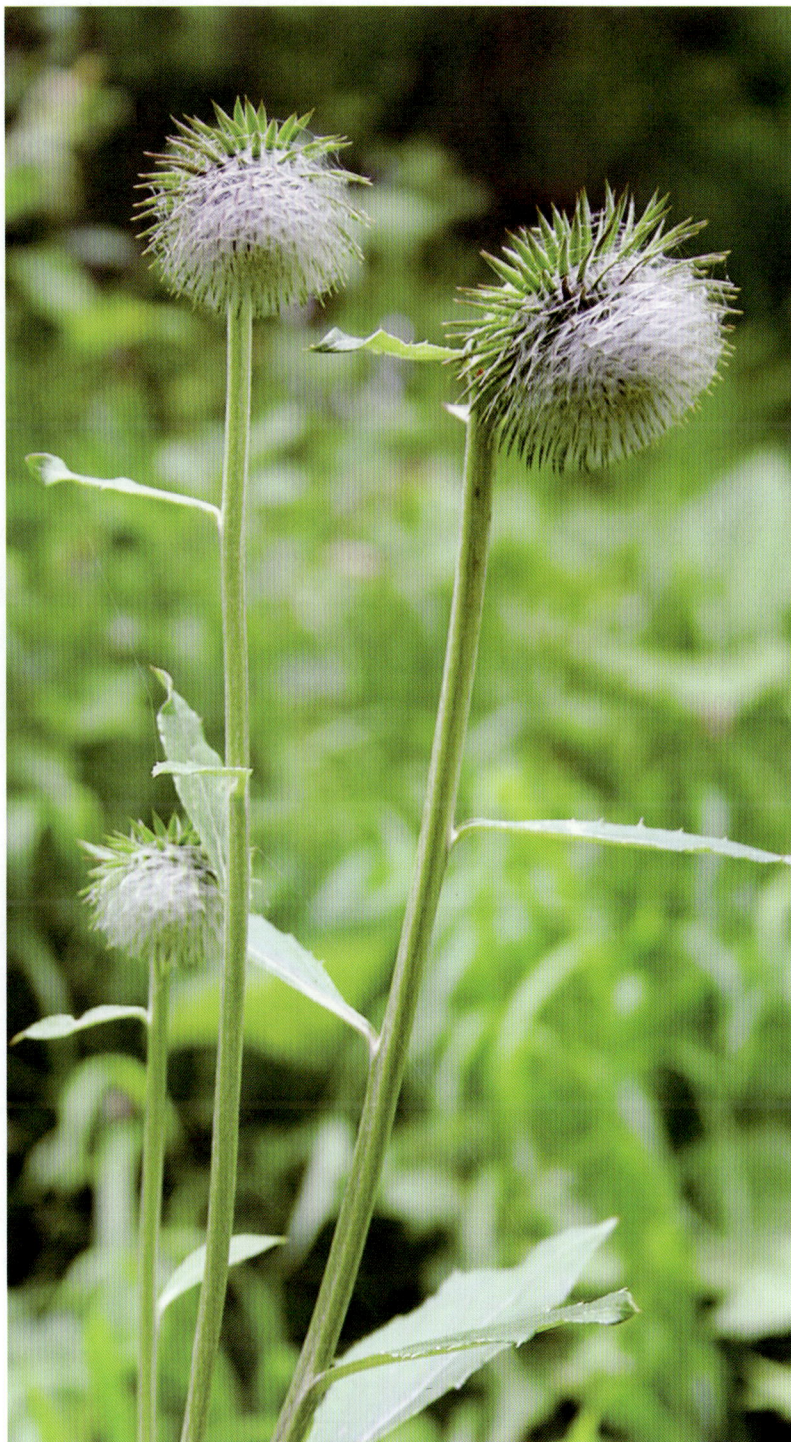

华北蓝盆花 | ▶ 蓝盆花属
学名 *Scabiosa tschiliensis* Grun.

别名 山萝卜

形态特征 多年生草本，高30~60cm。茎自基部分枝，具白色卷伏毛。根粗壮，木质。基生叶簇生，叶片卵状披针形或窄卵形至椭圆形，有疏钝锯齿或浅裂片，茎生叶对生，羽状深裂至全裂，侧裂片披针形。头状花序在茎上部成三出聚伞状，花时扁球形，具总苞；边花花冠二唇形，蓝紫色；中央花筒状，紫色。瘦果椭圆形。

生境 生于海拔300~1500m的山坡草地或荒坡上。

花果期 花期7~8月，果期8~9月。

繁殖方式 种子繁殖。

用途 药用、观赏。根、花入药，甘、微苦，凉。清热泻火，用于肝火头痛、发烧、肺热咳嗽。

窄叶蓝盆花 | ▶ 蓝盆花属
学名 *Scabiosa comosa* Fisch. ex Roem. et Schult.

别名 细叶山萝卜

形态特征 多年生草本，高 30~80cm。茎直立，黄白色或带紫色，具棱。基生叶成丛，叶片轮廓窄椭圆形，羽状全裂，裂片线形；茎生叶对生，基部连接成短鞘，抱茎，叶片轮廓长圆形，一至二回狭羽状全裂，裂片线形。头状花序单生或 3 出；花冠蓝紫色，外面密生短柔毛，中央花冠筒状，先端 5 裂，裂片等长，边缘花二唇形。瘦果长圆形，顶端冠以宿存的萼刺。

生境 生于海拔 500~1600m 的干燥沙质地、沙丘、干山坡及草原上。

花果期 花期 7~8 月，果期 9 月。

繁殖方式 种子繁殖。

用途 花序入药，药味甘、微苦，性凉，清热泻火。

败酱科

败酱 | ▶ 败酱属
学名 *Patrinia scabiosaefolia* Fisch. ex Trev.

别名 黄花龙牙、山芝麻、野黄花

形态特征 多年生草本，高 30~100 (~200) cm。根状茎横卧或斜生。茎直立，黄绿色至黄棕色。基生叶丛生，花时枯落；茎生叶对生，宽卵形至披针形，常羽状深裂或全裂，具 2~3 (~5) 对侧裂片，顶生裂片卵形、椭圆形或椭圆状披针形。花序为聚伞花序组成的大型伞房花序，顶生，具5~6 (7) 级分枝；花小，花冠钟形，黄色。瘦果长圆形，长 3~4mm，具 3 棱。

生境 常生于海拔 (50~) 400~2100 (~2600) m 的山坡林下、林缘和灌丛中以及路边、田埂边的草丛中。

花果期 7~9 月。

繁殖方式 种子繁殖。

用途 清热解毒、消肿排脓、活血祛瘀，治慢性阑尾炎，疗效极显。幼苗嫩叶可食用。

糙叶败酱 | ▶ 败酱属
学名 *Patrinia scabra* Bunge

形态特征 多年生草本，高 20~40cm。茎丛生，茎上部多分枝，分枝处有节纹。叶对生，革质，较坚挺，羽状分裂，有牙齿，顶端裂片较侧裂片略大，叶缘及叶面被毛。聚伞花序顶生，呈伞房状排列；花冠直径 5~6.5mm，黄色，花冠合瓣，5裂。瘦果具长达 8mm 的果苞，有具 2 条主脉的网纹。种子位于中央。

生境 生于海拔 (250~) 500~1700 (~2340) m 的草原带、森林草原带的石质丘陵坡地石缝或较干燥的阳坡草丛中。

花果期 花期 7~8 月，果期 8~9 月。

繁殖方式 种子繁殖。

用途 花序较大，可群植作观赏植物。

异叶败酱 | ▶ 败酱属
学名 *Patrinia heterophylla* Bunge

别名 墓头回

形态特征 多年生草本,高 30~80cm。根状茎较长,横走。茎直立。茎生叶对生,茎下部叶常 2~3 对羽状全裂;中部叶常具 1~2 对侧裂片,具圆齿;上部叶较窄,近无柄。花黄色,组成顶生伞房状聚伞花序。瘦果长圆形或倒卵形,分为不育子室和能育子室;翅状果苞干膜质,倒卵形、倒卵状长圆形或倒卵状椭圆形。

生境 生于海拔 (300~) 800~2100 (~2600) m 的山地岩缝中、草丛中、路边、沙质坡或土坡上。

花果期 花期 7~9 月,果期 8~10 月。

繁殖方式 种子繁殖。

用途 根含挥发油。根茎和根供药用,药名"墓头回",能燥湿、止血,主治崩漏、赤白带、子宫糜烂、早期宫颈癌。

缬草 | ▶ 缬草属
学名 *Valeriana officinalis* L.

别名 欧缬草、香草

形态特征 多年生高大草本，高可达 100~150cm。根状茎粗短呈头状，须根簇生。茎中空，有纵棱。匍枝叶、基出叶和基部叶在花期常凋萎；茎生叶卵形至宽卵形，羽状深裂，裂片 7~11。花序顶生，成伞房状三出聚伞圆锥花序；花冠淡紫红色或白色，长 4~5 (~6) mm，花冠裂片椭圆形，雌雄蕊约与花冠等长。瘦果长卵形，长约 4~5mm，基部近平截，光秃或两面被毛。

生境 生于海拔 2500m 以下的山坡草地、林下、沟边，在西藏可分布至海拔 4000m。

花果期 花期 5~7 月，果期 6~10 月。

繁殖方式 种子繁殖。

用途 药用、观赏。根茎及根供药用，可驱风、镇痉，治心神不安、胃弱、腰痛、月经不调、跌打损伤。亦可作为膳食补充剂。

小檗科

黄芦木 | ▶ 小檗属
学名 *Berberis amurensis* Rupr.

别名 阿穆尔小檗

形态特征 落叶灌木，高 2~3.5m。老枝淡黄色或灰色，稍具棱槽，无疣点。茎刺三分叉，稀单一，长 1~2cm。叶纸质，倒卵状椭圆形、椭圆形或卵形，长 5~10cm，宽 2.5~5cm，先端急尖或圆形，基部楔形，上面暗绿色，中脉和侧脉凹陷，网脉不显，背面淡绿色，无光泽，中脉和侧脉微隆起，网脉微显，叶缘平展，每边具 40~60 细刺齿；叶柄长 5~15mm。总状花序具 10~25 朵花，长 4~10cm，无毛，总梗长 1~3cm；花黄色；萼片 2 轮，内、外萼片倒卵形；花瓣椭圆形，长 4.5~5mm，宽 2.5~3mm，先端浅缺裂，基部稍呈爪，具 2 枚分离腺体。浆果长圆形，长约 10mm，直径约 6mm，红色，顶端不具宿存花柱，不被白粉或仅基部微被霜粉。

生境 生于海拔 1100~2850m 的山地灌丛中、沟谷、林缘、疏林中、溪旁或岩石旁。

花果期 花期 4~5 月，果期 8~9 月。

繁殖方式 种子、扦插繁殖。

用途 根皮和茎皮含小檗碱，供药用，有清热燥湿、泻火解毒的功能。

菊 科

蚂蚱腿子 | ▶ 蚂蚱腿子属
学名 *Myripnois dioica* Bunge

别名 万花木

形态特征 落叶小灌木,高 60~80cm。枝多而细直,呈帚状,具纵纹。叶片纸质,生于短枝上的椭圆形或近长圆形,生于长枝上的阔披针形或卵状披针形,顶端短尖至渐尖,基部圆或长楔尖,全缘;中脉两面均凸起,侧脉极纤弱,通常仅于基部的 1 对较明显。头状花序,单生于侧枝之顶;总苞钟形或近圆筒形,总苞片 5 枚;花雌性和两性异株,先叶开放;雌花花冠紫红色,两性花花冠白色;雌花花柱分枝外卷,顶端略尖,两性花的子房退化;雌花冠毛丰富,多层,浅白色,长约 10mm,两性花的冠毛少数,2~4 条,雪白色,长 7~8mm。瘦果纺锤形,密被毛。

生境 生于海拔约 400m 的山坡或林缘路旁。

花果期 花期 5 月,果期 6~7 月。

繁殖方式 种子繁殖。

用途 观赏植物,适于冷凉地区栽植观赏,可用于基础种植或作疏林下木。

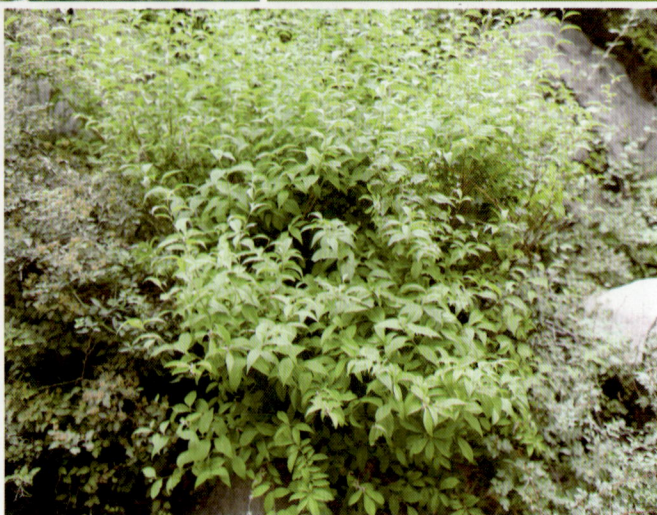

蓝刺头 | ▶ 蓝刺头属
学名 *Echinops sphaerocephalus* L.

别名 蓝星球

形态特征 多年生草本，高 50~150cm。茎单生。基部和下部茎叶全形宽披针形，羽状半裂，侧裂片 3~5 对，三角形或披针形，边缘刺齿，顶端针刺状渐尖，向上叶渐小，与基生叶及下部茎叶同形并等样分裂；全部叶质地薄，纸质，两面异色，上绿色下灰白色。复头状花序单生茎枝顶端，直径 4~5.5cm；全部苞片 14~18 枚；小花淡蓝色或白色；花冠 5 深裂，裂片线形，花冠管无腺点或有稀疏腺点。瘦果倒圆锥状，长约 7mm，被黄色的稠密顺向贴伏的长直毛。

生境 生于山坡林缘或渠边。

花果期 8~9 月。

繁殖方式 种子繁殖。

用途 为良好夏花型宿根花卉，用于园林绿化观赏，前景广阔。亦为优良蜜源植物。具有一定药用价值。

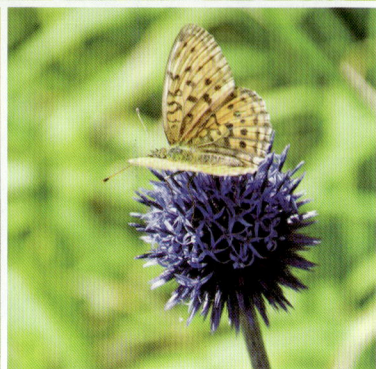

苍术 ▶ 苍术属
学名 *Atractylodes lancea* (Thunb.) DC.

别名 赤术、枪头菜

形态特征 多年生草本。根状茎平卧或斜升。茎直立，高（15~20）30~100cm，单生或少数茎成簇生，下部或中部以下常紫红色。叶形变化大，有时卵状披针形至椭圆形，边缘有刺状锯齿，有时羽状深裂或半裂，质地硬，硬纸质，两面同色，绿色，无毛。头状花序顶生；总苞钟状；花冠筒状，白色或稍带红色。瘦果有柔毛。

生境 生于野生山坡草地、林下、灌丛及岩缝隙中。

花果期 6~10月。

繁殖方式 种子繁殖。

用途 根状茎入药，为运脾药，性味苦、温，辛烈，有燥湿、化浊、止痛之效。

草地风毛菊 ▶ 风毛菊属
学名 *Saussurea amara* (L.) DC.

别名 驴耳风毛菊、羊耳朵

形态特征 多年生草本，高达60cm。茎直立，分枝或不分枝，近无毛。基生叶和下部叶有长柄，叶片披针状长椭圆形、椭圆形、长圆状椭圆形或长披针形；中上部叶渐小，有短柄或无柄。头状花序较多数，在茎和枝端排成伞房状或伞房圆锥花序；小花淡紫色。瘦果矩圆形。

生境 生于海拔510~3200m的荒地、路边、森林草地、山坡、草原、盐碱地、河堤、沙丘、湖边及水边。

花果期 7~10月。

繁殖方式 种子繁殖。

用途 药用类植物，全草入药，性味苦、寒，可清热解毒、消肿，用于瘰疬、疔腮、疔肿。

风毛菊 | ▶ 风毛菊属
学名 *Saussurea japonica* (Thunb.) DC.

别名 八楞麻、三棱草

形态特征 二年生草本，高 50~150（200）cm。茎直立，基部直径 1cm，通常无翼，极少有翼，被稀疏的短柔毛及金黄色的小腺点。基生叶与下部茎叶有叶柄，有狭翼，叶片全形椭圆形、长椭圆形或披针形，羽状深裂；中部茎叶与基生叶及下部茎叶同形并等样分裂，但渐小，有短柄；上部茎叶与花序分枝上的叶更小，羽状浅裂或不裂，无柄。头状花序多数，在茎枝顶端排成伞房状或伞房圆锥花序，有小花梗。总苞圆柱状，总苞片 6 层；小花紫色。瘦果深褐色，圆柱形，长 4~5mm；冠毛白色。

生境 生于海拔 200~2800m 的山坡、山谷、林下、山坡路旁、山坡灌丛、荒坡、水旁及田中。

花果期 6~11 月。

繁殖方式 种子繁殖。

用途 全草入药，主治风湿痛、腰腿痛、跌打损伤等症。亦可用于园林绿化。

京风毛菊 | ▶ 风毛菊属
学名 *Saussurea chinnampoensis* Levl. et Vaniot

形态特征 一年生或二年生草本，高 10~60cm。茎单生，自基部分枝，分枝直立。叶片质地厚，线形、线状长椭圆形、倒披针形、长椭圆状披针形或线状披针形，边缘全缘，反卷，两面粗糙，无毛。头状花序单生茎端，少数于茎顶排成伞房花序或圆锥花序，有小花梗；花苞钟状；小花淡紫色。瘦果圆柱状。

生境 生于海拔 1200m 的沼泽地、草甸、潮湿地。

花果期 7~8 月。

繁殖方式 种子繁殖。

用途 用于花丛、花境及林缘地被植物。

林风毛菊 | ▶ 风毛菊属
学名 *Saussurea sinuata* Kom.

形态特征 多年生草本，高约60cm。茎直立，有棱，无毛，上部有伞房圆锥状或圆锥状分枝。基生叶及下部茎叶脱落；中部茎叶有叶柄，叶片长三角状心形、三角状卵形或卵形，边缘有稀疏的锯齿或大锯齿，或浅裂或半裂；上部茎叶与中部茎叶类似，但较小，有短柄；花序枝叉上的叶线形或钻形，全部叶质地较软，两面绿色，无毛。头状花序在茎枝顶端排列成疏松的伞房花序或圆锥花序；总苞倒圆锥状，总苞片5层；小花紫红色。瘦果圆柱形，长4mm；冠毛污白色。

生境 生于山坡林下。

花果期 9月。

繁殖方式 种子繁殖。

用途 可用作山坡林下种植绿化。

蒙古风毛菊 | ▶ 风毛菊属
学名 *Saussurea mongolica* (Franch.) Franch.

形态特征 多年生草本。上部分枝。叶卵状三角形，下半部羽状浅裂至深裂，上半部边缘具粗齿。头状花序，多数在茎顶密集成伞房状；总苞片先端无附属物，长渐尖，常反折；花紫红色。瘦果圆柱形。

生境：生于灌丛下、林缘、山坡、山坡草甸、山坡林中。

花期 花期7~8月，果期8~10月

用途 可用于园林绿化的花丛、花境或林缘地被植物。

小花风毛菊 ▶ 风毛菊属
学名 *Saussurea parviflora* (Poir.) DC.

形态特征 多年生草本，高 30~100cm。茎直立，上部伞房花序状分枝，有狭翼，被稀疏的短柔毛或无毛。基生叶花期凋落；下部茎叶椭圆形或长圆状椭圆形，边缘有锯齿；中部茎叶披针形或椭圆状披针形；上部茎叶渐小，披针形或线状披针形，无柄，基部渐狭，顶端渐尖，全部叶上面绿色，无毛或被微毛，下面灰绿色，无毛或被微毛。头状花序多数，在茎枝顶端排列成伞房状花序；总苞钟状，总苞片 5 层；小花紫色。瘦果长 3mm；冠毛白色。

生境 生于海拔 1600~3500m 的山坡阴湿处、山谷灌丛中、林下或石缝中。

花果期 7~9 月。

繁殖方式 种子繁殖。

用途 园林绿化。

乌苏里风毛菊 ▶ 风毛菊属
学名 *Saussurea ussuriensis* Maxim.

别名 猪耳朵菜

形态特征 多年生草本，高 30~100cm。根状茎横生，具多数褐色不定根。茎直立，有纵棱。叶卵形、宽卵形、长圆状卵形、三角形或椭圆形，顶端长或短渐尖，基部心形、戟形或截形，边缘有粗锯齿、细锯齿或羽状浅裂，两面绿色。头状花序在茎枝顶端排列成伞房状花序；小花紫红色。瘦果浅褐色。

生境 生于海拔 1100~1900m 山坡草地、林下及河岸边。

花果期 7~9 月。

繁殖方式 种子繁殖。

用途 性辛、温，有祛寒、散瘀、镇痛作用，用于感冒头痛、关节痛、劳伤的治疗。

银背风毛菊 | ▶ 风毛菊属
学名 *Saussurea nivea* Turcz.

形态特征 多年生草本，高 30~120cm。茎直立，被稀疏蛛丝毛或后脱毛。基生叶花期脱落，下部与中部茎叶有长柄，叶片披针状三角形、心形或戟形。头状花序在茎枝顶端排列成伞房花序，有线形苞叶；小花紫色。瘦果圆柱状，褐色。

生境 生于山坡林缘、林下及灌丛。

花果期 7~8 月。

繁殖方式 种子繁殖。

用途 为优良观花植物，可用于花坛、花境、专类园。

紫苞雪莲 ▶ 风毛菊属

学名 *Saussurea iododtegia* Hance.

别名 紫苞风毛菊

形态特征 多年生草本，高 30~70cm。根状茎横走。茎直立，带紫色，被稀疏或稠密的白色长柔毛。基生叶线状长圆形，顶端渐尖或长渐尖；茎生叶向上渐小，披针形或宽披针形，顶端渐尖，无柄，基部半抱茎，边缘有稀疏的细齿；最上部茎叶苞叶状，膜质，紫色，椭圆形或宽椭圆形，包围总花序。头状花序 4~7 个，在茎顶密集成伞房状总花序；小花紫色，长 1.3cm，管部长 6mm，檐部长 7mm。瘦果长圆形，淡褐色。

生境 生于海拔 1750~3300m 的山坡草地、山地草甸、林缘、盐沼泽。

花果期 7~9 月。

繁殖方式 种子繁殖。

用途 为低等饲料植物，返青早，适口性好。亦可用作园林观赏。

牛蒡 ▶ 牛蒡属
学名 *Arctium lappa* L.

别名 大力子、牛蒡子

形态特征 二年生草本，具粗大的肉质直根。茎直立，高达 2m，粗壮，全部茎枝被稀疏的乳突状短毛及长蛛丝毛并混杂以棕黄色的小腺点。基生叶宽卵形，边缘稀疏的浅波状凹齿或齿尖，基部心形，两面异色，上绿色，下灰白色或淡绿色，叶柄灰白色；茎生叶与基生叶同型或近同型，具等样的及等量的毛被；接花序下部的叶小，基部平截或浅心形。头状花序多数或少数在茎枝顶端排成疏松的伞房花序或圆锥状伞房花序；总苞卵形或卵球形，总苞片多层，多数，全部苞近等长，顶端有软骨质钩刺；小花紫红色。瘦果倒长卵形或偏斜倒长卵形，浅褐色，有深褐色的色斑或无色斑。冠毛多层，浅褐色，冠毛刚毛糙毛状，不等长。

生境 生于海拔 750~3500m 的山坡、山谷、林缘、林中、灌木丛中、河边潮湿地、村庄路旁或荒地。

花果期 6~9 月。

繁殖方式 种子繁殖。

用途 具有降血糖、降血脂、降血压，治疗失眠，提高人体免疫力等功效。

山牛蒡

▶ 牛蒡属
学名 *Synurus deltoids* (Ait.) Nakai

别名 刺球菜

形态特征 多年生草本，高 0.7~1.5m。根状茎粗。茎直立，单生，粗壮，上部分枝或不分枝，全部茎枝粗壮，有条棱，灰白色。基部叶与下部茎叶有长叶柄，叶片心形、卵形、宽卵形、卵状三角形或戟形，不分裂，边缘有三角形或斜三角形粗大锯齿，向上的叶渐小；全部叶两面异色，上面绿色，下面灰白色。头状花序大，下垂，总苞球形；总苞片多层多数，向内层渐长，全部苞片上部长渐尖，中外层平展或下弯；小花全部为两性，管状；花冠紫红色，花冠裂片不等大，三角形。瘦果长椭圆形，浅褐色，顶端截形，有果缘；果缘边缘细锯齿，侧生着生面；冠毛褐色，多层，不等长，冠毛刚毛糙毛状。

生境 生于海拔 550~2200m 的山坡林缘、林下或草甸。

花果期 6~10 月。

繁殖方式 种子繁殖。

用途 园林绿化。花入药，可治老鼠疮。

火媒草

▶ 蝟菊属
学名 *Olgaea leucopluylla* (Turcz.) Iljin.

别名 鳍蓟

形态特征 多年生草本，高 15~80cm。茎直立，粗壮，基部直径达 7mm，全部茎枝灰白色，被稠密的蛛丝状绒毛。基部茎叶长椭圆形，或稍明显羽状浅裂，或边缘三角形大刺齿或浅波状刺齿而不呈明显的羽状分裂；全部裂片及刺齿顶端及边缘有褐色或淡黄色的针刺。茎生叶与基生叶同形或椭圆形、椭圆状披针形，但较小，等样分裂或不裂，裂片及刺齿顶端及边缘具等样针刺；上部及接头状花序下部的叶更小，椭圆形、披针形或长三角形。头状花序多数或少数单生茎枝顶端，不形成明显的伞房花序式排列；总苞钟状，总苞片多层，多数，不等长；小花紫色或白色。瘦果长椭圆形，稍压扁，浅黄色，有棕黑色色斑；冠毛浅褐色。

生境 生于海拔 750~1730m 的草地、农田或水渠边。

花果期 5~10 月。

繁殖方式 种子繁殖。

用途 饲用、药用。

蝟菊 ▶ 蝟菊属
学名 *Olgaea lomonosowii* (Trautv.) Iljin.

别名 猬菊

形态特征 多年生草本，高 15~60cm。茎单生，基部直径达 1cm，被棕褐色残存的叶柄，通常自基部或下部分枝，分枝伸长，开展或斜升，很少不分枝，全部茎枝有条棱，灰白色，被密厚绒毛或变稀毛。基生叶长椭圆形，长 8~20cm，羽状浅裂或深裂，向基部渐狭成长或短叶柄，柄基扩大；下部茎叶与基生叶同型并等样分裂；向上及接头状花序下部的叶渐小，椭圆形、长椭圆形、披针形至长三角形，渐不裂。头状花序单生枝端，植株含少数或多数头状花序，但并不形成明显的伞房花序式排列；总苞大，钟状或半球形，总苞片多层，多数；小花紫色。瘦果楔状倒卵形；冠毛多层，褐色。

生境 生于海拔 850~2300m 的山谷、山坡、沙窝或河槽地。

花果期 7~10 月。

繁殖方式 种子繁殖。

用途 药用类植物，具有清热解毒，凉血止血之功效。

刺儿菜 ▶ 蓟属
学名 *Cirsium setosum* (Willd.) MB.

别名 小蓟草、青青草、蓟蓟草、刺狗牙

形态特征 多年生草本。地下部分常大于地上部分，有长根茎。茎直立，幼茎被白色蛛丝状毛，有棱，高 30~80(100~120)cm。叶互生，下部和中部叶椭圆形或椭圆状披针形；无叶柄。头状花序单生或数朵集于枝端成伞房状；花冠紫红色。瘦果。

生境 生于山坡、河旁或荒地、田间。

花果期 6~8 月。

繁殖方式 种子繁殖。

用途 有凉血止血、祛瘀消肿作用，用于治疗吐血、尿血、便血、痈肿疮毒。亦可饲用。

魁蓟 | ▶ 蓟属
学名 *Cirsium leo* Nakao et Kitag.

别名 大蓟

形态特征 多年生草本，高 40~100cm。根直伸，粗壮。茎直立，单生或少数茎成簇生，上部伞房状分枝。基部和下部茎叶全形长椭圆形或倒披针状长椭圆形，羽状深裂，全部侧裂片边缘三角形刺齿不等大，齿顶长针刺，齿缘短针刺；向上的叶渐小，与基部和下部茎叶同型或长披针形并等样分裂，无柄或基部扩大半抱茎，叶两面绿色。头状花序排成伞房花序；总苞钟状，总苞片 8 层，镶合状排列；小花紫色或红色，不等大 5 浅裂。瘦果灰黑色，偏斜椭圆形；冠毛污白色，多层，基部连接成环，整体脱落。

生境 生于海拔 700~3400m 的山谷、山坡草地、林缘、河滩及石滩地，或岩石隙缝中、溪旁、河旁或路边潮湿地及田间。

花果期 5~9 月。

繁殖方式 种子繁殖。

用途 药用、观赏。

莲座蓟 | ▶ 蓟属
学名 *Cirsium esculentum* (Sievers) C. A. Mey.

别名 食用蓟

形态特征 多年生草本。无茎，茎基粗厚，生多数不定根，顶生多数头状花序，外围莲座状叶丛。莲座状叶丛的叶全形倒披针形或椭圆形、长椭圆形，羽状半裂、深裂或几全裂，齿顶有针刺，叶两面绿色。头状花序 5~12 个集生于茎基顶端的莲座状叶丛中；总苞钟状，总苞片约 6 层，覆瓦状排列，向内层渐长，全部苞片无毛；小花紫色；花冠长 2.7cm，檐部长 1.2cm，不等 5 浅裂。瘦果淡黄色，楔状长椭圆形，压扁，顶端斜截形。

生境 生于海拔 500~3200m 的平原、山地潮湿地或水边。

花果期 8~9 月。

繁殖方式 种子繁殖。

用途 为坝上草原特有珍稀观花植物。亦可药用。

绒背蓟 | ▶ 蓟属
学名 *Cirsium vlassovianum* Fisch. ex DC.

别名 猫腿姑

形态特征 多年生草本，有块根。茎直立，有条棱，单生，不分枝或上部伞房状花序分枝，高 25~90cm。全部茎叶披针形或椭圆状披针形，顶端渐尖、急尖或钝，中部叶较大，长 6~20cm，上部叶较小；全部叶不分裂，边缘有长约 1mm 的针刺状缘毛，两面异色。头状花序单生茎顶或生花序枝端，少数排成疏松伞房花序或穗状花序，而穗状花序下部的头状花序不发育或发育迟缓；总苞长卵形，直立，总苞片约 7 层，紧密覆瓦状排列；小花紫色。瘦果褐色，稍压扁，倒披针状或偏斜倒披针状；冠毛浅褐色。

生境 生于海拔 350~1480m 的山坡林中、林缘、河边或潮湿地。

花果期 5~9 月。

繁殖方式 种子繁殖。

用途 祛风除湿、活络止痛，可治风湿关节痛、四肢麻木。

野蓟 | ▶ 蓟属
学名 *Cirsium maackii* Maxim.

别名 老牛锉、千针草、大蓟、垂头蓟

形态特征 多年生草本。茎直立，高 40~80cm，有稠密的绒毛。基生叶较大，椭圆形，羽状深裂，基部抱茎，边缘具刺。头状花序直径 2~3cm，单生茎顶；总苞扁球形；花冠紫红色。瘦果，倒披针形。

生境 生于山坡草地、林缘、草甸及林旁。

花果期 花期 7~8 月，果期 8~9 月。

繁殖方式 种子繁殖。

用途 用于治疗血热妄行、出血症、鼻衄、呕吐、咯血、便血、尿血、疮毒等症。

飞廉 ▶飞廉属
学名 *Carduus nutans* L.

别名 飞帘、飞轻、伏兔、老牛错、红花草

形态特征 二年生或多年生草本，高30~100cm。茎单生或少数茎成簇生，通常多分枝，分枝细长，全部茎枝有条棱，被稀疏的蛛丝毛和多细胞长节毛。中下部茎叶长卵圆形或披针形，羽状半裂或深裂，侧裂片5~7对；向上茎叶渐小，羽状浅裂或不裂。头状花序通常下垂或下倾，单生茎顶或长分枝的顶端，植株通常生4~6个头状花序，小花紫色。瘦果灰黄色，楔形。

生境 生于海拔540~2300m的山谷、田边或草地。

花果期 6~10月。

繁殖方式 种子繁殖。

用途 优良蜜源植物。嫩叶可食用，可做饲料。为传统中药，性味微苦、平，归肺、膀胱、肝经，可祛风、清热、利湿、凉血散瘀，用于风热感冒、头风眩晕、风热痹痛、皮肤刺痒、尿路感染、乳糜尿、尿血、带下、跌打瘀肿、疔疮肿毒、烫伤。

漏芦 | ▶ 漏芦属
学名 *Stemmacantha uniflora* (L.) Dittrich

别名 祁州漏芦、大脑袋花、土烟叶

形态特征 多年生草本，高（6）30~100cm。根状茎粗厚。茎直立，不分枝，簇生或单生，灰白色，被棉毛。基生叶及下部茎叶全形椭圆形、长椭圆形、倒披针形，羽状深裂或几全裂，侧裂片 5~12 对，椭圆形或倒披针形；中上部茎叶渐小，与基生叶及下部茎叶同型并等样分裂，无柄或有短柄，全部叶质地柔软，两面灰白色。头状花序单生茎顶，花序梗粗壮；总苞半球形，总苞片约 9 层，覆瓦状排列，全部苞片顶端有膜质附属物；附属物宽卵形或几圆形；全部小花两性，管状；花冠紫红色，花冠裂片长 8mm。瘦果 3~4 棱，楔状，顶端有果缘，果缘边缘细尖齿；冠毛褐色，多层，不等长，向内层渐长，长达 1.8cm，基部联合成环，整体脱落，冠毛刚毛糙毛状。

生境 生于海拔 390~2700m 的山坡丘陵地、松林下或桦木林下。

花果期 4~9 月。

繁殖方式 种子繁殖。

用途 药用、观赏类植物。根及根状茎入药，性寒，味苦、咸，可清热、解毒、排脓、消肿和通乳。

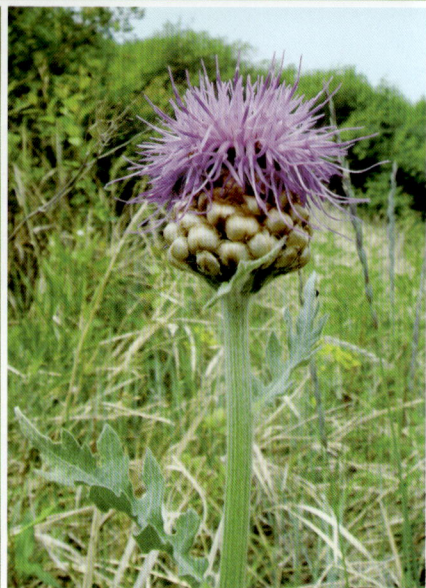

麻花头 | ▶ 麻花头属
学名 *Serratula centauroides* L.

别名 菠叶麻花头、草地麻花头

形态特征 多年生草本，高 40~100cm。根状茎横走，黑褐色。茎直立，上部少分枝或不分枝。基生叶及下部茎叶长椭圆形，羽状深裂，有长 3~9cm 的叶柄；中部茎叶与基生叶及下部茎叶同型，并等样分裂，但无柄或有极短的柄，裂片全缘无锯齿或少锯齿；上部的叶更小，5~7 羽状全缘，裂片全缘，无锯齿，或不裂，线形，边缘无锯齿。头状花序少数，单生茎枝顶端；总苞卵形或长卵形，直径 1.5~2cm，上部有收缢或稍见收缢；全部小花红色、红紫色或白色。瘦果楔状长椭圆形，褐色，有 4 条高起的肋棱。

生境 生于海拔 1100~1590m 的山坡林缘、草原、草甸、路旁或田间。

花果期 6~9 月。

繁殖方式 种子繁殖。

用途 药用、观赏类植物。亦可做牧草。

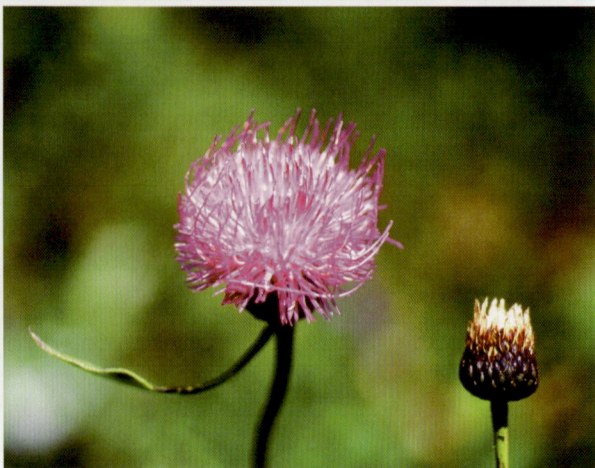

伪泥胡菜 | ▶ 麻花头属
学名 *Serratula coronata* L.

别名 黄升麻、升麻

形态特征 多年生草本，高 70~150cm。根状茎粗厚，横生。茎直立，无毛。叶裂片边缘有锯齿或大锯齿，两面绿色。头状花序异型，少数在茎枝顶端排成伞房花序；苞片紫红色；小花紫色；花冠裂片线形。瘦果，倒披针状长椭圆形。

生境 生于山坡林下、林缘、草原、草甸或河岸。

花果期 7~8 月。

繁殖方式 种子繁殖。

用途 用于麻疹初期透发不畅、风疹瘙痒的治疗。可用做花束、切花、插花等。亦可饲用。

华北鸦葱 | ▶ 鸦葱属
学名 *Scorzonera albicaulis* Bunge

别名 笔管草、白茎雅葱

形态特征 多年生草本，高达 120cm。根圆柱状或倒圆锥状，直径达 1.8cm。茎单生或少数茎成簇生，上部伞房状或聚伞花序状分枝，全部茎枝被白色绒毛，但在花序脱毛，茎基被棕色的残鞘。基生叶与茎生叶同形型，线形、宽线形或线状长椭圆形，宽 0.3~2cm，边缘全缘，极少有浅波状微齿，两面光滑无毛，三至五出脉，两面明显；基生叶基部鞘状扩大，抱茎。头状花序在茎枝顶端排成伞房花序；总苞圆柱状，总苞片约 5 层，外层三角状卵形或卵状披针形，中内层椭圆状披针形、长椭圆形至宽线形，全部总苞片被薄柔毛，但果期稀毛或无毛，顶端急尖或钝；舌状小花黄色。瘦果圆柱状，长 2.1cm，有多数高起的纵肋，无毛，无脊瘤，向顶端渐细成喙状；冠毛污黄色，大部羽毛状，基部联合成环，整体脱落。

生境 大多生长于谷中或山坡杂木林下或林缘、灌丛中，或生荒地、火烧迹或田间。

花果期 5~9 月。

繁殖方式 种子繁殖。

用途 观赏类植物，可用于园林绿化。

鸦葱 ▶ 鸦葱属
学名 *Scorzonera austriaca* Willd.

别名 土参、黄花地丁、兔儿奶

形态特征 多年生草本，高 10~42cm。根垂直直伸，黑褐色。茎多数，簇生，不分枝，直立，光滑无毛。基生叶线形、狭线形、线状披针形、线状长椭圆形、线状披针形或长椭圆形，顶端渐尖或钝而有小尖头或急尖，向下部渐狭成具翼的长柄，柄基鞘状扩大或向基部直接形成扩大的叶鞘，三至七出脉，侧脉不明显，边缘平或稍见皱波状，两面无毛或仅沿基部边缘有蛛丝状柔毛；茎生叶少数，2~3 枚，鳞片状，披针形或钻状披针形，基部心形，半抱茎。头状花序单生茎端；总苞圆柱状，全部总苞片外面光滑无毛，顶端急尖、钝或圆形；舌状小花黄色。瘦果圆柱状，无毛，无脊瘤；冠毛淡黄色，与瘦果连接处有蛛丝状毛环，大部为羽毛状，羽枝蛛丝毛状，上部为细锯齿状。

生境 生于海拔 400~2 000m 的山坡、草滩及河滩地。

花果期 4~7 月。

繁殖方式 种子繁殖。

用途 清热解毒、消肿散结，用于疔疮痈疽，跌打损伤。

婆罗门参 | ▶ 婆罗门参属
学名 *Tragopogon pratensis* L.

别名 草地婆罗门参

形态特征 二年生草本，高 25~100cm。根垂直直伸，圆柱状。茎直立，不分枝或分枝，有纵沟纹，无毛。下部叶长，线形或线状披针形，边缘全缘，有时皱波状；中上部茎叶与下部叶同型，但渐小。头状花序单生茎顶或植株含少数头状花序，但头状花序生枝端，花序梗在果期不扩大，总苞圆柱状，总苞片 8~10 枚，披针形或线状披针形，下部棕褐色；舌状小花黄色，干时蓝紫色。瘦果长灰黑色或灰褐色，长约 1.1cm，有纵肋，沿肋有小而钝的疣状凸起；冠毛灰白色。

生境 生于海拔 1200~4500m 的山坡草地及林间草地。

花果期 5~9 月。

繁殖方式 种子繁殖。

用途 根及嫩叶可食。亦可入药，有健脾益气功效，主治病后体虚、小儿疳积等症。

乳苣 | ▶ 乳苣属
学名 *Mulgedium tataricum* (L.) DC.

别名 紫花山莴苣、蒙山莴苣、苦菜

形态特征 多年生草本，高 15~60cm。茎直立，有细条棱或条纹，全部茎枝光滑无毛。叶长椭圆形或线状长椭圆形或线形，基部渐狭成短柄。聚伞花序伞状半圆形；花冠紫红色。

生境 生于河滩、湖边、草甸、田边、固定沙丘或砾石地。

花果期 6~7 月。

繁殖方式 种子繁殖。

用途 为常见野菜，味道鲜美，有清热泻火作用。

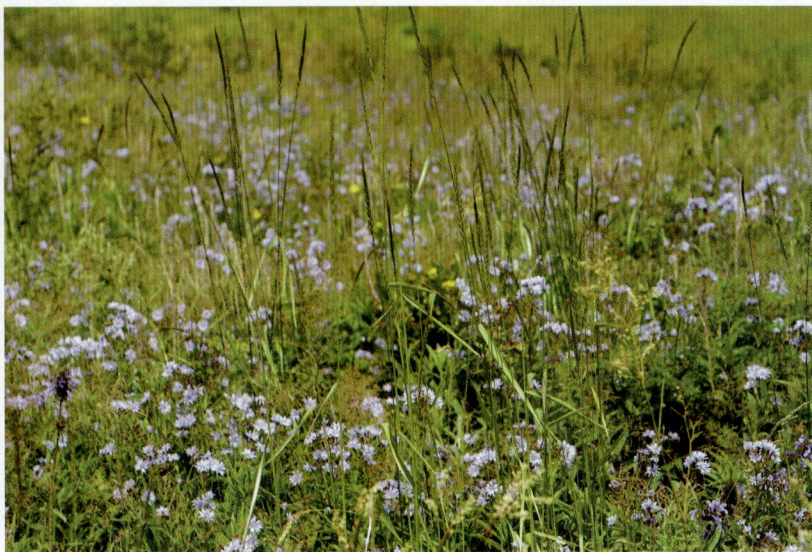

苣荬菜 ▶ 苦苣菜属
学名 *Sonchus arvensis* L.

别名 荬菜、野苦菜、苦葛麻

形态特征 多年生草本，全株有乳汁。茎直立，高 30~80cm。地下根状茎匍匐，着生多数须根。地上茎少分支，直立，平滑。多数叶互生，披针形或长圆状披针形，先端钝，基部耳状抱茎，边缘有疏缺刻或浅裂，缺刻及裂片都具尖齿。头状花序顶生，单一或呈伞房状；总苞钟形。瘦果，有棱，侧扁，具纵肋。

生境 生于山坡草地、林间草地、潮湿地或水旁、村边砾石滩。

花果期 6~8 月。

繁殖方式 根茎、种子繁殖。

用途 具有清热解毒、凉血利湿、消肿排脓、祛瘀止痛、补虚止咳功效。食用可凉拌、做汤、蘸酱生食、炒食或做馅，也可加工酸菜、制作消暑饮料。

白缘蒲公英 | ▶ 蒲公英属
学名 *Taraxacum platypecidum* Diels

别名 河北蒲公英、热河蒲公英、山蒲公英

形态特征 多年生草本。根茎部有黑褐色残存叶柄。叶宽倒披针形或披针状倒披针形，羽状分裂。花葶1至数个，高达45cm，上部密被白色蛛丝状绵毛；头状花序大型，直径40~45mm；总苞宽钟状，总苞片3~4层；舌状花黄色，边缘花舌片背面有紫红色条纹。瘦果淡褐色。

生境 生于山坡草地或路旁。

花果期 6~7月。

繁殖方式 种子繁殖。

用途 全草供药用，功效同蒲公英。

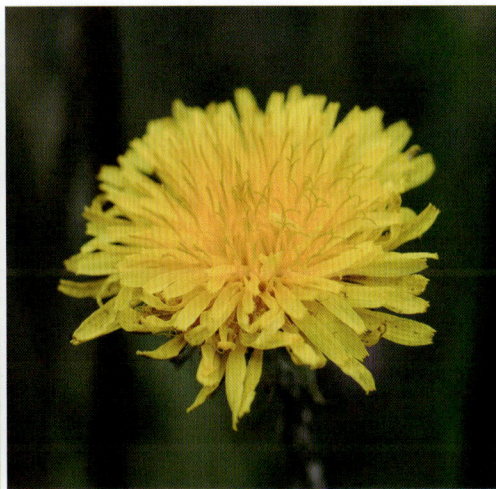

斑叶蒲公英 | ▶ 蒲公英属
学名 *Taraxacum variegatum* Kitag.

别名 红梗蒲公英

形态特征 多年生草本，高5~10cm。叶质厚，倒披针形或圆状倒披针形，长5~13cm，近全缘或逆向羽状深裂，顶裂片三角状戟形、三角形或长三角形，两面疏被毛或无毛。花葶单生或数个，红紫色，茎略带红色；舌状花黄色。瘦果倒披针形或矩圆状披针形，淡褐色。

生境 生于田野路旁、村庄沟边、山坡林缘等处，耐旱、耐碱。

花果期 4~6月。

繁殖方式 种子繁殖。

用途 药用、观赏。亦可食用。

蒲公英 | ▶ 蒲公英属
学名 *Taraxacum mongolicum* Hand.-Mazz.

别名 黄花地丁、婆婆丁

形态特征 多年生草本。根圆柱状，黑褐色，粗壮。叶倒卵状披针形、倒披针形或长圆状披针形，顶端裂片较大，三角形或三角状戟形，全缘或具齿；叶柄及主脉常带红紫色。花葶1至数个；头状花序；总苞钟状，总苞片2~3层；舌状花黄色，边缘花舌片背面具紫红色条纹；花药和柱头暗绿色。瘦果倒卵状披针形，暗褐色。

生境 广泛生于中、低海拔地区的山坡草地、路边、田野及河滩。

花果期 花期4~9月，果期5~10月。

繁殖方式 种子繁殖。

用途 药全草供药用，有清热解毒、消肿散结的功效。亦可食用，为药食兼用植物。

抱茎小苦荬 ▶ 小苦荬属
学名 *Ixeridium sonchifolium* (Maxim.) Shih

别名 秋苦荬菜、抱茎苦荬菜、苦荬菜

形态特征 多年生草本，高 15~60cm。根垂直直伸。茎单生，直立，全部茎枝无毛。基生叶莲座状，匙形、长倒披针形或长椭圆形，边缘有锯齿，顶端圆形或急尖，或大头羽状深裂，全部叶两面无毛。头状花序多数，在茎枝顶端排成伞房花序，含舌状小花约 17 枚，黄色。瘦果黑色，纺锤形。

生境 生于山坡或平原路旁、林下、河滩地。

花果期 8~9 月。

繁殖方式 种子繁殖。

用途 全草入药，有清热解毒、凉血、活血功效。

福王草 ▶ 福王草属
学名 *Prenanthes tatarinowii* Maxim.

别名 盘果菊

形态特征 多年生草本，高 50~150cm。茎直立，单生。茎叶心形或卵状心形，边缘全缘或有锯齿或不等大的三角状锯齿。头状花序，含 5 枚舌状小花；舌状小花紫色、粉红色，极少白色或黄色。瘦果线形或长椭圆状，紫褐色。

生境 生于山谷、山坡林缘、林下、草地或水旁潮湿地。

花果期 7~8 月。

繁殖方式 种子繁殖。

用途 可提取多种倍半萜内酯，具有抗癌、抗肿瘤作用。

毛连菜 ▶ 毛连菜属
学名 *Picris hieracioides* L.

别名 枪刀菜

形态特征 二年生草本，高16~120cm。根垂直直伸，粗壮。茎直立，上部伞房状或伞房圆状分枝，有纵沟纹。基生叶花期枯萎脱落；下部茎叶长椭圆形或宽披针形，全缘；中部和上部茎叶披针形或线形，较下部茎叶小，无柄，基部半抱茎；最上部茎小，全缘，全部茎叶两面特别是沿脉被亮色的钩状分叉的硬毛。头状花序较多数，在茎枝顶端排成伞房花序或伞房圆锥花序，总苞圆柱状钟形；总苞片3层；全部总苞片外面被硬毛和短柔毛；舌状小花黄色。瘦果纺锤形，棕褐色，有纵肋，肋上有横皱纹；冠毛白色，外层极短，糙毛状，内层长，羽毛状。

生境 生于山坡草地、林下、沟边、田间、撂荒地或沙滩地。

花果期 6~9月。

繁殖方式 种子繁殖。

用途 全草入药，主治痈疮肿毒、跌打损伤、泄泻、小便不利。

菊苣 | ▶ 菊苣属
学名 *Cichorium intybus* L.

别名 苦苣、苦菜、明目菜

形态特征 多年生草本，高 40~100cm。茎直立，单生，分枝开展或极开展，全部茎枝绿色，有条棱。基生叶莲座状，花期生存，倒披针状长椭圆形，大头状倒向羽状深裂、羽状深裂，或不分裂而边缘有稀疏的尖锯齿；茎生叶少数，较小，卵状倒披针形至披针形。头状花序多数，单生或数个集生于茎顶或枝端，或 2~8 个为一组沿花枝排列成穗状花序；总苞圆柱状，总苞片 2 层；舌状小花蓝色，长约 14mm，有色斑。瘦果倒卵状、椭圆状或倒楔形，褐色，有棕黑色色斑；冠毛极短。

生境 生于滨海荒地、河边、水沟边或山坡。

花果期 5~10 月。

繁殖方式 播种、扦插繁殖。

用途 叶可调制生菜。根含菊糖及芳香族物质，可提制代用咖啡，促进人体消化器官活动。

山柳菊 ▶ 山柳菊属
学名 *Hieracium umbellatum* L.

别名 伞花山柳菊

形态特征 多年生草本，高30~100cm。茎直立，单生或少数成簇生，下部特别是基部常淡红紫色。头状花序少数或多数，在茎枝顶端排成伞房花序或伞房圆锥花序；舌状小花黄色。瘦果黑紫色，圆柱形。

生境 生于山坡林缘、林下或草丛中及河滩沙地。

花果期 6~8月。

繁殖方式 插种、分株繁殖。

用途 宜作地被植物，也可丛植或野生花卉园群植、点缀。入药可治疗痈肿疮毒、痢疾、腹痛痞块等症。

黄毛橐吾 ▶ 橐吾属
学名 *Ligularia xanthotricha* (Gruning) Ling

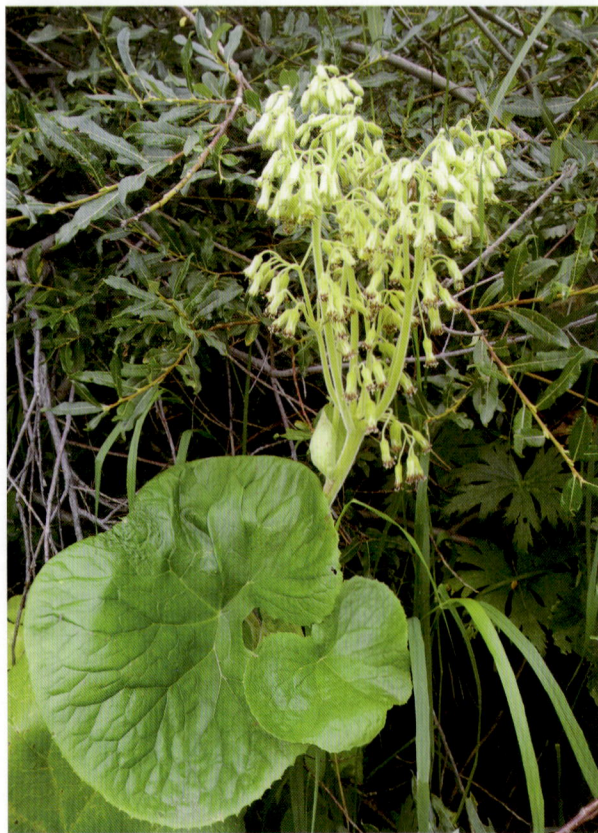

形态特征 多年生草本。根肉质，簇生。茎直立，粗壮，被密的黄色有节短毛。丛生叶与茎下部叶具柄，基部有膨大的鞘，叶片圆肾形，先端圆形或凹缺，边缘具小而密的齿，两面光滑，叶脉掌状；茎中部叶具短柄，基部膨大鞘状，叶片肾形。复伞房状聚伞花序；苞片和小苞片线状钻形；花序梗被与分枝上一样的毛；头状花序多数，盘状；总苞狭钟形，基部有黄色有节短柔毛，2层，狭披针形；小花20个以上，黄色，全部管状。冠毛白色与花冠等长；瘦果圆柱形，长5~6mm，褐色，光滑。

生境 生于海拔1650~3200m的沟边、草地及山坡灌丛中。

花果期 7~9月。

繁殖方式 种子繁殖。

用途 药用、观赏类植物。

全缘橐吾 ▶ 橐吾属
学名 *Ligularia mongolica* (Turcz.) DC.

别名 大舌花

形态特征 多年生灰绿色或蓝绿色草本,全株光滑。根肉质,细长。茎直立,圆形,基部被枯叶柄纤维包围。丛生叶与茎下部叶具柄,光滑,基部具狭鞘,叶片卵形、长圆形或椭圆形,先端钝,全缘,基部楔形,叶脉羽状;茎中上部叶无柄,长圆形或卵状披针形,稀为哑铃形,近直立,贴生,基部半抱茎。总状花序密集,近头状;苞片和小苞片线状钻形;花序梗细;头状花序多数,辐射状;总苞狭钟形或筒形,总苞片 5~6 枚,2 层,长圆形,先端钝或急尖,内层边缘膜质;舌状花 1~4 朵,黄色,舌片长圆形,先端钝圆;管状花檐部楔形,基部渐狭,冠毛红褐色与花冠管部等长。瘦果圆柱形,褐色,光滑。

生境 生于海拔 1500m 以下的沼泽草甸、山坡、林间及灌丛。

花果期 5~9 月。

繁殖方式 种子繁殖。

用途 药用、观赏。

橐吾 ▶ 橐吾属
学名 *Ligularia sibirica* (L.) Cass.

别名 西伯利亚橐吾、大马蹄、葫芦匕、马蹄叶

形态特征 多年生草本。根肉质,细而多。茎直立,高 52~110cm。丛生叶和茎下部叶具柄,光滑,基部鞘状,叶片卵状心形、三角状心形、肾状心形或宽心形型,先端圆形或钝,边缘具整齐的细齿,基部心形,两侧裂片长圆形或近圆形,有时具大齿,两面光滑,叶脉掌状;茎中部叶与下部者同形,具短柄,鞘膨大;最上部叶仅有叶鞘,鞘缘有时具齿。总状花序常密集;苞片卵形或卵状披针形,全缘或有齿;花序梗长 4~12mm,稀下部者长达 8cm;头状花序多数,辐射状;小苞片狭披针形,全缘,光滑,近膜质;总苞宽钟形、钟形或钟状陀螺形,总苞片披针形或长圆形,先端急尖、钝三角形或渐尖,背部光滑,边缘膜质、有时紫红色;舌状花黄色,舌片倒披针形或长圆形;管状花多数,冠毛白色与花冠等长。瘦果长圆形,光滑。

生境 多生于山坡、沼泽、湿草地、河边或林缘。

花果期 7~10 月。

繁殖方式 种子繁殖。

用途 园林中可用于绿化、观赏。根及根状茎入药,有润肺、化痰、定喘、止血止痛作用。

狭苞橐吾 ▶ 橐吾属
学名 *Ligularia intermedia* Nakai

形态特征 多年生草本。根肉质，多数。茎直立。丛生叶与茎下部叶具柄，光滑，基部具狭鞘，叶片肾形或心形，先端钝或有尖头，边缘具整齐的有小尖头的三角状齿或小齿，两面光滑，叶脉掌状；茎叶较小，具短柄或无柄，鞘略膨大；茎最上部叶卵状披针形，苞叶状。总状花序；苞片线形或线状披针形；花序梗近光滑；头状花序多数，辐射状；小苞片线形；总苞钟形，总苞片6~8，长圆形，宽约3mm，先端三角状，急尖，背部光滑，边缘膜质；舌状花4~6，黄色，舌片长圆形，先端钝，管部长达7mm；管状花伸出总苞，基部稍粗，冠毛紫褐色，有时白色，比花冠管部短。瘦果圆柱形。

生境 生于海拔120~3400m的水边、山坡、林缘、林下及高山草原。

花果期 7~10月。

繁殖方式 种子繁殖。

用途 根及根状茎性苦、温，有润肺化痰、止咳平喘功效。

山尖子

▶ 蟹甲草属
学名 *Parasenecio hastatus* (L.) H. Koyama

别名 戟叶兔儿伞、山尖菜

形态特征 多年生草本。根状茎平卧，有多数纤维状须根。茎坚硬，直立，不分枝，具纵沟棱。中部叶片三角状戟形，顶端急尖或渐尖，基部戟形或微心形；上部叶渐小，基部截形或宽楔形；最上部叶和苞片披针形至线形。头状花序多数，下垂，在茎端和上部叶腋排列成塔状的狭圆锥花序；小花花冠淡白色，裂片披针形，渐尖；花药伸出花冠，基部具长尾；花柱分枝细长，外弯，顶端截形，被乳头状微毛。瘦果圆柱形，淡褐色。

生境 多生于林缘，灌丛、林间草地，河滩杂草类草甸也常有分布。

花果期 花期7~8月，果期9月。

繁殖方式 种子繁殖。

用途 药用、观赏。

狗舌草 ▶ 狗舌草属
学名 *Tephroseris kirilowii* (Turcz. ex DC.) Holub

别名 狗舌头草

形态特征 多年生草本。根多数,细索状。茎单一,直立,高 20~65cm,草质,有疏密不等的白色绒毛。基部叶莲座状,具短柄,椭圆形或近乎匙形,边缘具浅齿或近乎全缘,两面均有白色绒毛,花后通常不凋落;茎叶少数,向茎上部渐小,下部叶倒披针形,或倒披针状长圆形,钝至尖,无柄,基部半抱茎,上部叶小,披针形,苞片状,顶端尖。头状花序直径 1.5~2cm,3~11 个排列多少伞形状顶生伞房花序;边缘舌状花,黄色,中央管状花,黄色,两性。瘦果圆柱形。

生境 常生于海拔 250~2000m 的草地山坡或山顶阳处。

花果期 3~8 月。

繁殖方式 种子繁殖。

用途 药用植物,全草入药,性味苦、微甘、寒,可清热解毒、利尿,用于肺脓疡、尿路感染、小便不利、白血病、口腔炎、疖肿。有小毒。

额河千里光 ▶ 千里光属
学名 *Senecio argunensis* Turcz.

别名 羽叶千里光

形态特征 多年生草本。茎单生,直立,高 30~60 (~80) cm,被蛛丝状柔毛。中部茎叶较密集,卵状长圆形至长圆形,全裂至羽状深裂;无柄。头状花序有舌状花,多数,排列成顶生复伞房花序;花冠黄色。瘦果圆柱形。

生境 生于草坡、山地草甸。

花果期 7~8 月。

繁殖方式 种子繁殖。

用途 有清热解毒功效,用于治疗毒蛇咬伤、疮疖肿毒、湿疹、皮炎、急性结膜炎、咽炎等症。

菊状千里光 ▶千里光属
学名 *Senecio laetus* Edgew.

别名 山青菜、野青菜

形态特征 多年生根状茎草本。具茎叶，稀近莲状。茎单生，直立，高 40~80cm，不分枝或有花序枝。基生叶在花期生存或凋落，基生叶和最下部茎叶具柄，全形卵状椭圆形、卵状披针形至倒披针形，顶端钝，基部微心形至楔状狭，具齿，不分裂或大头羽状分裂，侧裂片 1~4 对；中部茎叶全形长圆形或倒披针状长圆形，大头羽状浅裂或羽状浅裂，裂片多变异；上部叶渐小，长圆状披针形或长圆状线形，具粗羽状齿。头状花序有舌状花，多数，排列成顶生伞房花序或复伞房花序；总苞钟状，具外层苞片，苞片 8~10 枚，线状钻形，总苞片 10~13 枚，长圆状披针形，渐尖，上端黑褐色，有柔毛。舌状花 10~13 朵，舌片黄色，长圆形，长约 6.5mm，上端具 3 细齿，有 4 脉；管状花多数，花冠黄色，长 5~5.5mm，檐部漏斗状；裂片卵状三角形，长 0.8mm，尖。瘦果圆柱形，全部或管状花的瘦果有疏柔毛，有时舌状花的或全部小花的瘦果无毛；冠毛污白色，禾秆色或稀淡红色。

生境 生于海拔 1100~3750m 的林下、林缘、开旷草坡、田边和路边。

花果期 4~11 月。

繁殖方式 种子繁殖。

用途 活血消肿、祛风除湿，用于肋下疼痛，跌打损伤、血瘀肿痛、痈疮肿痛、乳痈。

林荫千里光

▶ 千里光属
学名 *Senecio nemoresis* L.

别名 红柴胡、森林千里光、桃叶菊

形态特征 多年生草本，高50~150cm。根状茎短，匍匐。茎单生或有时数个，直立，高达1m，花序下不分枝，被疏柔毛或近无毛。基生叶和下部茎叶在花期凋落；中部茎叶多数，近无柄，披针形或长圆状披针形，基部楔状渐狭或多少半抱茎，边缘具密锯齿，稀粗齿，纸质，两面被疏短柔毛或近无毛；上部叶渐小，线状披针形至线形，无柄。头状花序具舌状花，多数，在茎端或枝端或上部叶腋排成复伞房花序；总苞近短圆柱状；舌状花舌片线形，黄色；管状花多数，黄色。瘦果圆柱形，无毛，有纵肋；冠毛白色。

生境 生于海拔770~3000m的林中开旷处、草地或溪边。

花果期 6~11月。

繁殖方式 种子繁殖。

用途 全草入药，清热解毒，可治热痢、眼肿、痈疖疔毒。

翠菊 | ▶ 翠菊属
学名 *Callistephus chinensis* (L.) Nees

别名 五月菊、江西腊

形态特征 一年生或二年生草本，高（15）30~100cm。茎直立，单生，有纵棱，被白色糙毛。下部茎叶花期脱落或生存；中部茎叶卵形、菱状卵形或匙形、近圆形，边缘有不规则的粗锯齿，两面被稀疏的短硬毛。头状花序单生于茎枝顶端，有长花序梗；雌花1层，在园艺栽培中可为多层，红色、淡红色、蓝色、黄色或淡蓝紫色，舌状，长2.5~3.5cm；两性花花冠黄色。瘦果长椭圆状倒披针形，稍扁，中部以上被柔毛。

生境 生于海拔30~2700m的山坡撩荒地、山坡草丛、水边或疏林阴处。

花果期 5~10月。

繁殖方式 种子繁殖。

用途 通常引为植物园、花园、庭院及其他公共场所的观赏栽植者，重要的园林花卉植物。花可入药，性味苦、平，可清肝明目。

东风菜 | ▶ 东风菜属
学名 *Doellingeria scaber* (Thunb.) Nees

别名 山蛤芦、钻山狗、白云草、疙瘩药、草三七

形态特征 多年生草本。根状茎粗壮。茎直立，高100~150cm，上部有斜升的分枝，被微毛。基部叶在花期枯萎，叶片心形，边缘有具小尖头的齿，顶端尖；中部叶较小，卵状三角形，基部圆形或稍截形，有具翅的短柄；上部叶小，矩圆披针形或条形，全部叶两面被微糙毛，下面浅色，有三或五出脉，网脉显明。头状花序径18~24mm，圆锥伞房状排列；总苞半球形，总苞片约3层，无毛，覆瓦状排列；舌状花约10个，舌片白色，条状矩圆形，长11~15mm；管状花长5.5mm，檐部钟状，有线状披针形裂片。瘦果倒卵圆形或椭圆形，长3~4mm；冠毛污黄白色，有多数微糙毛。

生境 生于山谷坡地、草地和灌丛中，极常见。

花果期 花期6~10月，果期8~10月。

繁殖方式 分根和扦插繁殖是大丽花繁殖的主要方法，大丽花通过种子繁殖进行育种。

用途 用于治疗蛇毒。又据李时珍本草纲目，此植物"主治风毒壅热、头痛目眩、肝热眼赤，堪入羹臛食"。

阿尔泰狗娃花 ▶ 狗娃花属
学名 *Heteropappus altaicus* (Willd.) Novopokr.

别名 阿尔泰紫菀

形态特征 多年生草本。有横走或垂直的根。茎直立，高 20~60cm，稀达 100cm。基部叶在花期枯萎；下部叶条形或矩圆状披针形、倒披针形，全缘或有疏浅齿；上部叶渐狭小，条形，全部叶两面或下面被粗毛或细毛，常有腺点，中脉在下面稍凸起。头状花序，单生枝端或排成伞房状；舌状花约 20 个，有微毛，舌片浅蓝紫色，矩圆状条形；管状花裂片不等大，有疏毛。瘦果扁，倒卵状矩圆形，灰绿色或浅褐色，被绢毛，上部有腺。

生境 生于草原、荒漠地、沙地及干旱山地，海拔从滨海到 4000m。

花果期 5~9 月。

繁殖方式 种子繁殖。

用途 观赏类植物，可用于园林绿化。

狗娃花 ▶ 狗娃花属
学名 *Heteropappus hispidus* (Thunb.) Less.

形态特征 一或二年生草本，有垂直的纺锤状根。茎高 30~50cm，有时达 150cm，单生，有时数个丛生。基部及下部叶在花期枯萎，倒卵形，渐狭成长柄，顶端钝或圆形，全缘或有疏齿。头状花序，单生于枝端而排列成伞房状；总苞半球形；舌状花约 30 余个，舌片浅红色、淡紫色或白色，条状矩圆形；管状花花冠长 5~7mm。瘦果倒卵形。

生境 生于荒地、路旁、林缘及草地。

花果期 花期 7~8 月，果期 8~9 月。

繁殖方式 种子、分株繁殖。

用途 其根可用于治疗疮痈肿毒、蛇咬伤等症。

砂狗娃花 ▶ 狗娃花属

学名 *Heteropappus meyendorffii* (Reg. et Maack) Komar. et Klob. -Alis.

形态特征 一年生草本，高 35~50cm。茎直立，有纵条纹，通常自中部分枝。茎生叶狭矩圆形，顶端钝或急尖，基部稍渐狭；无柄。头状花序单生枝端；总苞半球形；舌状花蓝紫色，管状花黄色。瘦果，倒卵形。

生境 生于河岸沙地、林下沙丘、山坡草地。

花果期 8~9月。

繁殖方式 种子繁殖。

用途 为传统中草药，有清除瘴气、减轻炎症功效，用于治疗流感、麻疹、猩红热和血热等症。

马兰 | ▶马兰属
学名 *Kalimeris indica* (L.) Sch. -Bip.

别名 马兰头、田边菊、路边菊、鱼鳅串、蓑衣莲

形态特征 多年生草本。根状茎有匍枝,有时具直根。茎直立,高30~70cm,上部或从下部起有分枝。基部叶在花期枯萎;茎部叶倒披针形或倒卵状矩圆形,边缘从中部以上具有小尖头的钝或尖齿或有羽状裂片;上部叶小,全缘,基部急狭无柄。头状花序单生于枝端并排列成疏伞房状;总苞半球形,总苞片2~3层,覆瓦状排列;舌状花1层,舌片浅紫色;管状花被短密毛。瘦果倒卵状矩圆形,极扁,褐色;冠毛弱而易脱落,不等长。

生境 分布广泛。

花果期 花期5~9月,果期8~10月。

繁殖方式 种子繁殖。

用途 全草药用,有清热解毒、消食积、利小便、散瘀止血之效。幼叶通常作蔬菜食用,俗称"马兰头"。

山马兰 | ▶马兰属
学名 *Kalimeris lautureana* (Debx.) Kitam.

别名 山鸡儿肠

形态特征 多年生草本,高50~100cm。茎直立,具沟纹,上部分枝。叶厚或近革质,下部叶花期枯萎;中部叶披针形或矩圆状披针形,顶端渐尖或钝,茎部渐狭,无柄,有疏齿或羽状浅裂;分枝上的叶条状披针形,全缘。头状花序单生于分枝顶端且排成伞房状;总苞半球形,总苞片3层,覆瓦状排列;舌状花淡蓝色,管状花黄色。瘦果倒卵形。

生境 生于山坡、草原、灌丛中。

花果期 7~9月。

繁殖方式 种子繁殖。

用途 清热、解毒、凉血、利湿。

高山紫菀 ▶ 紫菀属

学名 *Aster alpinus* L.

别名 高岭紫菀

形态特征 多年生草本。根状茎粗壮，有丛生的茎和莲座状叶丛。茎直立，不分枝，下部有密集的叶。下部叶在花期生存，匙状或线状长圆形，全缘，顶端圆形或稍尖；中部叶长圆披针形或近线形，下部渐狭，无柄；上部叶狭小，直立或稍开展，全部叶被柔毛，或稍有腺点，中脉及三出脉在下面稍凸起。头状花序在茎端单生；总苞半球形，总苞片 2~3 层，等长或外层稍短，上部或外层全部草质，下面近革质，内层边缘膜质，顶端圆形或钝，或稍尖，边缘常紫红色，被密或疏柔毛；舌状花舌片紫色、蓝色或浅红色；管状花花冠黄色，裂片长约 1mm；冠毛白色，另有少数在外的极短或较短的糙毛。瘦果长圆形，基部较狭，褐色，被密绢毛。

生境 喜生于山地草原和草甸中。

花果期 花期 6~8 月，果期 7~9 月。

繁殖方式 种子繁殖。

用途 药用、观赏。有清热解毒、止咳之功效。

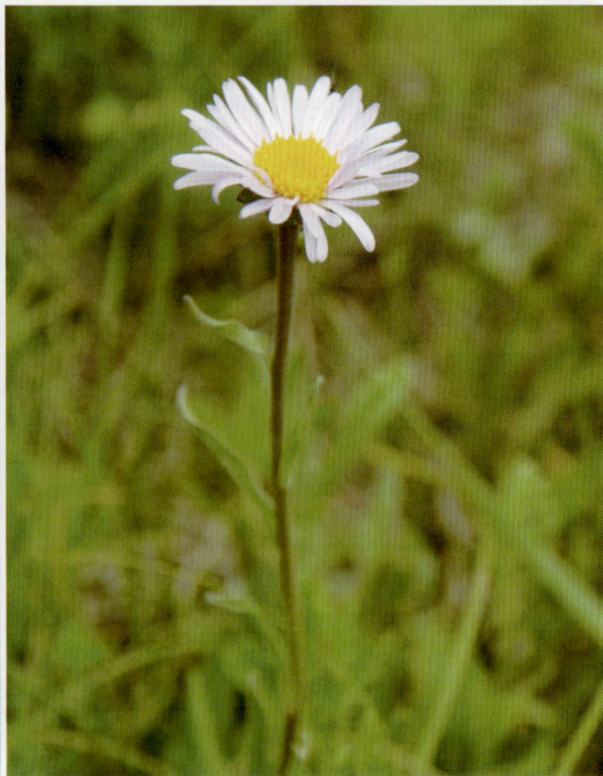

三脉紫菀 | ▶ 紫菀属
学名 *Aster ageratoides* Turcz.

别名 野白菊花、三脉叶马兰

形态特征 多年生草本。根状茎粗壮。茎直立，有棱及沟，被柔毛或粗毛。下部叶在花期枯落，叶片宽卵圆形，急狭成长柄；中部叶椭圆形或长圆状披针形，顶端渐尖，边缘浅或深锯齿；上部叶渐小，有浅齿或全缘，全部叶纸质，上面被短糙毛，下面浅色被短柔毛常有腺点，侧脉网脉常显明。头状花序，排列成伞房或圆锥伞房状；总苞倒锥状或半球状，总苞片3层，覆瓦状排列，线状长圆形，下部近革质或干膜质，上部绿色或紫褐色；舌状花10余个，舌片线状长圆形，紫色、浅红色或白色；管状花黄色，冠毛浅红褐色或污白色。瘦果倒卵状长圆形，灰褐色，有边肋，一面常有肋，被短粗毛。

生境 生于海拔100~3350m的林下、林缘、灌丛及山谷湿地。

花果期 7~12月。

繁殖方式 种子繁殖。

用途 全草入药，有清热解毒、利尿止血作用，用于治疗咽喉肿痛、咳嗽痰喘、外伤出血等症。

紫菀

▶ 紫菀属
学名 *Aster tataricus* L. f.

别名 青牛舌头花、山白菜、驴夹板菜、驴耳朵菜、青菀、还魂草

形态特征 多年生草本，高40~50cm。茎直立，粗壮，有疏粗毛，基部有纤维状残叶片和不定根。基部叶花期枯落，矩圆状或椭圆状匙形；上部叶狭小，厚纸质，两面有粗短毛，中脉粗壮，有6~10对羽状侧脉。头状花序，排列成复伞房状；总苞半球形，总苞片3层，外层渐短，全部或上部草质，顶端尖或圆形，边缘宽膜质，紫红色；舌状花20多个，蓝紫色，中央有多数两性筒状花。瘦果倒卵状矩圆形，紫褐色，两面各有1或少有3脉，有疏粗毛；冠毛污白色或带红色。

生境 生于海拔400~2000m的低山阴坡湿地、山顶和低山草地及沼泽地。

花果期 花期7~9月，果期8~10月。

繁殖方式 种子繁殖。

用途 药用、观赏。其根可入药，主治胸中寒热结气蛊毒，有安五脏、疗咳嗽、止喘之功效。

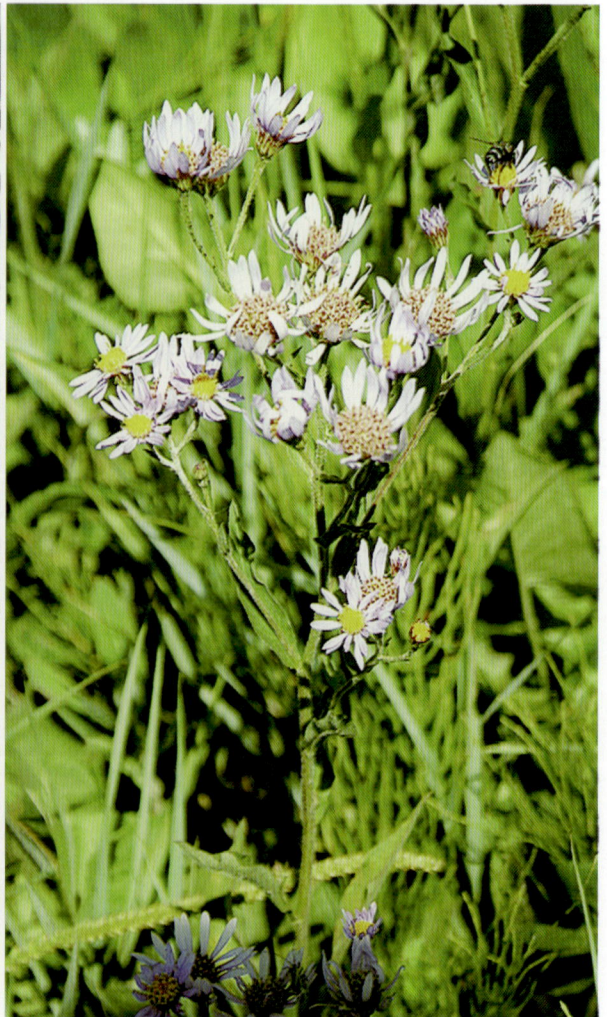

飞蓬 ▶飞蓬属
学名 *Erigeron acer* L.

别名 野葵花

形态特征 二年生草本。茎单生，直立，高5~60cm，具明显条纹。基部叶较密集，倒披针形。头状花序，在茎枝端排列成圆锥花序。瘦果长圆披针形。

生境 常生于海拔1400~3500m山坡草地、牧场及林缘。

花果期 7~8月。

繁殖方式 种子、分株繁殖。

用途 可用于布置花境、花坛或丛植，也可作切花。

地被菊 | ▶ 菊属
学名 *Chrysanthemum morifolium* Ramat.

形态特征 多年生草本，基部亚灌木状。分枝能力强，没有明显的主茎，植株多呈圆球形。单株冠幅可达 80~100cm。有些品种的茎具匍匐性，茎节触地即可生根，生根后就可产生新的分枝，使得植株能够迅速占领地盘，达到覆盖地面的效果。头状花序舌状花多为平瓣类或匙瓣类。

生境 耐寒、耐旱、忌湿、喜光、稍耐阴。

花果期 9~11 月。

繁殖方式 播种、扦插繁殖。

用途 可用作园林造景地被植物，亦可盆栽观赏。

甘菊 ▶ 菊属
学名 *Chrysanthemum lavandulifolium* (Fischer ex Trautvetter) Makino

别名 岩香菊、野菊花

形态特征 多年生草本，高 35~100cm。根粗壮，具多数须根和匍匐枝。茎直立，粗壮。茎下部叶花期枯萎；中部茎叶卵形、宽卵形或椭圆状卵形，叶片质较薄，羽状深裂，长 4.5~6cm，宽 4~6cm。头状花序直径 10~15(20)mm，通常多数在茎枝顶端排成疏松或稍紧密的复伞房花序；总苞碟形；舌状花黄色，舌片椭圆形。

生境 生于海拔 630~2800m 的山坡、岩石上、河谷、河岸、荒地及黄土丘陵地。

花果期 花果期 5~11 月。

繁殖方式 种子繁殖。

用途 药用，可清热祛湿，主治湿热黄疸。

楔叶菊 | ▶ 菊属
学名 *Chrysanthemum naktongense* (Nakai) Tzvel.

形态特征　多年生草本，高 10~50cm。有地下匍匐根状茎。茎直立，自中部分枝，分枝斜升。全部茎叶基部楔形或宽楔形；有长柄。头状花序，在枝端成伞房状；花苞蝶形；舌状花粉红色或紫色。

生境　生于海拔 1400~1720m 的草原。

花果期　花期 8~9 月，果期 8~10 月。

繁殖方式　种子、扦插繁殖。

用途　用于花坛，盆栽，园林绿化。

小红菊 ▎ ▶ 菊属
学名 *Chrysanthemum chanetii* H. Lév.

别名 野菊花

形态特征 多年生草本，高 15~60cm。有地下匍匐根状茎。茎直立或基部弯曲，有稀疏的毛，茎顶及接头状花序处的毛稍多。中部茎叶肾形、半圆形、近圆形或宽卵形，通常 3~5 掌状或掌式羽状浅裂或半裂，少有深裂的。头状花序直径 2.5~5cm，少数（约 3 个）至多数（约 12 个）在茎枝顶端排成疏松伞房花序；总苞碟形，苞片边缘白色或褐色膜质；舌状花白色、粉红色或紫色。瘦果顶端斜截，下部收窄，4~6 脉棱。

生境 生于草原、山坡林缘、灌丛及河滩与沟边。

花果期 7~10 月。

繁殖方式 种子繁殖。

用途 药用、观赏。

大籽蒿 | ▶ 蒿属
学名 *Artemisia sieversiana* Ehrhart ex Willd.

别名 山艾、白蒿、大白蒿、大头蒿

形态特征 一二年生草本。主根单一，垂直，狭纺锤形。茎单生，直立，高 50~150cm，细，纵棱明显，分枝多；茎、枝被灰白色微柔毛。下部与中部叶宽卵形或宽卵圆形，两面被微柔毛，二至三回羽状全裂；上部叶及苞片叶羽状全裂或不分裂，而为椭圆状披针形或披针形，无柄。头状花序大，多数，半球形或近球形，雌花 2(~3) 层，20~30 朵，花冠狭圆锥状；两性花多层，80~120 朵，花冠管状。瘦果长圆形。

生境 多生于路旁、荒地、河漫滩、草原、森林草原、干山坡或林缘等，局部地区成片生长。

花果期 6~10 月。

繁殖方式 种子繁殖。

用途 其营养价值较高，可做饲草。入药，性味苦、凉，可消炎，清热止血。高原地区用于治疗太阳紫外线辐射引起的灼伤。

冷蒿 | ▶ 蒿属
学名 *Artemisia gmelinii* Web. ex Stechm.

别名 白蒿、小白蒿、兔毛蒿、寒地蒿、刚蒿、茵陈蒿

形态特征 多年生草本，有时略成半灌木状。茎直立，数枚或多数常与营养枝共组成疏松或稍密集的小丛，稀单生，高 30~60(~70)cm，稀 10~20cm，基部多少木质化。茎下部叶与营养枝叶长圆形或倒卵状长圆形，二 (至三) 回羽状全裂；中部叶长圆形或倒卵状长圆形，一至二回羽状全裂；上部叶与苞片叶羽状全裂或 3~5 全裂。头状花序半球形、球形或卵球形，直径 (2~) 2.5~3 (~4) mm，在茎上排成总状花序或为狭窄的总状花序式的圆锥花序；总苞片 3~4 层；雌花 8~13 朵，花冠狭管状；两性花 20~30 朵，花冠管状。瘦果长圆形或椭圆状倒卵形。

生境 分布广，适应性强，在我国森林草原、草原、荒漠草原及干旱与半干旱地区的山坡、路旁、砾质旷地、固定沙丘、戈壁、高山草甸等地区都有。

花果期 7~10 月。

繁殖方式 种子繁殖。

用途 全草入药，有止痛、消炎、镇咳作用，还作"茵陈"的代用品。在牧区为牲畜营养价值良好的饲料。

毛莲蒿 | ▶ 蒿属
学名 *Artemisia vestita* Wall. ex Bess.

别名 万年蒿

形态特征 半灌木，高可达120cm。茎直立，粗壮，多分枝，常丛生。叶两面被白色密茸毛或上面被微柔毛，二次羽状深裂，裂片有时具浅齿。头状花序，复总状排列，有短梗或无梗；总苞近球形、卵形，被茸毛，边缘膜质。瘦果矩圆形。

生境 生于山坡、草地、灌丛、林缘等处。

花果期 8~9月。

繁殖方式 种子繁殖。

用途 有清热、消炎、祛风、利湿功效。亦可饲用。

细裂叶莲蒿 | ▶ 蒿属
学名 *Artemisia gmelinii* Web. ex Stechm.

别名 两色万年蒿、小裂齿蒿

形态特征 半灌木状草本。主根稍粗，木质。茎通常多数，丛生，高10~40(~80)cm，下部木质，上部半木质，紫红色。叶上面初时被灰白色短柔毛，后渐稀疏或近无毛，暗绿色，背面密被灰色或淡灰黄色蛛丝状柔毛。头状花序近球形，密集着生在茎端或在分枝端排成穗状花序或为穗状花序式的总状花序，并在茎上组成狭窄的总状花序式的圆锥花序；总苞片3~4层，外层总苞片椭圆形或椭圆状披针形，中层总苞片卵形，内层总苞片膜质花序托凸起，半球形；雌花10~12朵，花冠狭圆锥状；两性花40~60朵，花冠管状。瘦果长圆形，果壁上有细纵纹。

生境 生于海拔1500~4900m的山坡、草原、半荒漠草原、草甸、灌丛、砾质阶地、滩地等。

花果期 8~10月。

繁殖方式 种子繁殖。

用途 全草入药，可清热解毒、凉血止血，用于泄泻、肠痈、小儿惊风、阴虚潮热、创伤出血。亦可饲用。

野艾蒿 ▶ 蒿属
学名 *Artemisia lavandulaefolia* DC.

别名 荫地蒿、野艾、小叶艾、狭叶艾

形态特征 多年生草本。茎直立，高 50~150cm。下部叶有长柄，二回羽状分裂，中部叶一回羽状分裂，叶下部密被白色蛛丝状毛，上部叶变小。头状花序，多数在枝端排列成狭窄的圆锥花序；花冠狭管状，紫红色。

生境 多生于路旁、林缘、山坡、草地、山谷、灌丛及河湖滨草地等。

花果期 8~9 月。

繁殖方式 分株繁殖。

用途 作"艾"（家艾）的代用品，有散寒、祛湿、温经、止血作用。其嫩苗作蔬菜或腌制酱菜食用。亦可饲用。

线叶菊 ▶ 线叶菊属
学名 *Filifolium sibiricum* (L.) Kitam.

别名 西伯利亚艾菊、兔毛蒿、疔毒花、荆草

形态特征 多年生草本。根粗壮，直伸，木质化。茎丛生，密集，基部具密厚的纤维鞘，高 20~60cm。基生叶有长柄，倒卵形或矩圆形，茎生叶较小，互生，全部叶二至三回羽状全裂。头状花序在茎枝顶端排成伞房花序；总苞球形或半球形，无毛，总苞片 3 层，卵形至宽卵形，黄褐色，盘花多数，黄色。瘦果倒卵形或椭圆形稍压扁，黑色。

生境 生于山坡、草地。

花果期 6~8 月。

繁殖方式 种子繁殖。

用途 有清热解毒、安神、调经功效，主治高热、心悸、失眼、月经不调、痈肿疮疡等症。亦可饲用。

紊蒿 ▶ 紊蒿属
学名 *Elachanthemum intricatum* (Franch.) Ling et Y. R. Ling

形态特征 一年生草本，高 15~35cm。自基部多分枝，并形成球形枝丛。茎淡红色，被稀疏的绵毛。叶无柄，有绵毛，羽状分裂；基部叶和茎中下部的叶长 1~3cm，裂片 7 枚，线形；茎上部叶 5 裂、3 裂或线形不裂。头状花序多数，在茎枝顶端排成疏松伞房花序；总苞杯状半球形，内含 60~100 朵花；总苞片 3~4 层，内外层近等长或外层稍短，最外面有绵毛；全部小花花冠淡黄色，顶端裂片短，三角形，外卷。瘦果斜倒卵形，有 15~20 条细沟纹。

生境 生于荒漠或草原。

花果期 9~10 月。

繁殖方式 种子繁殖。

用途 牧区牲畜饲料。

蓍 ▶ 蓍属
学名 *Achillea millefolium* L.

别名 欧蓍、千叶蓍、锯草

形态特征 多年生草本。具细的匍匐根茎。茎直立，高 40~100cm，上部分枝或不分枝，中部以上叶腋常有缩短的不育枝。叶无柄，披针形、矩圆状披针形或近条形，二至三回羽状全裂。头状花序多数，密集成直径 2~6cm 的复伞房状；总苞矩圆形或近卵形，疏生柔毛；总苞片 3 层，覆瓦状排列，椭圆形至矩圆形，背中间绿色，中脉凸起，边缘膜质，棕色或淡黄色；边花 5 朵，舌片近圆形，白色、粉红色或淡紫红色；盘花两性，管状，黄色。瘦果矩圆形，长约 2mm，淡绿色，有狭的淡白色边肋，无冠状冠毛。

生境 生于湿草地、荒地及铁路沿线。

花果期 7~9 月。

繁殖方式 种子繁殖。

用途 叶、花含芳香油。全草又可入药，有发汗、驱风之效。

亚洲蓍 ▶ 蓍属
学名 *Achillea asiatica* Serg.

形态特征 多年生草本，高 15~50cm。茎单生或数个簇生，被有皱曲长柔毛，中上部有分枝。叶绿色或灰绿色，二至三回羽状全裂，疏生长柔毛，有蜂窝状小腺点。头状花序多数；舌状花粉红色或淡紫色，稀白色。瘦果楔状矩圆形。

生境 生于山坡草地、河边、草场、林缘湿地。

花果期 7~9 月。

繁殖方式 种子繁殖。

用途 全草入药，能清热解毒、祛风止痛，主治风湿、跌打损伤、肠炎、痈疮肿毒等症。

长叶火绒草 | ▶ 火绒草属
学名 *Leontopodium longifolium* Ling

别名 兔耳子草、雪绒花

形态特征 多年生草本。根状茎分枝短，有顶生的莲座状叶丛，或分枝长，平卧，有叶鞘和多数近丛生的花茎，或分枝细长（达30cm）成匍枝状，有短节间和细根和散生的莲座状叶丛。花茎直立，或斜升，被白色或银白色疏柔毛或密茸毛。基部叶或莲座状叶常狭长匙形；茎中部叶直立，和部分基部叶线形、宽线形或舌状线形。头状花序3~30个密集；小花雌雄异株，少有异形花；雄花花冠管状漏斗状，有三角形深裂片；雌花花冠丝状管状，有披针形裂片。瘦果无毛或有乳头状凸起，或有短粗毛。

生境 生于海拔1500~4800m的高山和亚高山的湿润草地、洼地、灌丛或岩石上。

花果期 花果期7~10月。

繁殖方式 种子繁殖。

用途 因"雪绒花"而闻名于世。亦为药用植物，性味辛、凉，归肺经，可解表清热、止咳化痰，用于外感发热、头痛咳嗽、支气管炎。

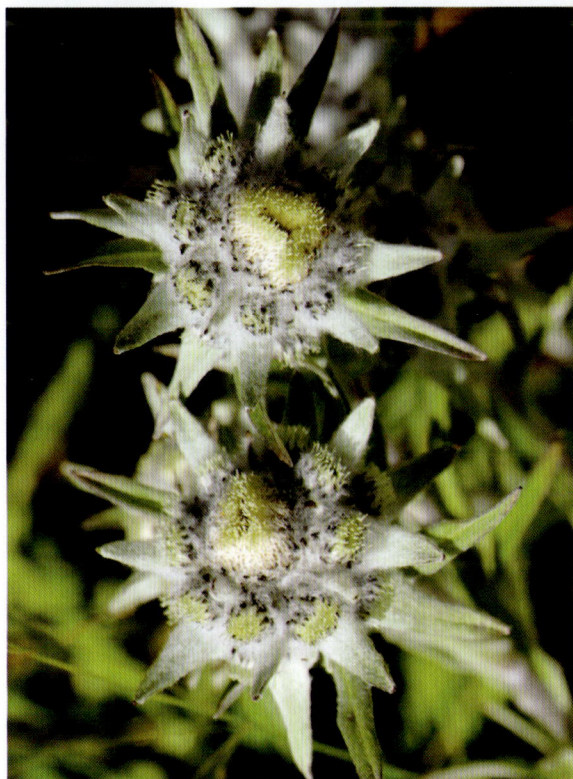

火绒草 | ▶ 火绒草属
学名 *Leontopodium leontopodioides* (Willd.) Beauv

别名 火绒蒿、大头毛香、海哥斯梭利、老头草、老头艾

形态特征 多年生草本。地下茎粗壮，为短叶鞘包裹，有多数簇生的花茎和与花茎同型的根出条，无莲座状叶丛。花茎高 5~45cm，被白色长柔毛或绢状毛。叶直立，条形或条状披针形，上面灰绿色，被柔毛，下面被白色或灰白色密绵毛。头状花序大，3~7 密集，或有总花梗而排列成伞房状。瘦果有乳突或密绵毛。

生境 生于海拔 100~3200m 的干旱草原、黄土坡地、石砾地、山区草地，稀生于湿润地，极常见。

花果期 7~10 月。

繁殖方式 种子繁殖。

用途 药用。亦可作干花。

金盏花 | ▶ 金盏菊属
学名 *Calendula officinalis* L.

别名 金盏菊

形态特征 一年生草本，高 20~75cm。通常自茎基部分枝，绿色或多少被腺状柔毛。基生叶长圆状倒卵形或匙形，长 15~20cm，全缘或具疏细齿，具柄；茎生叶长圆状披针形或长圆状倒卵形，无柄，长 5~15cm，宽 1~3cm，顶端钝，稀急尖，边缘波状具不明显的细齿，基部多少抱茎。头状花序单生茎枝端，直径 4~5cm；小花黄或橙黄色，长于总苞的 2 倍，舌片宽达 4~5mm；管状花檐部具三角状披针形裂片。瘦果全部弯曲，淡黄色或淡褐色。

生境 喜阳光充足环境，适应性较强，能耐 -9℃ 低温，怕炎热天气。不择土壤，以疏松、肥沃、微酸性土壤最好。

花果期 花期 4~9 月，果期 6~10 月。

繁殖方式 播种繁殖。

用途 药用、食用（泡菜）、观赏。

欧亚旋覆花 ▶ 旋覆花属
学名 *Inula britannica* L.

别名 旋覆花、大花旋覆花

形态特征 多年生草本。根状茎短，横走或斜升。茎直立，单生或 2~3 个簇生，高 20~70cm。基部叶在花期常枯萎，长圆形或长圆状披针形、广披针形；茎下部叶较小；茎中上部叶基部宽大，截形或近心形，有耳，半抱茎，先端渐尖或锐尖，全缘或边缘疏具不明显小齿，表面疏被微毛，背面被长柔毛，密生腺点。头状花序 1~5，生于茎顶枝端；苞叶线形或长圆状线形；花序梗细，密被短毛或近无毛；总苞半球形，总苞片 4~5 层，近等长，边缘具纤毛，外层线状披针形，长渐尖，下部干膜质，上部草质，反折，内层干膜质，渐尖；边花 1 层，雌性，舌状，先端 3 齿，黄色，有时疏具腺点；中央花两性，管状，先端 5 齿裂。瘦果圆柱形，疏被柔毛；冠毛糙毛状，1 层，白色。

生境 生于河流沿岸、湿润坡地、田埂和路旁。

花果期 花期 7~9 月，果期 8~10 月。

繁殖方式 种子繁殖。

用途 药用、观赏。

旋覆花 ▶ 旋覆花属
学名 *Inula japonica* Thunb.

别名 金佛花、金佛草、六月菊

形态特征 多年生草本，根状茎短，有粗壮的须根。茎单生，有时 2~3 个簇生，直立，高 30~70cm。叶长圆形、长圆状披针形或披针形，上部叶渐狭小，线状披针形。头状花序直径 3~4cm，多数或少数排列成疏散的伞房花序；花序梗细长；总苞半球形；瘦果，圆柱形。

生境 生于山坡路旁、湿润草地、河岸、田埂。

花果期 花期 6~8 月，果期 8~10 月。

繁殖方式 种子、分株繁殖。

用途 根及叶可治刀伤、疔毒，煎服可平喘镇咳，花可治疗胃部膨胀、咳嗽、呕逆等症。

孔雀草

▶ **万寿菊属**
学名 *Tagetes patula* L.

别名 小万寿菊、红黄草、西番菊、臭菊花、缎子花

形态特征 一年生草本，高 30~100cm。茎直立，通常近基部分枝，分枝斜开展。叶羽状分裂，裂片线状披针形，边缘有锯齿，齿端常有长细芒，齿的基部通常有 1 个腺体。头状花序单生，径 3.5~4cm；舌状花金黄色或橙色，带有红色斑；管状花花冠黄色，长 10~14mm，与冠毛等长，具 5 齿裂。瘦果线形，基部缩小，长 8~12mm，黑色，被短柔毛；冠毛鳞片状，其中 1~2 个长芒状，2~3 个短而钝。

生境 孔雀草的适应性十分强，能耐旱、耐寒，经得起早霜的考验。可自生自长，容易管理。

花果期 7~10 月。

繁殖方式 播种、扦插繁殖。

用途 用作花坛、庭院盆栽的主体花卉。药用有清热解毒、止咳作用。

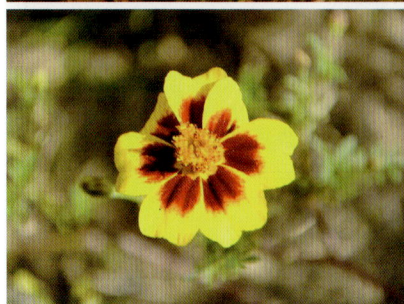

万寿菊

▶ 万寿菊属
学名 *Tagetes erecta* L.

别名 臭芙蓉、臭菊花、金菊花

形态特征 一年生草本，高50~150cm。茎直立，粗壮，具纵细条棱，分枝向上平展。叶羽状分裂，裂片长椭圆形或披针形，边缘具锐锯齿，上部叶裂片的齿端有长细芒。头状花序单生，花序梗顶端棍棒状膨大；舌状花黄色或暗橙色，舌片倒卵形，基部收缩成长爪；管状花花冠黄色，顶端具5齿裂。瘦果线形，基部缩小，黑色或褐色，被短微毛；冠毛有1~2个长芒和2~3个短而钝的鳞片。

生境 喜温暖，向阳，但稍能耐早霜，耐半阴，抗性强，对土壤要求不严，以肥沃、排水良好的沙质壤土为好。耐移植，生长迅速，栽培容易，病虫害较少。

花果期 7~10月。

繁殖方式 种子繁殖为主，也可扦插繁殖。

用途 为常见园林绿化花卉，常用布置花坛、花境，亦可盆栽，作切花。食用为食谱中名菜。药用解毒消肿，可提取叶黄素。

秋英 ▶ 秋英属
学名 *Cosmos bipinnatus* Cav.

别名 秋樱、扫帚梅、波斯菊

形态特征 一年生或多年生草本，高 1~2m。根纺锤状，多须根，或近茎基部有不定根。茎无毛或稍被柔毛。叶二次羽状深裂，裂片线形或丝状线形。头状花序单生；总苞片外层披针形或线状披针形，近革质，淡绿色，具深紫色条纹；舌状花紫红色，粉红色或白色，舌片椭圆状倒卵形；管状花黄色，上部圆柱形，有披针状裂片。瘦果黑紫色，无毛。

生境 喜光，耐贫瘠土壤，忌肥、忌炎热、忌积水，对夏季高温不适应，不耐寒。需疏松肥沃和排水良好的壤土。

花果期 花期 6~8 月，果期 9~10 月。

繁殖方式 直播繁殖。

用途 花境材料。以全草入药，清热解毒、化湿，主治急、慢性痢疾，目赤肿痛；外用治痈疮肿毒。亦为优良园林绿化花卉。

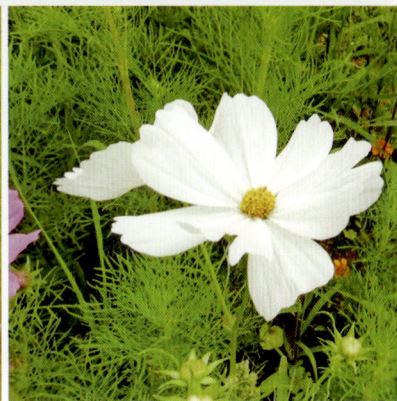

矮狼把草 | ▶ 鬼针草属
学名 *Bidens tripartita* L. var. *repens* (D. Don.) Sherff

形态特征 一年生草本。茎直立，高 10~20cm，有时可达 90cm。叶对生，基部叶楔形，先端尖或渐尖，边缘疏生不整齐大锯齿。头状花序单生于茎枝顶端，总苞盘状；花皆为管状，黄色。瘦果扁平，长圆状倒卵形或倒卵状楔形。

生境 生于水边湿地、沟渠、浅水滩、路边荒野。

花果期 花期 8~9 月，果期 10 月。

繁殖方式 种子繁殖。

用途 有养阴益肺、厚肠止痢、解毒疗疮作用，主治气管炎、肺结核、咽喉炎、扁桃体炎、痢疾、丹毒、癣疮等症。

小花鬼针草 | ▶ 鬼针草属
学名 *Bidens parviflora* Willd.

别名 小鬼叉

形态特征 一年生草本，高 20~90cm。茎直立，近四棱形，具条棱，被短柔毛或近无毛，分枝稍开展。基生叶及茎下部叶花期枯萎；茎中部叶对生，叶柄无翼，叶片二至三回羽状全裂；茎上部叶互生，二回或一回羽状分裂。头状花序单生茎端及枝端，无舌状花，管状花两性，花冠 4 裂。瘦果线状四棱形，稍扁，微向内弯，黑褐色或带黄斑点，具肋，肋具向上刺毛，先端渐狭，具 2 刺芒，具倒生刺毛。

生境 生于路边荒地、林下及水沟边。

花果期 花期 6~8 月，果期 9~10 月。

繁殖方式 种子繁殖。

用途 全草入药，性味苦、平，可清热解毒、活血散瘀，用于感冒发热、咽喉肿痛、肠炎、阑尾炎、痔疮、跌打损伤、冻疮、毒蛇咬伤。

百日菊 | ▶ 百日菊属
学名 *Zinnia elegans* Jacq.

别名 步步登高、火毡花、百日草

形态特征 直立性一年生草本，株高 30~100cm，茎杆有毛。叶宽卵圆形或长圆状椭圆形，基部稍心形抱茎，两面粗糙，基出三脉。夏秋开花，头状花序单生枝顶，舌状花深红色、玫瑰色、紫堇色或白色，舌片倒卵圆形，先端 2~3 齿裂或全缘；管状花黄色或橙色。

生境 喜温暖、不耐寒、怕酷暑、性强健、耐干旱、耐瘠薄、忌连作。根深茎硬不易倒伏。宜在肥沃深土层土壤中生长。生长期适温 15~30℃，适合北方栽培。

花果期 花期 6~9 月，果期 7~10 月。

繁殖方式 播种繁殖。

用途 花大色艳，开花早，花期长，可用于花坛、花带。全草入药，可清热、利湿、解毒，主湿热痢疾、淋证、乳痈、疖肿。

黑心金光菊 | ▶ 金光菊属
学名 *Rudbeckia hirta* L.

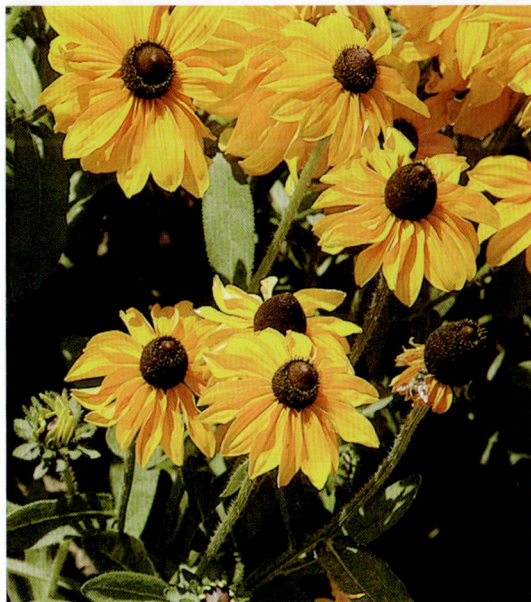

别名 黑眼菊、黑心菊

形态特征 多年生草本，株高 60~90cm，枝叶粗糙。基生叶卵状倒披针形；上部叶互生，匙形或阔披针形，具粗齿。头状花序大，直径约 10cm；舌状花单轮，金黄色；筒状花深褐色，半球形。

生境 露地适应性很强，较耐寒，很耐旱，不择土壤，极易栽培。

花果期 6~10 月。

繁殖方式 播种、分株，扦插繁殖。

用途 庭院丛植、群植，花境、路边栽植，切花。

菊芋 | ▶ 向日葵属
学名 *Helianthus tuberosus* L.

别名 五星草、洋羌、番羌

形态特征 多年生草本，高1~3m。有块状的地下茎及纤维状根。茎直立，有分枝。叶通常对生，有叶柄，但上部叶互生；下部叶卵圆形或卵状椭圆形，有长柄，基部宽楔形或圆形，顶端渐细尖，边缘有粗锯齿，有离基三出脉，上面被白色短粗毛、下面被柔毛，叶脉上有短硬毛；上部叶长椭圆形至阔披针形，基部渐狭，下延成短翅状，顶端渐尖，短尾状。头状花序较大，少数或多数，单生于枝端；有1~2个线状披针形的苞叶，直立，总苞片多层，披针形，顶端长渐尖，背面被短伏毛，边缘被开展的缘毛；托片长圆形，背面有肋、上端不等三浅裂；舌状花通常12~20个，舌片黄色，开展，长椭圆形；管状花花冠黄色。瘦果小，楔形，上端有2~4个有毛的锥状扁芒。

生境 喜疏松、肥沃的沙壤土，宜在地势平坦，排灌方便，耕层深厚地生长。

花果期 8~10月。

繁殖方式 块茎繁殖。

用途 食用、药用、观赏。块茎含有丰富的淀粉，是优良的多汁饲料；新鲜的茎、叶作青贮饲料，营养价值较向日葵为高。块茎也是一种味美的蔬菜并可加工制成酱菜；另外还可制菊糖及酒精，菊糖在医药上是治疗糖尿病的良药，也是一种有价值的工业原料。

苍耳 | ▶ 苍耳属
学名 *Xanthium sibiricum* Patrin ex Widder

别名 苍耳子、菜耳、野茄、菜耳

形态特征 一年生草本，高 20~90cm。根纺锤状，分枝或不分枝。茎直立不分枝或少有分枝，下部圆柱形，上部有纵沟，被灰白色糙伏毛。叶三角状卵形或心形，近全缘，或有 3~5 不明显浅裂，有三基出脉，侧脉弧形，直达叶缘，上面绿色，下面苍白色，被糙伏毛。雄性的头状花序球形，花冠钟形，雌性的头状花序椭圆形；总苞外面有疏生的具钩状的刺。瘦果 2，倒卵形。

生境 常生于平原、丘陵、低山、荒野路边、田边。

花果期 花期 7~8 月，果期 9~10 月。

繁殖方式 种子繁殖。

用途 种子可榨油，苍耳子油与桐油的性质相仿，可掺和桐油制油漆，也可作油墨、肥皂、油毡的原料；又可制硬化油及润滑油。果实供药用。

大丽花 ▶ 大丽花属
学名 *Dahlia pinnata* Cav.

别名 大理菊、天竺牡丹、洋芍药

形态特征 多年生草本。有巨大棒状块根。茎直立，多分枝，高1.5~2m，粗壮。叶一至三回羽状全裂，裂片卵形或长圆状卵形，下面灰绿色，两面无毛。头状花序大，有长花序梗，常下垂；舌状花1层，白色、红色或紫色，常卵形，顶端有不明显的3齿，或全缘；管状花黄色，有时栽培种全部为舌状花。瘦果长圆形。

生境 喜高燥，怕渍水，喜肥沃、排水良好土壤，喜阳光、凉爽，怕炎热，不耐寒。

花果期 花期6~12月，果期9~10月。

繁殖方式 分根和扦插繁殖是大丽花繁殖的主要方法，通过种子繁殖进行育种。

用途 花期长、花径大、花朵多，为世界名花之一，也为张家口市花，适于花坛、花径丛栽，另有矮生品种适于盆栽。根可入药，性味辛、甘、平，归肝经，可活血散瘀，用于跌打损伤。

冀 A2—21 红光

冀 A2—24 粉玉镶金

冀 A2—27 黄鹂

冀 A2—28 白凤

冀 A2—29 绿宝

冀 A2—30 火树银花

冀 A2—26 银锁莲峰

冀 A2—31 包青天

冀 A2—22 美丽红

熊耳草 | ▶ 藿香蓟属
学名 *Ageratum houstonianum* Miller

别名 心叶藿香蓟

形态特征 一年生草本，高 30~70cm 或有时达 1m。无明显主根。茎直立，不分枝，或自中上部或自下部分枝而分枝斜升，或下部茎枝平卧而节生不定根。叶对生，有时上部的叶近互生，宽或长卵形，或三角状卵形；自中部向上及向下和腋生的叶渐小或小，全部叶有叶柄，边缘有规则的圆锯齿，顶端圆形或急尖，基部心形或平截，三出基脉或不明显五出脉，两面被稀疏或稠密的白色柔毛。头状花序 5~15 或更多在茎枝顶端排成直径 2~4cm 的伞房或复伞房花序；花冠檐部淡紫色，5 裂，裂片外面被柔毛。瘦果黑色，有 5 纵棱。

生境 不耐寒、忌炎热、宜温暖、喜光、稍耐阴，对土壤要求不严。

花果期 3~11 月。

繁殖方式 播种、扦插繁殖，能自播繁衍。

用途 绿化观赏、药用。全草药用，性味微苦、凉，有清热解毒之效。

禾本科

看麦娘 | ▶ 看麦娘属
学名 *Alopecurus aequalis* Sobol.

别名 山高粱

形态特征 一年生草本。秆少数丛生，细瘦，光滑，节处常膝曲，高 15~40cm。叶鞘光滑，短于节间；叶舌膜质，长 2~5mm；叶片扁平，长 3~10cm，宽 2~6mm。圆锥花序圆柱状，灰绿色，长 2~7cm，宽 3~6mm；小穗椭圆形或卵状长圆形，长 2~3mm。颖果长约 1mm。

生境 生于海拔较低之田边及潮湿之地。

花果期 4~8 月。

繁殖方式 根茎繁殖。

用途 可作饲草。亦可入药，有利湿消肿、解毒作用，用于水肿、水痘、小儿腹泻、消化不良的治疗。

花蔺科

花蔺 | ▶ 花蔺属
学名 *Butomus umbellatus* L.

形态特征 多年生水生草本，通常成丛生长。根茎横走或斜向生长，节生须根多数。叶基生，长 30~120cm，无柄，先端渐尖，基部扩大成鞘状，鞘缘膜质。花莛葶圆柱形，长约 70cm；花序基部 3 枚苞片卵形，先端渐尖；花被片外轮较小，萼片状，绿色而稍带红色，内轮较大，花瓣状，粉红色。蓇葖果成熟时沿腹缝线开裂，顶端具长喙。种子多数，细小。

生境 生于沼泽、湿地中，水稻田中也很常见。耐寒，喜阳光充足，在通风良好的环境中生长最佳。

花果期 7~9 月。

繁殖方式 分株、播种繁殖。

用途 根茎含淀粉 37%~40%，可酿酒，出酒率达 24%~26%，又可制淀粉。花叶美观，可观赏，用于园林绿化。

香蒲科

小香蒲
▶ 香蒲属
学名 *Typha minima* Funck.

别名 细叶香蒲

形态特征 多年生沼生或水生草本。根状茎姜黄色或黄褐色，先端乳白色。地上茎直立，细弱，矮小，高16~65cm。叶通常基生，鞘状，无叶片，如叶片存在，长15~40cm，宽1~2mm；叶鞘边缘膜质，叶耳向上伸展。雌雄花序远离；雄花无被；雌花具小苞片。小坚果椭圆形。种子黄褐色。

生境 多生于河漫滩与阶地的浅水沼泽、沼泽化草甸及排盐渠沟边的低湿地里。

花果期 5~8月。

繁殖方式 种子、分株繁殖。

用途 富含较多的粗纤维，可用于造纸。叶可用于编织。花粉可药用，可止血、祛瘀、利尿。

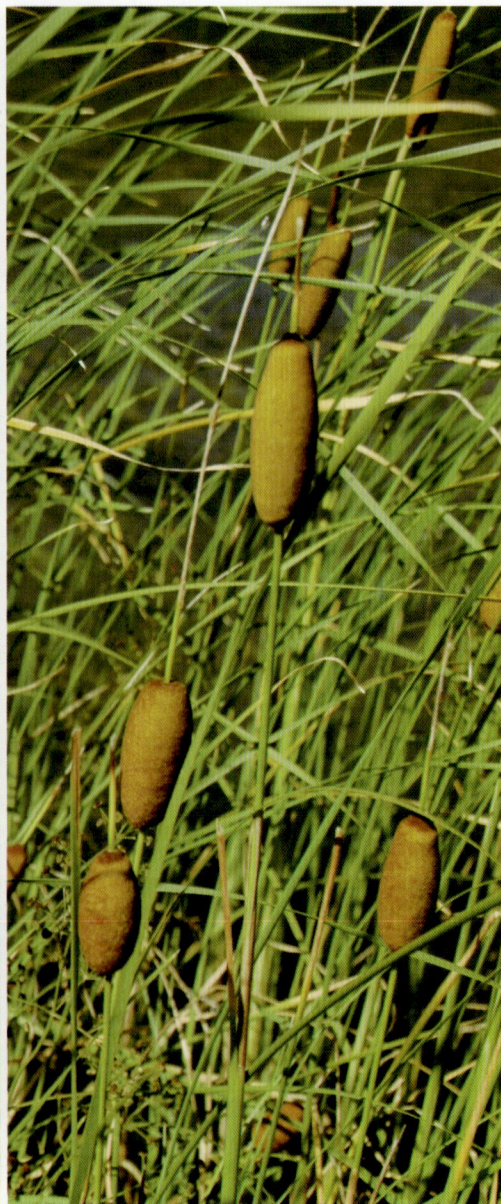

百合科

卷丹 | ▶ 百合属
学名 *Lilium tigrinum* Ker Gawl.

别名 虎皮百合、倒垂莲、药百合

形态特征 叶散生，矩圆状披针形或披针形，两面近无毛，先端有白毛，边缘有乳头状凸起，有5~7条脉；上部叶腋有珠芽，可用于繁殖。花3~6朵或更多；花下垂，花被片披针形，反卷，橙红色，有紫黑色斑点；雄蕊四面张开，花丝长5~7cm，淡红色，无毛，花药矩圆形，长约2cm；花柱长4.5~6.5cm，柱头稍膨大，3裂。蒴果狭长卵形。

生境 生于海拔400~2500m的山坡灌木林下、草地、路边或水旁。性耐寒，耐强烈日照，喜温暖干燥气候，要求高燥、肥沃的沙质壤土，可耐微碱性土壤。

花果期 花期7~8月，果期9~10月。

繁殖方式 鳞茎、种子繁殖。

用途 花形奇特，摇曳多姿，不仅适于园林中花坛、花境及庭院栽植，也可用于切花材料。鳞茎入药，中药名"百合"，养阴润肺、清心安神，用于阴虚久咳、痰中带血、虚烦惊悸、失眠民多梦、精神恍惚。鳞茎富含淀粉，供食用。花含芳香油，可作香料。

山丹 | ▶ 百合属
学名 *Lilium pumilum* DC.

别名 细叶百合

形态特征 花单生或数朵排成总状花序，鲜红色，通常无斑点，下垂；花被片反卷，长4~4.5cm，宽0.8~1.1cm，蜜腺两边有乳头状凸起；花丝长1.2~2.5cm，无毛；子房圆柱形，长0.8~1cm，花柱稍长于子房或长1倍多，长1.2~1.6cm，柱头膨大，径5mm，3裂。蒴果矩圆形，长2cm，宽1.2~1.8cm。

生境 生山海拔400~2600m的坡草地或林缘。耐寒，喜阳光充足，略耐阴，喜微酸性土，忌硬黏土。抗病、抗热、抗寒性及耐盐碱能力强。

花果期 花期7~8月，果期9~10月。

繁殖方式 有性、无性繁殖。

用途 鳞茎含淀粉，供食用。亦可入药，有滋补强壮、止咳祛痰、利尿等功效。花美丽，可栽培供观赏。也含挥发油，可提取供香料用。

渥丹
▶ 百合属
学名 *Lilium concolor* Salisb.

别名 姬百合、红百合、红花矮百合

形态特征 多年生草本。地下鳞茎卵球形。茎高 30~50cm，少数近基部带紫色，有小乳头状凸起。叶散生，条形，脉 3~7 条。花 1~5 朵排成近伞形或总状花序；花直立，星状开展，深红色，无斑点，有光泽。蒴果矩圆形。

生境 生于山坡草丛、路旁，灌木林下。

花果期 花期 6~7 月，果期 8~9 月。

繁殖方式 分球、鳞片扦插、种子繁殖。

用途 为极佳观花植物，用于花坛、花境和专类园的种植。鳞茎含淀粉，可供食用或酿酒。花含芳香油，可作香料。

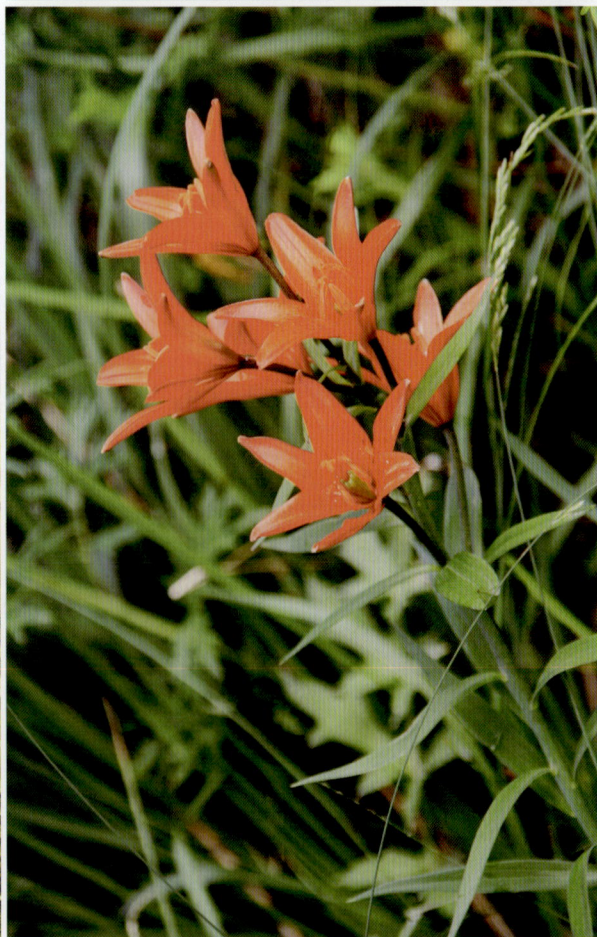

有斑百合 | ▶ 百合属
学名 *Lilium concolor* Salisb. var. *pulchellum* (Fisch.) Regel

别名 渥丹

形态特征 多年生草本。鳞茎卵状球形，鳞茎上方的茎上簇生很多不定根。茎直立，高 30~70cm，光滑无毛，有时近基部带紫色。叶互生，条形或条状披针形，先端渐尖，基部楔形，无柄，两面均无毛，叶脉 3~7 条。花单生或数朵呈总状花序，生于茎顶端，花直立，开展，深红色，有褐色斑点；蜜腺两边具乳头状凸起；花药长矩圆形橙黄色，花粉橘红色。蒴果矩圆形，长约 2.5cm。

生境 生于海拔 600~2170m 的阳坡草地和林下湿地。

花果期 花期 6~7 月，果期 8~9 月。

繁殖方式 鳞茎、种子繁殖。

用途 鳞茎含淀粉，可供食用。也可入药，味甘、性平，可润肺止咳、宁心安神，中药治肺虚久咳、痰中带血、神经衰弱、惊悸、失眠。

矮韭 | ▶ 葱属
学名 *Allium anisopodium* Ledeb.

别名 矮葱

形态特征 多年生草本，高 40~60cm。鳞茎近圆柱状，数枚聚生；鳞茎外皮紫褐色、黑褐色或灰黑色，膜质，不规则破裂。叶半圆柱状。伞形花序生于花葶顶部；花淡紫色至紫红色；外轮花被片卵状矩圆形至阔卵状矩圆形，先端钝圆，内轮花被片倒卵状矩圆形。

生境 生于海拔 1300m 以下的山坡、草地或沙丘。

花果期 6~8 月。

繁殖方式 种子繁殖。

用途 为优良观花植物，可用于专类园种植。

长梗韭 | ▶ 葱属
学名 *Allium neriniflorum* (Herb.) Baker

形态特征 植株无葱蒜气味。鳞茎单生，卵球状至近球状，宽 1~2cm；鳞茎外皮灰黑色，膜质，不破裂，内皮白色，膜质。叶圆柱状或近半圆柱状，中空，具纵棱，沿纵棱具细糙齿，等长于或长于花莛、花莛圆柱状，高 (15~) 20~52cm，粗 1~2mm，下部被叶鞘。总苞单侧开裂，宿存；伞形花序疏散；小花梗不等长，基部具小苞片；花红色至紫红色；花被基部 2~3mm 互相靠合成管状（即靠合部分尚能看见外轮花被片的分离边缘），分离部分星状开展；花丝约为花被片长的 1/2，基部 2~3mm 合生并与靠合的花被管贴生，分离部分锥形；子房圆锥状球形；花柱常与子房近等长，也有更短或更长的，柱头 3 裂。

生境 生于海拔 2000m 以下的山坡、湿地、草地或海边沙地。

花果期 7~9 月。

繁殖方式 种子繁殖。

用途 鳞茎入药，用于治疗跌打损伤、瘀血疼痛、肿胀、闪伤、扭伤、金刀伤。

长柱韭 | ▶ 葱属
学名 *Allium longistylum* Baker

形态特征 多年生草本。鳞茎常数枚聚生，圆柱状；鳞茎外皮红褐色，有光泽，条裂。叶半圆柱状，中空。伞形花序球状，通常具多而密集的花；花被片外轮矩圆形，钝头，背面呈舟状隆起，内轮的卵形，钝头，花红色至紫红色。

生境 生于海拔 2000m 以下的山坡草地。

花果期 7~8 月。

繁殖方式 种子繁殖。

用途 可作为专类园或花坛、花境使用。

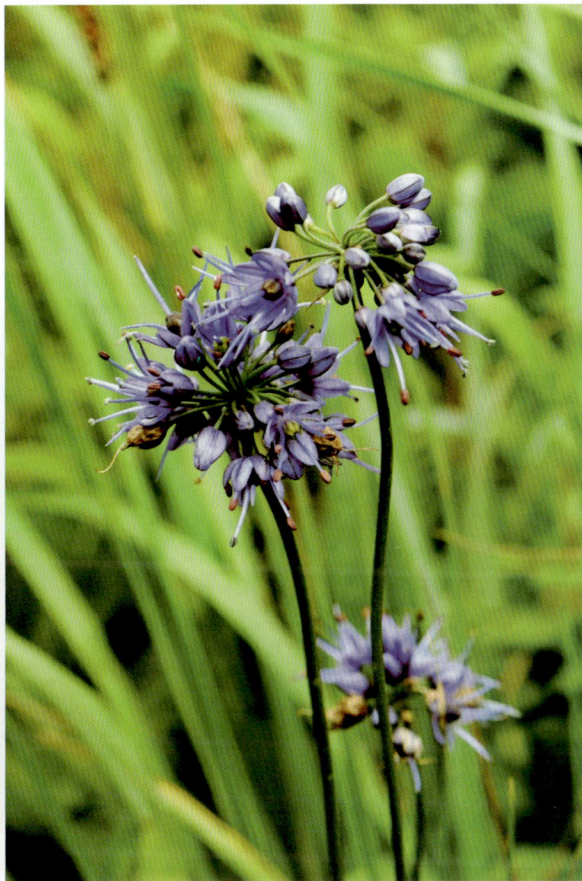

茖葱 | ▶ 葱属
学名 *Allium victorialis* L.

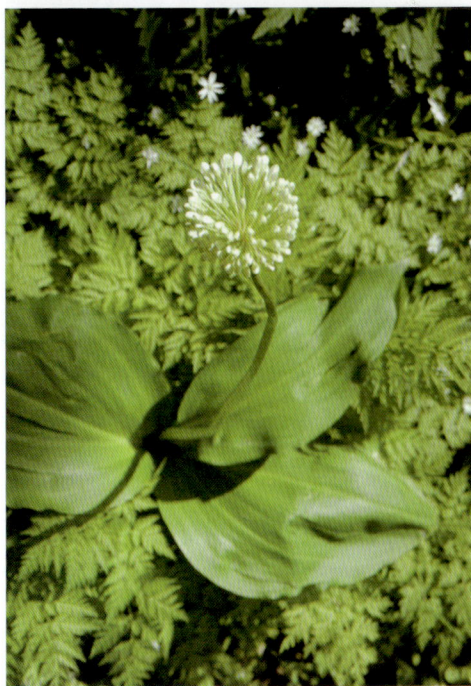

别名 寒葱、山葱、格葱

形态特征 鳞茎单生或 2~3 枚聚生，近圆柱状；鳞茎外皮灰褐色至黑褐色，破裂成纤维状，呈明显的网状。叶 2~3 枚，倒披针状椭圆形至椭圆形，基部楔形，沿叶柄稍下延，花葶圆柱状，高 25~80cm，1/4~1/2 被叶鞘。伞形花序球状，具多而密集的花；小花梗近等长，比花被片长 2~4 倍，果期伸长，基部无小苞片；花白色或带绿色，极稀带红色；内轮花被片椭圆状卵形，常具小齿；外轮的狭而短，舟状；花丝比花被片长 1/4 至 1 倍。

生境 生于海拔 1000~2500m 的阴湿坡山坡、林下、草地或沟边。

花果期 6~8 月。

繁殖方式 鳞茎繁殖。

用途 嫩叶可供食用。鳞茎入药，可散瘀、止血、解毒，主跌打损伤、血瘀肿痛、衄血、疮痈肿痛。

黄花葱 | ▶ 葱属
学名 *Allium condensatum* Turcz.

别名 药葱

形态特征 多年生草本。鳞茎柱状圆锥形，单生，稀2枚聚生；外皮红褐色，薄革质，常具光泽。叶4~7片，圆柱形，中空，光滑，先端渐尖。伞形花序球形，花多而密集，基部具小苞片；花淡黄色，有时先端带粉红色。

生境 生于海拔2000m以下山坡或草地上。

花果期 7~8月。

繁殖方式 种子繁殖。

用途 其嫩叶、鳞茎可食。鳞茎入药，有健胃消肿、发汗散寒功效。

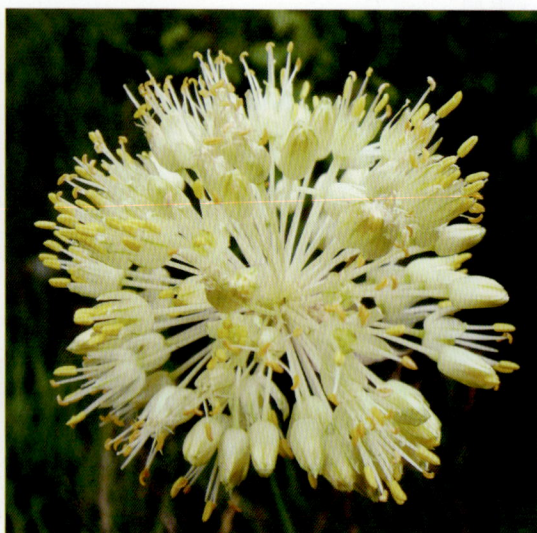

山韭 | ▶ 葱属
学名 *Allium senescens* L.

别名 藿、藿菜

形态特征 多年生草本。鳞茎常单生，卵状至狭卵状或卵状柱形；鳞茎外皮黑色或黑褐色，纸质，内皮有淡红色，膜质。叶三棱状条形，中空或基部中空，背面具1纵棱，呈龙骨状隆起。伞形花序球状，具多而极密集花；花淡红色至紫红色；花被片椭圆形至卵状椭圆形，先端钝圆。

生境 生于海拔2000m以下的草原、草甸或山坡。

花果期 7~8月。

繁殖方式 种子繁殖。

用途 主治脾胃气虚、饮食减少、肾虚不固、小便频数等症。

天蓝韭 | ▶ 葱属
学名 *Allium cyaneum* Regel

形态特征 鳞茎数枚聚生，圆柱状，细长；鳞茎外皮暗褐色，老时破裂成纤维状，常呈不明显的网状。叶半圆柱状，上面具沟槽，比花葶短或超过花葶。花葶圆柱状，常在下部被叶鞘；总苞单侧开裂或2裂，比花序短；伞形花序近扫帚状，有时半球状，少花或多花，常疏散；花天蓝色。

生境 生于海拔2100~5000m的山坡、草地、林下或林缘。

花果期 8~10月。

繁殖方式 种子繁殖。

用途 散寒解表、温中益胃、散瘀止痛。

雾灵韭 | ▶ 葱属
学名 *Allium stenodon* Nakai et Kitagawa

形态特征 鳞茎常数枚簇生，为基部增粗的圆柱状；鳞茎外皮黑褐色至黄褐色，破裂，老时常纤维状，有时略呈网状。叶条形，扁平，近与花葶等长，边缘向下反卷，下面的颜色比上面的淡，干时亦能辨别。花葶圆柱状，中部以下被叶鞘；花序半球状至近半球状，具多而密集的花；花常为蓝色和紫蓝色，稀紫色；内轮花丝基部扩大，扩大部分每侧各具1长齿，或齿的上部又具小齿；小花梗从与花被片近等长直到为其长的1.5倍。

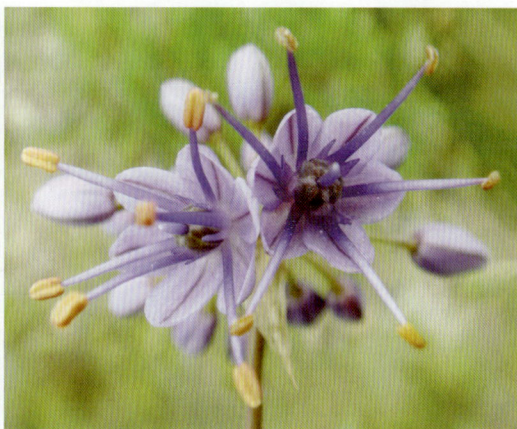

生境 生于海拔1550~3000m的山坡、草地或林下。

花果期 7~9月。

繁殖方式 种子繁殖。

用途 药用类植物。园林中可用作专类园的布置。

薤白 | ▶葱属
学名 *Allium macrostemon* Bunge

别名 小根蒜,密花小根蒜,团葱。

形态特征 鳞茎近球状,外皮带黑色,纸质或膜质,不破裂。叶3~5枚,半圆柱状,或因背部纵棱发达而为三棱状半圆柱形,中空,上面具沟槽,比花莛短。花莛圆柱状,1/4~1/3被叶鞘;伞形花序半球状至球状,具多而密集的花,或间具珠芽或有时全为珠芽;珠芽暗紫色,基部亦具小苞片;花淡紫色或淡红色,花柱伸出花被外。

生境 生于海拔1500m以下的山坡、丘陵、山谷或草地上。

花果期 5~7月。

繁殖方式 珠芽、种子繁殖。

用途 鳞茎、花莛可食用。鳞茎作药用。

野韭 | ▶ 葱属
学名 *Allium ramosum* L.

别名 野韭菜

形态特征 具横生的粗壮根状茎，略倾斜。鳞茎近圆柱状；鳞茎外皮暗黄色至黄褐色，破裂成纤维状，网状或近网状。叶三棱状条形，背面具呈龙骨状隆起的纵棱，中空，比花序短，宽 1.5 ~8 mm，沿叶缘和纵棱具细糙齿或光滑。花莛圆柱状，具纵棱，高 25 ~60 cm；伞形花序半球状或近球状，多花；小花梗近等长；花白色，稀淡红色；花被片具红色中脉，

生境 生于海拔 460~2100m 的干旱、向阳山坡，路边、平原、草坡或草地上。

花果期 6~9月。

繁殖方式 种子繁殖。

用途 叶、花可食用。

北重楼 | ▶ 重楼属
学名 *Paris vertieillata* M.-Bieb.

别名 七叶一枝花

形态特征 植株高 25~60cm。根状茎细长，直径3~5mm。茎绿白色，有时带紫色。叶 (5~) 6~8 枚轮生，披针形、狭矩圆形、倒披针形或倒卵状披针形，先端渐尖，基部楔形，具短柄或近无柄。外轮花被片绿色，叶状，通常 4 (~5) 枚；内轮花被片黄绿色，条形。蒴果浆果状，不开裂，直径约 1cm，具几颗种子。

生境 生于海拔 1100~2300m 的山坡林下、草丛、阴湿地或沟边。

花果期 花期5~6月，果期7~9月。

繁殖方式 种子繁殖。

用途 根可入药，清热解毒、散瘀消肿，用于高热抽搐、咽喉肿痛、痈疖肿毒、毒蛇咬伤。

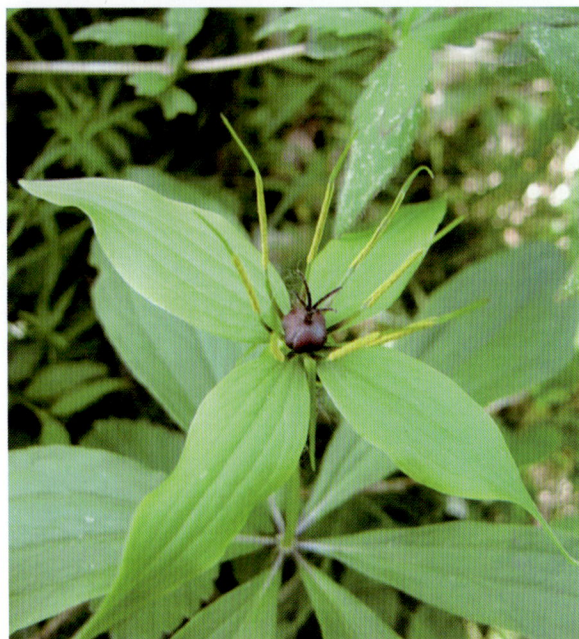

黄精 | ▶ 黄精属
学名 *Polygonatum sibiricum* Delar. ex Redoute

别名 鸡头黄精、黄鸡菜、笔管菜、爪子参、老虎姜、鸡爪参

形态特征 根状茎圆柱状，由于结节膨大，因此"节间"一头粗、一头细，在粗的一头有短分枝。茎高 50~90cm，或可达 1m 以上，有时呈攀缘状。叶轮生，每轮 4~6 枚，条状披针形，花序通常具 2~4 朵花，似成伞形状。花被乳白色至淡黄色，花被筒中部稍缢缩。浆果，直径 7~10mm，黑色，具 4~7 粒种子。

生境 生于海拔 800~2800m 的林下、灌丛或山坡阴处。

花果期 花期 5~6 月，果期 8~9 月。

繁殖方式 块根、种子繁殖。

用途 其肉质根状茎肥厚，可食用。药用植物，具有补脾、润肺生津的作用。

小玉竹 | ▶ 黄精属
学名 *Polygonatum humile* Fisch. ex Maxim.

别名 山铃铛

形态特征 根状茎细圆柱形，直径 3~5mm。茎高 25~50cm，具 7~9 (~11) 叶。叶互生，椭圆形、长椭圆形或卵状椭圆形，先端尖至略钝，下面具短糙毛。花序通常仅具 1 花，花梗长 8~13mm，显著向下弯曲；花被白色，顶端带绿色。浆果蓝黑色，直径约 1cm，有 5~6 粒种子。本种和玉竹很近，区别点仅在于根状茎较细，叶下面具短糙毛和花序通常仅具 1 花。

生境 生于海拔 800~2200m 的地区，一般生于林下或山坡草地。

花果期 花期 5~6 月，果期 7~8 月。

繁殖方式 种子繁殖。

用途 观赏。根状茎入药有养阴润燥、生津止渴的作用。

玉竹 | ▶ 黄精属
学名 *Polygonatum odoratum* (Mill.) Druce.

别名 萎、地管子、尾参、铃铛菜

形态特征 根状茎圆柱形，直径 5~14mm。茎高 20~50cm，具 7~12 叶。叶互生，椭圆形至卵状矩圆形。花序具 1~4 花（在栽培情况下，可多至 8 朵）；花被黄绿色至白色。浆果蓝黑色，直径 7~10mm，具 7~9 粒种子。

生境 生于海拔 500~3000m 的林下或山野阴坡。

花果期 花期 5~6 月，果期 7~9 月。

繁殖方式 种子繁殖。

用途 根状茎药用，系中药"玉竹"。玉竹具养阴、润燥、清热、生津、止咳等功效。用作滋补药品，主治热病伤阴、虚热燥咳、心脏病、糖尿病、结核病等症，并可作级滋补食品、佳肴和饮料，具有保健作用。可提取类黄酮物质，具有降血糖、血脂、血压等作用。

藜芦 | ▶ 藜芦属
学名 *Veratrum nigrum* L.

别名 黑藜芦、山葱

形态特征 植株高可达 1m，通常粗壮，基部的鞘枯死后残留为有网眼的黑色纤维网。叶椭圆形、宽卵状椭圆形或卵状披针形。圆锥花序密生黑紫色花；侧生总状花序近直立伸展，长 4~12(~22)cm，通常具雄花；顶生总状花序常较侧生花序长 2 倍以上，几乎全部着生两性花。蒴果。

生境 生于海拔 1200~3300m 的山坡林下或草丛中。

花果期 7~9 月。

繁殖方式 种子繁殖。

用途 根及根状茎入药，中药名藜芦。有毒。涌吐风痰、杀虫疗疮，用于治疗中风痰壅、癫痫、淋巴管炎、虐疾、乳腺炎、骨折、跌打损伤、头癣、疥疮等症，还可用于灭蛆、蝇等。

天门冬 | ▶ 天门冬属
学名 *Asparagus cochinchinensis* (Lour.) Merr.

别名 三百棒，丝冬，老虎尾巴根

形态特征 攀缘多年生草本。根在中部或近末端成纺锤状膨大。茎平滑，常弯曲或扭曲，长可达 1~2m，分枝具棱或狭翅。叶状枝通常每 3 枚成簇。茎上的鳞片状叶基部延伸为长 2.5~3.5mm 的硬刺，在分枝上的刺较短或不明显。花通常每 2 朵腋生，淡绿色；雄花花被长 2.5~3mm；雌花大小和雄花相似。浆果直径 6~7mm，熟时红色，有 1 粒种子。

生境 生于海拔 1750m 以下的山坡、路旁、疏林下、山谷或荒地上。

花果期 花期 5~6 月，果期 8~10 月。

繁殖方式 种子繁殖。

用途 块根是常用的中药，有滋阴润燥、清火止咳之效。

北黄花菜 | ▶ 萱草属
学名 *Hemerocallis lilioasphodelus* L.

别名 金针菜、黄花苗子

形态特征 多年生草本。根大小变化较大，但一般稍肉质，多少绳索状，粗2~4mm。叶长20~70cm，宽3~12mm。花莛长于或稍短于叶；花序分枝，常为假二歧状的总状花序或圆锥花序，具4至多朵花；苞片披针形，在花序基部的长可达3~6cm，上部的长0.5~3cm，宽3~5(~7)mm；花梗明显，长短不一，一般长1~2cm；花被淡黄色，花被管一般长1.5~2.5cm，决不超过3cm；花被裂片长5~7cm，内三片宽约1.5cm。蒴果椭圆形，约2cm，宽约1.5cm或更宽。

生境 生于海拔500~2300m的草甸、湿草地、荒山坡或灌丛下。

花果期 6~9月。

繁殖方式 播种、分株繁殖。

用途 根及根状茎具清热利尿、凉血止血的功效。用于腮腺类黄疸、小便不利等症的治疗。

黄花菜 | ▶ 萱草属
学名 *Hemerocallis citrina* Baroni

别名 金针菜、柠檬萱草

形态特征 多年生草本。根近肉质，中下部常有纺锤状膨大。叶 7~20 枚，长 50~130cm。花葶长短不一，一般稍长于叶，基部三棱形，有分枝；苞片披针形，自下向上渐短；花多朵，花被淡黄色，有时在花蕾时顶端带黑紫色。蒴果钝三棱状椭圆形，长 3~5cm。种子约 20 多个，黑色，有棱，从开花到种子成熟约需 40~60 天。

生境 生于海拔 2000m 以下的山坡、山谷、荒地或林缘。

花果期 5~9 月。

繁殖方式 分兜繁殖为主。

用途 是重要的经济作物。其花经过蒸、晒，加工成干菜，即金针菜或黄花菜，远销国内外，是很受欢迎的食品，有健胃、利尿、消肿等功效。根可以酿酒。叶可以造纸和编织草垫。花葶干后可以做纸煤和燃料。

亚麻科

宿根亚麻 | ▶ 亚麻属
学名 *Linum perenne* L.

别名 多年生亚麻、豆麻、蓝亚麻

形态特征 多年生草本，高20~90cm。根粗壮，根茎头木质化。茎多数，直立或仰卧，中部以上多分枝，基部木质化。叶互生，叶片狭条形或条状披针形。聚伞花序顶生或生于上部叶腋，蓝色、蓝紫色、淡蓝色；花梗细长。蒴果近球形。种子椭圆形。

生境 生于干旱草原、砂砾质干河滩、干旱山地阳坡、疏灌丛或草地。

花果期 花期6~7月，果期7~9月。

繁殖方式 穴盘育苗、露地直播和扦插繁殖。

用途 为油料植物。亦可用于园林绿化。

石蒜科

葱莲 | ▶ 葱莲属
学名 *Zephyranthes candida* (Lindl.) Herb.

别名 玉帘、葱兰

形态特征 多年生草本。鳞茎卵形,具有明显的颈部。叶狭线形,肥厚,亮绿色,长 20~30cm,宽 2~4mm。花茎中空;花单生于花茎顶端,下有带褐红色的佛焰苞状总苞;总苞片顶端 2 裂;花梗长约 1cm;花白色,外面常带淡红色;几无花被管,花被片 6,长 3~5cm,顶端钝或具短尖头,宽约 1cm,近喉部常有很小的鳞片。蒴果近球形,直径约 1.2cm,3 瓣开裂。种子黑色,扁平。

生境 喜肥沃土壤,喜阳光充足,耐半阴与低湿。

花果期 8~10 月。

繁殖方式 分株、种子繁殖。

用途 全草入药,可平肝、宁心、熄风镇静,主治小儿惊风、羊痫疯。花坛的镶边材料,绿地丛植,最宜作林下半阴处的地被植物,或于庭院小径旁栽植。

鸢尾科

矮紫苞鸢尾 | ▶ 鸢尾属
学名 *Iris ruthenica* Ker Gawl.

别名 紫石蒲

形态特征 多年生草本。根状茎斜伸，二歧分枝，节明显，外被褐色纤维。叶条形，基部为退化成鞘状的叶片所包。花茎从叶中抽出，具1~2朵花；花浅蓝色或蓝色，具白色及紫色条纹和斑点；花柱花瓣状深紫红色，柱头三角形，子房狭纺锤形。蒴果短而圆。种子球形，具白色附属物。

生境 向阳沙质地或山坡草地。

花果期 花期5~6月，果期7~8月。

繁殖方式 种子繁殖。

用途 为常见的园林观赏花卉。

蝴蝶花 | ▶ 鸢尾属
学名 *Iris japonica* Thunb.

别名 日本鸢尾、开喉箭、兰花草、扁竹、剑刀草、豆豉草、扁担叶、扁竹根、铁豆柴

形态特征 多年生草本。根状茎可分为较粗的直立根状茎和纤细的横走根状茎，直立的根状茎扁圆形，具多数较短的节间，棕褐色，横走的根状茎节间长，黄白色。叶基生，暗绿色，有光泽，近地面处带红紫色，剑形，长25~60cm，宽1.5~3cm，顶端渐尖，无明显的中脉。花茎直立，高于叶片，顶生稀疏总状聚伞花序，分枝5~12个；花淡蓝色或蓝紫色，直径4.5~5 cm；外花被裂片倒卵形或椭圆形，长2.5~3cm，宽1.4~2cm，顶端微凹，基部楔形，边缘波状，有细齿裂，中脉上有隆起的黄色鸡冠状附属物；内花被裂片椭圆形或狭倒卵形，长2.8~3cm，宽1.5~2.1cm，爪部楔形，顶端微凹，边缘有细齿裂，花盛开时向外展开。蒴果椭圆状柱形，长2.5~3cm，直径1.2~1.5cm，顶端微尖，基部钝，无喙，6条纵肋明显，成熟时自顶端开裂至中部。种子黑褐色，为不规则的多面体，无附属物。

生境 生于山坡较阴蔽而湿润的草地、疏林下或林缘草地。

花果期 花期3~4月，果期5~6月。

繁殖方式 分株、种子、种球繁殖。

用途 入药，可清热解毒、消瘀逐水，治疗小儿发烧、肺病咳血、喉痛、外伤瘀血等。多用于花群、花丛以及花境。

马蔺 | ▶ 鸢尾属
学名 *Iris lactea* Pall. var. *chinensis* (Fisch.) Koidz.

别名 马莲、马兰花

形态特征 多年生草本植物。根状茎短而粗壮，须根长而坚硬，绳状。基生叶多数，条形或狭剑形。花莛多数丛生，高 10~35cm；花淡蓝色，具有紫色脉纹。为坝上地区早春开花较早的野生花卉之一。

生境 广布于坝上草原及低湿草甸上。

花果期 花期 5~6 月，果期 6~9 月。

繁殖方式 种子繁殖。

用途 其绿期长，花淡雅美丽，适宜用在城市开放绿地、道路两侧绿化隔离带和缀花草地中。

囊花鸢尾 | ▶ 鸢尾属
学名 *Iris ventricosa* Pall.

别名 巨苞鸢尾

形态特征 多年生密丛草本。具木质块状根状茎。茎生叶坚韧线形。花莛长 10~15cm；鞘状苞膨大，呈纺锤形；花冠蓝紫色；外轮花被有紫色斑纹。蒴果三棱状卵圆形。

生境 生于固定沙丘或沙质草甸。

花果期 花期 6~7 月，果期 7~8 月。

繁殖方式 种子繁殖。

用途 花形奇特，清雅秀美，为优良观花植物。

溪荪 | ▶ 鸢尾属
学名 *Iris sanguinea* Donn. ex Horn.

别名 东方鸢尾、西伯利亚鸢尾东方变种

形态特征 多年生草本。根状茎粗壮，斜伸，须根绳索状，灰白色，有皱缩横纹。叶条形，中脉不明显。花茎光滑，实心，具1~2枚茎生叶；苞片3枚，膜质，绿色，披针形，内含2朵花；花天蓝色。果实长卵状圆柱形。

生境 生于沼泽地、湿草地或向阳坡地。

花果期 花期5~6月，果期7~9月。

繁殖方式 种子繁殖。

用途 可用做园林绿化和插花花卉，主要用于林下观赏、绿地片植、草地点缀、模纹花坛等。

美人蕉科

美人蕉 | ▶ 美人蕉属
学名 *Canna indica* L.

别名 大花美人蕉、红艳蕉、兰蕉

形态特征 具多年生球根，高可达150cm。叶宽大，卵状长圆形。花单生，雌雄同株，花直径可达20cm；花瓣直伸，具4枚瓣化雄蕊；花色有乳白、鲜黄、橙黄、橘红、粉红、大红、紫红、斑点等50多个品种。

生境 喜温暖，不耐寒。对土壤要求不严，在疏松肥沃、排水良好的沙土壤中生长最佳，也适应于肥沃黏质土壤生长。

花果期 3~11月。

繁殖方式 播种、分株繁殖。

用途 叶片翠绿，花朵艳丽，为重要观花植物。广泛用于道路绿化、小区美化、公园、厂区绿化。

兰　科

凹舌兰 | ▶ 凹舌兰属
学名 *Coeloglossum viride* (L.) Hartrn.

别名　绿花凹舌兰、台湾裂唇兰、猪儿菜

形态特征　植株高 14~45cm。块茎肉质，前部呈掌状分裂。茎直立，基部具筒状鞘，鞘之上具叶，叶之上常具 1 至数枚苞片状小叶。叶片狭倒卵状长圆形、椭圆形或椭圆状披针形，直立伸展，先端钝或急尖，基部收狭成抱茎的鞘。总状花序；花苞片线形或狭披针形，直立伸展，常明显较花长；子房纺锤形，扭转，连花梗长约 1cm；花绿黄色或绿棕色，直立伸展；萼片基部常稍合生，几等长，中萼片直立，凹陷呈舟状、卵状椭圆形，先端钝，具 3 脉；侧萼片偏斜，卵状椭圆形，较中萼片稍长，先端钝，具 4~5 脉；花瓣直立，线状披针形，较中萼片稍短，宽约 1mm，具 1 脉，与中萼片靠合呈兜状；唇瓣下垂，肉质，倒披针形，较萼片长，基部具囊状距，上面在近部的中央有 1 条短的纵褶片，前部 3 裂，侧裂片较中裂片长，中裂片小；距卵球形。蒴果直立，椭圆形，无毛。

生境　生于山坡林下、灌丛下或山谷林缘湿地。

花果期　花期（5~）6~8 月，果期 9~10 月。

繁殖方式　种子、块根繁殖。

用途　适宜盆栽观赏，有较高的园林观赏价值。

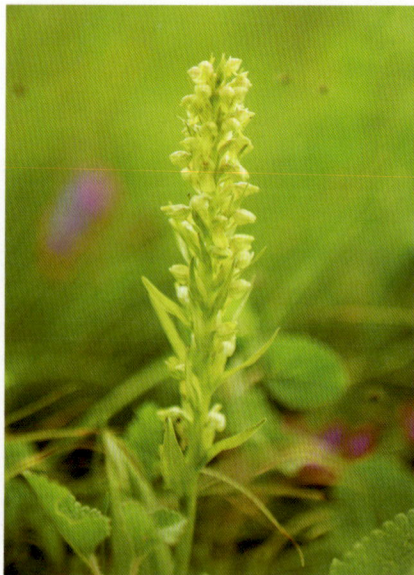

北方红门兰 | ▶ 红门兰属
学名 *Orchis roborovskii* Maxim.

形态特征　多年生草本，株高 5~15cm，具狭圆柱状、伸长、平展、肉质的根状茎。茎直立，圆柱形。叶 1 枚，有时 2 枚，基生，叶片卵形、卵圆形或狭长圆形，直立伸展。总状花序，具 1~5 朵花，常偏向一侧，簇生，紫红色。

生境　生于海拔 1700~2000m 的山坡林下、灌丛及高山草地。

花果期　花期 6~7 月，果期 8 月。

繁殖方式　种子繁殖。

用途　其产区狭小，花色艳丽，为坝上地区特有珍贵兰科植物。块茎可代替"拳参"入药，有补气养血、消炎解毒作用。

手参

▶ 手参属
学名 *Gymnadenia conopsea* (L.) R. Br.

别名 佛手参、佛掌参、虎掌参、手儿参

形态特征 植株高 20~60cm。块茎椭圆形，肉质，下部掌状分裂，裂片细长。茎直立，圆柱形，基部具 2~3 枚筒状鞘，其上具 4~5 枚叶，上部具 1 至数枚苞片状小叶。叶片线状披针形、狭长圆形或带形，先端渐尖或稍钝，基部收狭成抱茎的鞘。总状花序具多数密生的花，圆柱形；花苞片披针形，直立伸展，先端长渐尖成尾状，长于或等长于花；子房纺锤形，顶部稍弧曲；花粉红色，罕为粉白色；中萼片宽椭圆形或宽卵状椭圆形，先端急尖，略呈兜状；侧萼片斜卵形，反折，边缘向外卷，较中萼片稍长或几等长，先端急尖；花瓣直立，斜卵状三角形，与中萼片等长，与侧萼片近等宽，边缘具细锯齿，先端急尖，具 3 脉，前面的 1 脉常具支脉，与中萼片相靠；唇瓣向前伸展，宽倒卵形，前部 3 裂，中裂片较侧裂片大，三角形，先端钝或急尖；距细而长，狭圆筒形，下垂，稍向前弯，向末端略增粗或略渐狭，长于子房；花粉团卵球形，具细长的柄和黏盘，黏盘线状披针形。

生境 生于海拔 265~4700m 的山坡林下、草地或砾石滩草丛中。

花果期 花期 6~8 月，果期 7~9 月。

繁殖方式 种子繁殖。

用途 其性甘、微苦，可补肾益精，主治病后体弱、咳嗽、跌打损伤等症。

绶草 ▶ 绶草属
学名 *Spiranthes sinensis* (Pers.) Ames

别名 盘龙参

形态特征 总状花序螺旋状扭转，长 4~10cm；花茎直立，上部被腺状柔毛至无毛；花苞片卵状披针形，先端长渐尖，下部的比子房略长；花小，紫红色、粉红色或白色，在花序轴上呈螺旋状排生；花瓣斜菱状长圆形，先端钝，与中萼片等长但较薄；唇瓣宽长圆形，凹陷，先端极钝，前半部上面具长硬毛且边缘具强烈皱波状啮齿，基部呈浅囊状。

生境 生于海拔 200~3400m 的山坡林下、灌丛下、草地或河滩沼泽草甸中。

花果期 7~9 月。

繁殖方式 种子繁殖。

用途 有止咳平喘、抗菌消炎、降压止痛功效，可用于治疗高血压、喘息咳嗽、慢性气管炎等症。

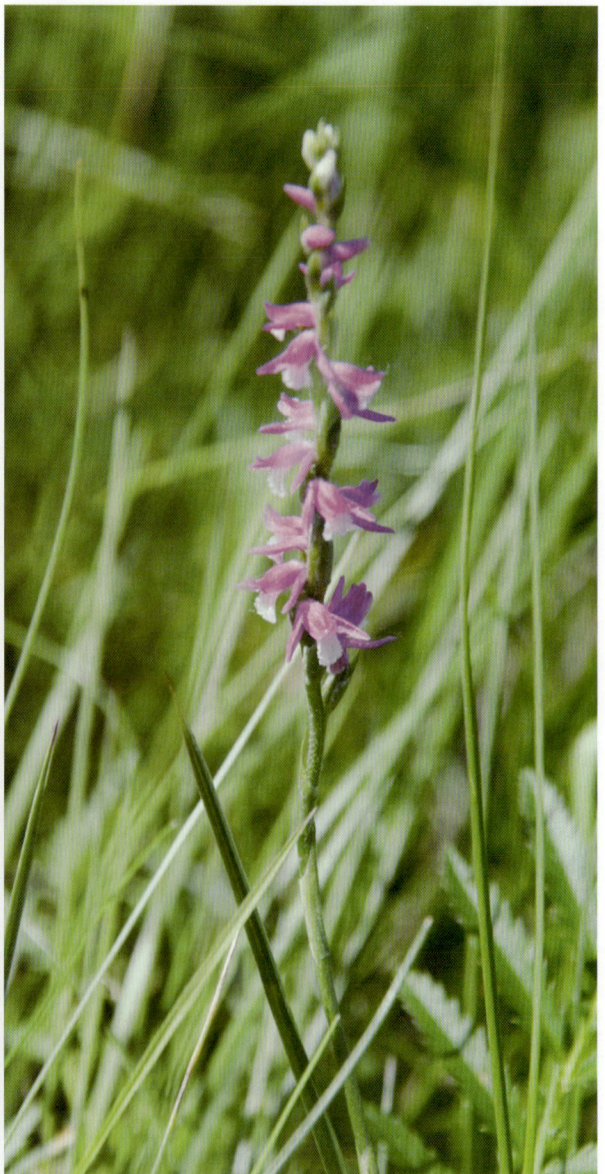

参考文献

《河北植物志》编委会 . 河北植物志 . 石家庄：河北科学技术出版社，1986.

钱崇澍，陈焕镛，等 . 中国植物志 . 北京：中国科学院科学出版社，2004.

赵建成，等 . 小五台山植物志 . 北京：科学出版社，2011.

赵庆钢 . 河北坝上野生花卉 . 石家庄：河北美术出版社，2008.

中文名称索引

A

阿尔泰狗娃花 / 283
矮韭 / 317
矮狼把草 / 306
矮生多裂委陵菜 / 82
矮紫苞鸢尾 / 331
凹舌兰 / 336

B

八宝 / 61
巴天酸模 / 15
白苞筋骨草 / 188
白刺 / 128
白花草木犀 / 114
白花点地梅 / 160
白花碎米荠 / 55
白毛花旗杆 / 53
白屈菜 / 48
白头翁 / 28
白鲜 / 129
白缘蒲公英 / 269
白芷 / 148
百里香 / 200
百日菊 / 307
败酱 / 244
斑叶蒲公英 / 269
半钟铁线莲 / 37
瓣蕊唐松草 / 36
抱茎小苦荬 / 271
北柴胡 / 146
北方红门兰 / 336
北方拉拉藤 / 222
北方沙参 / 228
北黄花菜 / 327
北京丁香 / 165
北京假报春 / 161
北乌头 / 42
北芸香 / 130
北重楼 / 323
扁蕾 / 169
并头黄芩 / 189
波叶大黄 / 8
播娘蒿 / 52
薄荷 / 202

C

苍耳 / 309
苍术 / 250
糙苏 / 195

糙叶败酱 / 244
草本威灵仙 / 208
草地风毛菊 / 250
草地老鹳草 / 124
草麻黄 / 6
草木犀 / 114
草木犀状黄耆 / 102
草原石头花 / 20
叉分蓼 / 9
长瓣铁线莲 / 38
长梗韭 / 318
长叶点地梅 / 160
长叶火绒草 / 299
长叶碱毛茛 / 33
长柱韭 / 319
长柱沙参 / 229
朝天委陵菜 / 83
车前 / 226
川续断 / 241
串铃草 / 196
垂果南芥 / 54
刺儿菜 / 258
刺果茶藨子 / 65
刺果峨参 / 150
刺玫蔷薇 / 92
刺五加 / 145
葱莲 / 330
粗根老鹳草 / 125
翠菊 / 281
翠雀 / 29

D

达乌里黄耆 / 103
达乌里秦艽 / 171
达乌里芯芭 / 219
打碗花 / 178
大苞柴胡 / 146
大萼委陵菜 / 83
大花溲疏 / 70
大戟 / 132
大丽花 / 310
大婆婆纳 / 217
大山黧豆 / 121
大叶糙苏 / 196
大籽蒿 / 294
单子麻黄 / 6
灯心草蚤缀 / 25
低矮华北乌头 / 43
地被菊 / 290
地丁草 / 51
地椒 / 201

地梢瓜 / 175
地榆 / 97
东北茶藨子 / 66
东方草莓 / 92
东风菜 / 282
东陵绣球 / 73
东亚唐松草 / 37
冬葵 / 136
独行菜 / 52
短毛独活 / 149
短尾铁线莲 / 39
钝萼附地菜 / 183
钝叶瓦松 / 64
多茎委陵菜 / 84
多裂叶荆芥 / 193
多叶棘豆 / 104
多叶羽扇豆 / 123

E

鹅肠菜 / 17
鹅绒藤 / 175
鹅绒委陵菜 / 84
额河千里光 / 278
二裂委陵菜 / 85
二色补血草 / 163

F

翻白草 / 85
反枝苋 / 16
返顾马先蒿 / 211
防风 / 150
飞廉 / 262
飞蓬 / 289
费菜 / 63
粉报春 / 158
风毛菊 / 251
福王草 / 271
辐状肋柱花 / 174
附地菜 / 184

G

甘草 / 108
甘菊 / 291
杠柳 / 177
高山蓼 / 9
高山紫菀 / 286
高乌头 / 43
茖葱 / 319
葛缕子 / 152

狗舌草 / 278
狗娃花 / 283
光萼溲疏 / 71
广布野豌豆 / 118

H

海州香薷 / 203
旱麦瓶草 / 23
鹤虱 / 184
黑柴胡 / 147
黑果枸子 / 79
黑心金光菊 / 307
红柴胡 / 148
红丁香 / 166
红花锦鸡儿 / 110
红花鹿蹄草 / 157
红景天 / 62
红蓼 / 10
红瑞木 / 154
红色马先蒿 / 212
'红王子'锦带 / 235
红纹马先蒿 / 212
红直獐牙菜 / 174
胡枝子 / 101
蝴蝶花 / 332
虎榛子 / 7
花蔺 / 313
花锚 / 170
花苜蓿 / 115
花葱 / 181
华北八宝 / 61
华北白前 / 176
华北覆盆子 / 81
华北蓝盆花 / 242
华北楼斗菜 / 32
华北乌头 / 44
华北鸦葱 / 265
华北珍珠梅 / 77
华水苏 / 198
华西忍冬 / 236
黄刺玫 / 93
黄海棠 / 138
黄花补血草 / 164
黄花菜 / 328
黄花葱 / 320
黄花列当 / 221
黄精 / 324
黄芦木 / 247
黄毛囊吾 / 274
黄芩 / 190
火媒草 / 257
火绒草 / 300
藿香 / 192

J

鸡树条荚蒾 / 233
鸡腿堇菜 / 139
冀北翠雀花 / 30
假水生龙胆 / 172
剪秋罗 / 18

角蒿 / 220
接骨木 / 234
芥菜 / 59
金灯藤 / 179
金花忍冬 / 237
金莲花 / 31
金露梅 / 86
金山绣线菊 / 74
金焰绣线菊 / 75
金银忍冬 / 238
金盏花 / 301
筋骨草 / 189
京风毛菊 / 251
京黄芩 / 191
荆条 / 186
桔梗 / 228
菊苣 / 273
菊叶委陵菜 / 87
菊芋 / 308
菊状千里光 / 279
苣荬菜 / 268
瞿麦 / 21
卷丹 / 315
卷耳 / 19
蕨 / 5

K

看麦娘 / 312
孔雀草 / 303
苦荞麦 / 14
宽芹叶铁线莲 / 39
魁蓟 / 259

L

蓝刺头 / 249
蓝萼香茶菜 / 206
蓝花棘豆 / 105
狼毒 / 141
狼毒大戟 / 132
棱子芹 / 152
冷蒿 / 294
藜芦 / 325
连翘 / 168
莲座蓟 / 260
辽藁本 / 151
疗齿草 / 209
林风毛菊 / 252
林荫千里光 / 280
留兰香 / 202
柳穿鱼 / 210
柳兰 / 143
柳叶马鞭草 / 186
六道木 / 235
龙芽草 / 97
漏芦 / 263
路边青 / 82
驴蹄草 / 34
轮叶马先蒿 / 213
轮叶沙参 / 230
落新妇 / 67

M

麻花头 / 264
马兰 / 285
马蔺 / 333
蚂蚱腿子 / 248
麦仙翁 / 20
蔓茎蝇子草 / 23
牻牛儿苗 / 126
毛茛 / 35
毛建草 / 195
毛连菜 / 272
毛莲蒿 / 295
毛蕊老鹳草 / 125
玫瑰 / 94
莓叶委陵菜 / 87
梅花草 / 68
美蔷薇 / 95
美人蕉 / 335
蒙古风毛菊 / 252
蒙古岩黄耆 / 109
密花香薷 / 203
密花岩风 / 153
棉团铁线莲 / 40
木香薷 / 204

N

囊花鸢尾 / 333
柠条锦鸡儿 / 111
牛蒡 / 256
牛扁 / 45
牛叠肚 / 81
女娄菜 / 24

O

欧亚旋覆花 / 302
欧洲丁香 / 167

P

蓬子菜 / 223
披针叶野决明 / 100
婆罗门参 / 267
蒲公英 / 270

Q

千屈菜 / 142
牵牛花 / 179
浅裂剪秋罗 / 18
茜草 / 225
芹叶铁线莲 / 41
秦艽 / 173
箐姑草 / 17
秋英 / 305
全缘橐吾 / 275
全缘叶绿绒蒿 / 48
拳参 / 10

R

忍冬 / 239
日本景天 / 63
绒背蓟 / 261
乳浆大戟 / 133
乳苣 / 267

S

三裂地蔷薇 / 91
三裂绣线菊 / 75
三脉紫菀 / 287
砂狗娃花 / 284
砂珍棘豆 / 106
山丹 / 315
山遏蓝菜 / 53
山尖子 / 277
山韭 / 320
山黧豆 / 122
山柳菊 / 274
山马兰 / 285
山牛蒡 / 257
山泡泡 / 106
山岩黄耆 / 110
山野豌豆 / 119
芍药 / 26
少花老鹳草 / 126
少花米口袋 / 107
蛇床 / 153
升麻 / 70
薯 / 298
石龙芮 / 35
石沙参 / 231
石生蝇子草 / 25
石竹 / 22
手参 / 337
绶草 / 338
鼠尾草 / 199
鼠掌老鹳草 / 127
蜀葵 / 137
树锦鸡儿 / 111
水棘针 / 187
水金凤 / 135
水蓼 / 11
水苏 / 198
水枸子 / 79
宿根亚麻 / 329
酸模叶蓼 / 12
穗花马先蒿 / 214

T

塔氏马先蒿 / 215
太平花 / 69
唐古特忍冬 / 239
糖芥 / 57
藤长苗 / 178
天蓝韭 / 321
天蓝苜蓿 / 116
天门冬 / 326

天仙子 / 207
田旋花 / 180
土庄绣线菊 / 76
橐吾 / 275

W

瓦松 / 64
歪头菜 / 120
豌豆 / 122
万寿菊 / 304
伪泥胡菜 / 265
委陵菜 / 88
卫矛 / 134
蝟菊 / 258
蚊子草 / 80
萎蒿 / 297
渥丹 / 316
乌苏里风毛菊 / 253
无毛蚊子草 / 80
五味子 / 47
勿忘草 / 185
雾灵韭 / 321

X

西伯利亚蓼 / 13
西伯利亚远志 / 131
溪荪 / 334
习见蓼 / 13
细叉梅花草 / 69
细裂叶莲蒿 / 295
细叶沙参 / 232
细叶穗花 / 218
细叶益母草 / 197
狭苞橐吾 / 276
仙客来 / 162
纤细拉拉藤 / 224
线叶菊 / 296
腺毛委陵菜 / 89
香花芥 / 58
香青兰 / 194
香薷 / 205
小丛红景天 / 62
小红菊 / 293
小花草玉梅 / 45
小花风毛菊 / 253
小花鬼针草 / 306
小花溲疏 / 72
小花糖芥 / 58
小米草 / 218
小香蒲 / 314
小叶茶藨子 / 67
小叶锦鸡儿 / 112
小玉竹 / 324
楔叶菊 / 292
斜茎黄耆 / 103
缬草 / 246
薤白 / 322
兴安胡枝子 / 102
星毛委陵菜 / 89

熊耳草 / 311
绣线菊 / 76
旋覆花 / 302
旋花 / 180

Y

鸦葱 / 266
亚洲薯 / 298
胭脂花 / 159
岩茴香 / 151
野艾蒿 / 296
野火球 / 113
野蓟 / 261
野韭 / 323
野苜蓿 / 116
野西瓜苗 / 136
野罂粟 / 49
异叶败酱 / 245
阴行草 / 219
银背风毛菊 / 254
银莲花 / 46
银露梅 / 90
迎红杜鹃 / 155
有斑百合 / 317
榆叶梅 / 99
虞美人 / 50
玉竹 / 325
缘毛棘豆 / 107
月季花 / 96
月见草 / 144

Z

早开堇菜 / 140
窄叶蓝盆花 / 243
展枝沙参 / 232
掌叶多裂委陵菜 / 91
照山白 / 156
针叶天蓝绣球 / 182
珍珠梅 / 78
芝麻菜 / 60
中国马先蒿 / 216
重瓣榆叶梅 / 98
皱黄耆 / 104
皱叶酸模 / 15
珠芽蓼 / 14
诸葛菜 / 60
猪殃殃 / 225
紫斑风铃草 / 227
紫斑牡丹 / 27
紫苞雪莲 / 255
紫丁香 / 167
紫花杯冠藤 / 177
紫花地丁 / 140
紫花忍冬 / 240
紫花碎米荠 / 56
紫苜蓿 / 117
紫穗槐 / 101
紫菀 / 288

拉丁学名索引

A

Abelia biflora Turcz.　235
Achillea asiatica Serg.　298
Achillea millefolium L.　298
Aconitum barbatum Pers. var. *puberulum* Ledeb.　45
Aconitum jeholense Nakai et Kitag. var. *angustius* W.T.Wang　44
Aconitum kusnezoffii Reichb.　42
Aconitum sinomontanum Nakai　43
Aconitum soongaricum Stapf var. *jeholense* (Nakai et Kitag.) W.T.Wang　43
Adenophora borealis Hong et Zhao Ye-zhi　228
Adenophora divaricata Franch. et Sav.　232
Adenophora paniculata Nannf.　232
Adenophora polyantha Nakai　231
Adenophora stenanthina (Ledeb.) Kitagawa　229
Adenophora tetraphylla (Thunb.) Fisch.　230
Agastache rugosa (Fisch. et Mey) O. Ktze.　192
Ageratum houstonianum Miller　311
Agrimonia pilosa Ldb.　97
Agrostemma githago L.　20
Ajuga ciliata Bunge　189
Ajuga lupulina Maxim.　188
Alcea rosea L.　137
Allium anisopodium Ledeb.　317
Allium condensatum Turcz.　320
Allium cyaneum Regel　321
Allium longistylum Baker　319
Allium macrostemon Bunge　322
Allium neriniflorum (Herb.) Baker　318
Allium ramosum L.　323
Allium senescens L.　320
Allium stenodon Nakai et Kitagawa　321
Allium victorialis L.　319
Alopecurus aequalis Sobol.　312
Amaranthus retroflexus L.　16
Amethystea caerulea L.　187
Amorpha fruticosa L.　101
Amygdalus triloba (Lindl.) Ricker f. *multiplex* (Bunge) Rehd.　98
Amygdalus triloba （Lindl.） Ricker　99
Androsace incana Lam.　160
Androsace longifolia Turcz.　160
Anemone cathayensis Kitag.　46
Anemone rivularis Buch. Ham. var. *flore-minore* Maxim.　45
Angelica dahurica (Fisch. ex Hoffm.) Benth. et Hook. f. ex Franch. et Sav.　148
Anthriscus nemorosa (M. Bieb.) Spreng.　150
Aquilegia yabeana Kitag.　32
Arabis pendula L.　54
Arctium lappa L.　256
Arenaria juncea Bieb.　25
Artemisia frigida Willd.　294
Artemisia gmelinii Web. ex Stechm.　295
Artemisia lavandulaefolia DC.　296
Artemisia sieversiana Ehrhart ex Willd.　294
Artemisia vestita Wall. ex Bess.　295
Asparagus cochinchinensis (Lour.) Merr.　326

Aster ageratoides Turcz.　287
Aster alpinus L.　286
Aster tataricus L. f.　288
Astilbe chinensis (Maxim.) Franch. et Savat.　67
Astragalus adsurgens Pall.　103
Astragalus dahuricus (Pall.) DC.　103
Astragalus melilotoides Pall.　102
Astragalus tataricus Franch.　104
Atractylodes lancea (Thunb.) DC.　250

B

Berberis amurensis Rupr.　247
Bidens parviflora Willd．　306
Bidens tripartita L. var. *repens* (D. Don.) Sherff　306
Brassica juncea (L.) Czern. et Coss.　59
Bupleurum chinense DC.　146
Bupleurum euphorbioides Nakai　146
Bupleurum scorzonerifolium Willd.　148
Bupleurum smithii Wolff　147
Butomus umbellatus L.　313

C

Calendula officinalis L.　301
Callistephus chinensis (L.) Nees　281
Caltha palustris L.　34
Calystegia hederacea Wall. ex Roxb.　178
Calystegia pellita (Ledeb.) G. Don.　178
Calystegia sepium (L.) R. Br.　180
Campanula puncatata Lam.　227
Canna indica L.　335
Caragana arborescens Lam.　111
Caragana korshinskii Kom.　111
Caragana microphylla Lam.　112
Caragana rosea Turcz. ex Maxim.　110
Cardamine leucantha (Tausch) O. E. Schulz　55
Cardamine tangutorum O. E. Schulz　56
Carduus nutans L.　262
Carum carvi L.　152
Cerastium arvense L.　19
Chamaerhodos trifida Ledeb.　91
Chamerion angustifolium (L.) Holub　143
Chelidonium majus L.　48
Chrysanthemum chanetii H. Lév.　293
Chrysanthemum lavandulifolium （Fischer ex Trautvetter） Makino　291
Chrysanthemum morifolium Ramat.　290
Chrysanthemum naktongense (Nakai) Tzvel.　292
Cichorium intybus L.　273
Cimicifuga foetida L.　70
Cirsium esculentum (Sievers) C. A. Mey.　260
Cirsium leo Nakao et Kitag.　259
Cirsium maackii Maxim.　261
Cirsium setosum (Willd.) MB.　258
Cirsium vlassovianum Fisch. ex DC.　261
Clausia trichosepala (Turcz.) Dvorák　58
Clematis aethusifolia Turcz.　41
Clematis aethusifolia Turcz. var. *latisecta* Maxim.　39

Clematis brevicaudata DC. 39
Clematis hexapetala Pall. 40
Clematis macropetala Ledeb. 38
Clematis ochotensis (Pall.) Poir. 37
Cnidium monnieri (L.) Cuss. 153
Coeloglossum viride (L.) Hartrn. 336
Convolvulus arvensis L. 180
Cornus alba L. 154
Cortusa mattoioli L. ssp. *pekinensis* (Al. Richt.) Kitag. 161
Corydalis bungeana Turcz. 51
Cosmos bipinnatus Cav. 305
Cotoneaster melanocarpus Lodd. 79
Cotoneaster multiflorus Bge. 79
Cuscuta japonica Choisy 179
Cyclamen persicum Mill. 162
Cymbaria dahurica L. 219
Cynanchum chinense R. Br. 175
Cynanchum mongolicum (Maxim.) Hemsl. 176
Cynanchum purpureum (Pall.) K. Schum. 177
Cynanchum thesioides (Freyn) K. Schum. 175

D

Dahlia pinnata Cav. 310
Delphinium grandiflorum L. 29
Delphinium siwanense Franch. 30
Descurainia sophia (L.) Webb. ex Prantl 52
Deutzia glabrata Kom. 71
Deutzia grandiflora Bunge 70
Deutzia parviflora Bunge 72
Dianthus chinensis L. 22
Dianthus superbus L. 21
Dictamnus dasycarpus Turcz. 129
Dipsacus asper Wallich ex C. B. Clarke 241
Doellingeria scaber (Thunb.) Nees 282
Dontostemon senilis Maxim. 53
Dracocephalum moldavica L. 194
Dracocephalum rupestre Hance 195

E

Echinops sphaerocephalus L. 249
Elachanthemum intricatum (Franch.) Ling et Y. R. Ling 297
Eleutherococcus senticosus (Rupr. et Maxim.) Maxim. 145
Elsholtzia ciliate (Thunb.) Hyland. 205
Elsholtzia densa Benth. 203
Elsholtzia splendens Nakai 203
Elsholtzia staumtoni Benth 204
Ephedra monosperma Gmel. ex Mey 6
Ephedra sinica Stapf 6
Erigeron acer L. 289
Erodium stephanianum Willd. 126
Eruca sativa Mill. 60
Erysimum amurense Kitag. 57
Erysimum cheiranthoides L. 58
Euonymus alatus (Thunb.) Sieb. 134
Euphorbia esula L. 133
Euphorbia fischeriana Steud. 132
Euphorbia pekinensis Rupr. 132
Euphrasia pectinata Ten. 218

F

Fagopyrum tataricum (L.) Gaertn. 14
Filifolium sibiricum (L.) Kitam. 296
Filipendula glabra Nakai. 80
Filipendula palmata (Pall.) Maxim. 80
Forsythia suspensa (Thunb.) Vahl. 168
Fragaria orientalis Lozinsk. 92

G

Galium aparine L. var. *btenerum* (Gren. et Gpdr.) Rchb. 225
Galium boreale L. 222
Galium tenuissimum M. Bieb. 224
Galium verum L. 223
Gentiana dahurica Fisch. 171
Gentiana macrophylla Pall. 173
Gentiana pseudoaquatica Kusnez. 172
Gentianopsis barbata (Froel.) Ma 169
Geranium dahuricum DC. 125
Geranium nepalense Sweet var. *oliganthum* (Huang) Huang et L. R. Xu 126
Geranium platyanthum Duthie 125
Geranium pratense L. 124
Geranium sibiricum L. 127
Geum aleppicum Jacq. 82
Glycyrrhiza uralensis Fisch. 108
Gueldenstaedtia verna (Georgi) Boriss. 107
Gymnadenia conopsea (L.) R. Br. 337
Gypsophila davurica Turcz. ex Fenzl 20

H

Halenia corniculata (L.) Cornaz 170
Halerpestes ruthenica (Jacq.) Ovcz. 33
Haplophyllum dauricum (L.) G. Don. 130
Hedysarum alpinum L. 110
Hedysarummongolicum Turcz. 109
Helianthus tuberosus L. 308
Hemerocallis citrina Baroni 328
Hemerocallis lilioasphodelus L. 327
Heracleum moellendorffii Hance 149
Heteropappus altaicus (Willd.) Novopokr. 283
Heteropappus hispidus (Thunb.) Less. 283
Heteropappus meyendorffii (Reg. et Maack) Komar. et Klob. -Alis. 284
Hibiscus trionum L. 136
Hieracium umbellatum L. 274
Hydrangea bretschneideri Dipp. 73
Hylotelephium erythrostictum (Miq.) H. Ohba 61
Hylotelephium tatarinowii (Maxim.) H. Ohba 61
Hyoscyamus niger L. 207
Hypericum ascyron L. 138

I

Impatiens noli-tangere L. 135
Incarvillea sinensis Lam. 220
Inula britannica L. 302
Inula japonica Thunb. 302
Ipomoea nil (L.) Roth. 179
Iris japonica Thunb. 332
Iris lactea Pall. var. *chinensis* (Fisch.) Koidz. 333
Iris ruthenica Ker Gawl. 331
Iris sanguinea Donn. ex Horn. 334
Iris ventricosa Pall. 333
Ixeridium sonchifolium (Maxim.) Shih 271

K

Kalimeris indica (L.) Sch. -Bip. 285
Kalimeris lautureana (Debx.) Kitam. 285

L

Lappula myosotis V. Wolf 184
Lathyrus davidii Hance 121
Lathyrus quinquenervius (Miq.) Litv. 122
Leontopodium leontopodioides (Willd.) Beauv 300
Leontopodium longifolium Ling 299
Leonurus sibiricus L. 197

Lepidium apetalum Willd. 52
Lespedeza bicolor Turcz. 101
Lespedeza davurica (Laxm.) Schindl. 102
Libanotis condensata (L.) Crantz 153
Ligularia intermedia Nakai 276
Ligularia mongolica (Turcz.) DC. 275
Ligularia sibirica (L.) Cass. 275
Ligularia xanthotricha (Gruning) Ling 274
Ligusticum jeholense (Nakai et Kitagawa) Nakai et
    Kitagawa 151
Ligusticum tachiroei (Franch. et Sav.) Hiroe et Constance 151
Lilium concolor Salisb. 316
Lilium concolor Salisb. var. *pulchellum* (Fisch.) Regel 317
Lilium pumilum DC. 315
Lilium tigrinum Ker Gawl. 315
Limonium aureum (L.) Hill 164
Limonium bicolor (Bag.) Kuntze 163
Linaria vulgaris Mill. 210
Linum perenne L. 329
Lomatogonium rotatum 174
Lonicera chrysantha Turcz. 237
Lonicera japonica Thunb. 239
Lonicera maackii (Rupr.) Maxim. 238
Lonicera maximowiczii (Rupr.) Regel 240
Lonicera tangutica Maxim. 239
Lonicera webbiana Wall. ex DC. 236
Lupinus polyphyllus Lindl. 123
Lychnis cognata Maxim. 18
Lychnis fulgens Fisch. 18
Lythrum salicaria L. 142

M

Malva crispa L. 136
Meconopsis integrifolia (Maxim.) French. 48
Medicago falcata L. 116
Medicago lupulina L. 116
Medicago ruthenica (L.) Trautv. 115
Medicago sativa L. 117
Melilotus albus Medic. ex Desr 114
Melilotus officinalis (L.) Pall. 114
Mentha canadensis L. 202
Mentha spicata L. 202
Mulgedium tataricum (L.) DC. 267
Myosotis silvatica Ehrh. ex Hoffm. 185
Myosoton aquaticum (L.) Moench 17
Myripnois dioica Bunge 248

N

Nepeta multifida L. 193
Nitraria tangutorum Bobr. 128

O

Odontites vulgaris Moench 209
Oenothera biennis L. 144
Olgaea leucopluylla (Turcz.) Iljin. 257
Olgaea lomonosowii (Trautv.) Iljin. 258
Orchis roborovskii Maxim. 336
Orobanche pycnostachya Hance 221
Orostachys fimbriatus (Turcz.) Berger 64
Orostachys malacophyllus (Pall.) Fisch. 64
Orychophragmus violaceus (L.) O. E. Schulz 60
Ostryopsis davidiana Decne. 7
Oxytropis caerulea (Pall.) DC. 105
Oxytropis ciliate Turcz. 107
Oxytropis leptophylla (Pall.) DC. 106
Oxytropis myriophylla (Pall.) DC. 104
Oxytropis racemosa Turcz. 106

P

Paeonia lactiflora Pall. 26
Paeonia suffruticosa Andr.var. *papaveracea* (Andr.) Kerner 27
Papaver nudicaule L. 49
Papaver rhoeas L. 50
Parasenecio hastatus (L.) H. Koyama 277
Paris vertieillata M.-Bieb. 323
Parnassia oreophila Hance 69
Parnassia palustris L. 68
Patrinia heterophylla Bunge 245
Patrinia scabiosaefolia Fisch. ex Trev. 244
Patrinia scabra Bunge 244
Pedicularis chinensis Maxim. 216
Pedicularis resupinata L. 211
Pedicularis rubens Steph. 212
Pedicularis spicata Pall. 214
Pedicularis striata Pall. 212
Pedicularis tatarinowii Maxim. 215
Pedicularis verticillata L. 213
Periploca sepium Bunge 177
Phedimus aizoon (L.)'t Hart 63
Philadelphus pekinensis Rupr. 69
Phlomis maximowiczii Regel 196
Phlomis mongolica Turcz. 196
Phlomis umbrosa Turcz. 195
Phlox subulata L. 182
Picris hieracioides L. 272
Pisum sativum L. 122
Plantago asiatica L. 226
Platycodon grandiflorus (Jacq.) A. DC. 228
Pleurospermum uralense Hoffmann 152
Polemonium coeruleum L. 181
Polygala sibirica L. 131
Polygonatum humile Fisch. ex Maxim. 324
Polygonatum odoratum (Mill.) Druce. 325
Polygonatum sibiricum Delar. ex Redoute 324
Polygonum alpinum All. 9
Polygonum bistorta L. 10
Polygonum divaricatum L. 9
Polygonum hydropiper L. 11
Polygonum lapathifolium L. 12
Polygonum orientale L. 10
Polygonum plebeium R. Br. 13
Polygonum sibiricum Laxm. 13
Polygonum viviparum L. 14
Potentilla acaulis L. 89
Potentilla anserina L. 84
Potentilla bifurca L. 85
Potentilla chinensis Ser. 88
Potentilla conferta Bge. 83
Potentilla discolor Bge. 85
Potentilla fragarioides L. 87
Potentilla fruticosa L. 86
Potentilla glabra Lodd. 90
Potentilla longifolia Willd. ex Schlecht. 89
Potentilla multicaulis Bge. 84
Potentilla multifida L. var. *ornithopoda* Wolf 91
Potentilla multifiola var. *nubigena* Wolf 82
Potentilla supina L. 83
Potentilla tanacetifolia Willd. ex Schlecht. 87
Prenanthes tatarinowii Maxim. 271
Primula farinosa L. 158
Primula maximoviczii Regel 159
Pseudolysimachion linariifolium (Pall. ex Link) T. Yamaz. 218
Pteridium aquilinum (L.) Kuhn var. *latiusculum* (Desv.)
    Underw. ex Heller 5
Pulsatilla chinensis (Bunge) Regel 28

Pyrola asarifolia Michx. subsp. *incarnata* (DC.) E. Haber et H. Takahashi	157

R

Rabdosia japonica (Burm. f.) Hara var. *glaucocalyx* (Maxim.) Hara	206
Ranunculus japonicus Thunb.	35
Ranunculus sceleratus L.	35
Rheum rhabarbarum L.	8
Rhodiola dumulosa (Franch.) S. H. Fu	62
Rhodiola rosea L.	62
Rhododendron micranthum Turcz.	156
Rhododendron mucronulatum Turcz.	155
Ribes burejense Fr. Schmidt.	65
Ribes mandshuricum (Maxim.) Kom.	66
Ribes pulchellum Turcz.	67
Rosa bella Rehd. et Wils.	95
Rosa chinensis Jacq.	96
Rosa davurica Pall.	92
Rosa rugosa Thunb.	94
Rosa xanthina Lindl.	93
Rubia cordifolia L.	225
Rubus crataegifolius Bge.	81
Rubus idaens var. *borealisinensis* Yü et Lu	81
Rudbeckia hirta L.	307
Rumex patientia L.	15
Rumex crispus L.	15

S

Salvia japonica Thunb.	199
Sambucus williamsii Hance	234
Sanguisorba officinalis L.	97
Saposhnikovia divaricata (Turcz.) Schischk.	150
Saussurea amara (L.) DC.	250
Saussurea chinnampoensis Levl. et Vaniot	251
Saussurea iododtegia Hance.	255
Saussurea japonica (Thunb.) DC.	251
Saussurea mongolica (Franch.) Franch.	252
Saussurea nivea Turcz.	254
Saussurea parviflora (Poir.) DC.	253
Saussurea sinuata Kom.	252
Saussurea ussuriensis Maxim.	253
Scabiosa comosa Fisch. ex Roem. et Schult.	243
Scabiosa tschiliensis Grun.	242
Schisandra chinensis (Turcz.) Baill.	47
Scorzonera albicaulis Bunge	265
Scorzonera austriaca Willd.	266
Scutellaria baicalensis Georgi	190
Scutellaria pekinensis Maxim.	191
Scutellaria scordifolia Fisch. ex Schrank.	189
Sedum japonicum Sieb. ex Miq.	63
Senecio argunensis Turcz.	278
Senecio laetus Edgew.	279
Senecio nemoresis L.	280
Serratula centauroides L.	264
Serratula coronata L.	265
Silene aprica Turcz. ex Fisch. et Mey.	24
Silene jenisseensis Willd.	23
Silene repens Patr.	23
Silene tatarinowii Regel	25
Siphonostegia chinensis Benth.	219
Sonchus arvensis L.	268
Sorbaria kirilowii (Regel) Maxim.	77
Sorbaria sorbifolia (L.) A. Br.	78

Spiraea pubescens Turcz.	76
Spiraea salicifolia L.	76
Spiraea trilobata L.	75
Spiraea × bumalda 'Gold Flame'	75
Spiraea × bumalda 'Gold Mound'	74
Spiranthes sinensis (Pers.) Ames	338
Stachys chinensis Bunge	198
Stachys japonica Miq.	198
Stellaria vestita Kurz	17
Stellera chamaejasme L.	141
Stemmacantha uniflora (L.) Dittrich	263
Swertia erythrosticta Maxim.	174
Synurus deltoids (Ait.) Nakai	257
Syringa oblata Lindl.	167
Syringa reticulata (Blume) H. Hara subsp. *pekinensis* (Rupr.) P. S. Green et M. C. Chang	165
Syringa villosa Vahl.	166
Syringa vulgaris L.	167

T

Tagetes erecta L.	304
Tagetes patula L.	303
Taraxacum mongolicum Hand.-Mazz.	270
Taraxacum platypecidum Diels	269
Taraxacum variegatum Kitag.	269
Tephroseris kirilowii (Turcz. ex DC.) Holub	278
Thalictrum minus L. var. *hypoleucum* (Sieb. et Zucc.) Miq.	37
Thalictrum petaloideum L.	36
Thermopsis lanceolata R. Br.	100
Thlaspi eochleariforme DC.	53
Thymus mongolicus Ronn.	200
Thymus quinquecostatus Celak.	201
Tragopogon pratensis L.	267
Trifolium lupinaster L.	113
Trigonotis amblyosepala Nakai et Kitag.	183
Trigonotis peduncularis (Trev.) Benth. ex Baker et Moore	184
Trollius chinensis Bunge	31
Typha minima Funck.	314

V

Valeriana officinalis L.	246
Veratrum nigrum L.	325
Verbena bonariensis	186
Veronica dahurica Stev.	217
Veronicastrum sibiricum (L.) Pennell	208
Viburnum opulus L. var. *sargentii* (Koehne) Takeda	233
Vicia amoena Fisch. ex DC.	119
Vicia cracca L.	118
Vicia unijuga A. Br.	120
Viola acuminata Ledeb.	139
Viola philippica Cav.	140
Viola prionantha Bunge	140
Vitex negundo L. var. *heterophylla* (Franch.) Rehd.	186

W

Weigela florida 'Red Prince'	235

X

Xanthium sibiricum Patrin ex Widder	309

Z

Zephyranthes candida (Lindl.) Herb.	330
Zinnia elegans Jacq.	307